集成电路器件
加固设计技术

闫爱斌　倪天明　黄正峰　崔　杰　著

科学出版社

北京

内 容 简 介

本书从集成电路器件可靠性问题出发,具体阐述了辐射环境、辐射效应、软错误和仿真工具等背景知识,详细介绍了抗辐射加固设计(RHBD)技术以及在该技术中常用的相关组件,重点针对表决器、锁存器、主从触发器和静态随机访问存储器(SRAM)单元介绍了经典的和新颖的 RHBD技术,扼要描述了相关实验并给出了容错性能和开销对比分析。本书共分为 6 章,分别为绪论、常用的抗辐射加固设计技术及组件、表决器的抗辐射加固设计技术、锁存器的抗辐射加固设计技术、主从触发器的抗辐射加固设计技术以及 SRAM 单元的抗辐射加固设计技术。通过学习本书内容,读者可以强化对集成电路器件抗辐射加固设计技术的认知,了解该领域的当前最新研究成果和相关技术。

本书可供普通高等院校集成电路科学与工程、电子信息工程、微电子科学与工程、计算机科学与技术等专业的本科生和研究生阅读,也可供电路与系统研发工程师、芯片可靠性设计工程师和集成电路容错设计爱好者阅读。

图书在版编目(CIP)数据

集成电路器件抗辐射加固设计技术/闫爱斌等著. —北京:科学出版社,2023.3

ISBN 978-7-03-074714-3

Ⅰ. ①集… Ⅱ. ①闫… Ⅲ. ①集成电路-电子器件-抗辐射性-机械加固-设计 Ⅳ. ①TN4

中国国家版本馆 CIP 数据核字(2023)第 018768 号

责任编辑:蒋 芳/责任校对:周思梦
责任印制:张 伟/封面设计:许 瑞

科学出版社 出版

北京东黄城根北街 16 号
邮政编码:100717
http://www.sciencep.com

北京九州迅驰传媒文化有限公司印刷
科学出版社发行 各地新华书店经销

*

2023 年 3 月第 一 版 开本:720×1000 1/16
2024 年 1 月第二次印刷 印张:14
字数:282 000

定价:129.00 元
(如有印装质量问题,我社负责调换)

前　　言

当前，集成电路已经演变为信息技术产业的核心。近年来，台积电、中芯国际、华为、百度、阿里巴巴等企业在集成电路研究领域不断积极推进，国家部委和部分省市也在积极部署集成电路的研发和产业化，并且颁布和实施了多项相关政策与标准。2021 年 10 月，国务院学位委员会批准，决定设置"集成电路科学与工程"一级学科，而面向航空航天等领域的集成电路抗辐射加固容错设计是一个重要的研究方向。长期以来，针对具有抗辐射的集成电路器件，西方国家特别是美国对我国实行严格禁运。发展抗辐射集成电路产业，对我国推进供给侧结构性改革、推动制造强国和科技强国建设、实现我国科学技术产业的高质量发展具有重要意义。在航空航天、核工业、汽车电子等领域，集成电路部署的前提在于其能够可靠地工作，例如可以抵抗任何单粒子翻转的软错误。然而，现有涉及集成电路抗辐射的书籍大多论述的是传统的单粒子单节点翻转，鲜有系统性地研究专门针对集成电路若干器件的新型抗辐射加固设计技术（例如可以抵抗任何三节点翻转的软错误）的书籍。为此，本书将系统介绍集成电路器件的新型抗辐射加固设计技术的最新研究成果，方便相关研究人员了解该领域，从而为国家集成电路抗辐射加固容错设计的发展添砖加瓦。

本书具备如下特点：率先考虑到强辐射环境下集成电路器件的容错设计问题，创造性地实现了锁存器的四节点翻转的容忍与在线自恢复，以及主从触发器、SRAM 存储单元及表决器的新型抗辐射加固设计；全面而详细地介绍了辐射与抗辐射的相关重要概念、常用的抗辐射加固设计组件，并给出了新颖的集成电路器件抗辐射加固容错设计技术；先介绍辐射与抗辐射的背景知识，接着围绕表决器、锁存器、主从触发器和 SRAM 存储单元等常用集成电路器件详细介绍了具体的抗辐射加固容错设计技术，并给出了实验验证和对比分析。

本书主体内容由闫爱斌执笔撰写，倪天明和黄正峰对本书内容进行了大量修改和完善，崔杰对本书的策划和出版等进行了全程指导，闫爱斌的硕士研究生项婧等对全书进行格式校对。在此，向对本书做出贡献的老师和同学们表示由衷的感谢！

由于作者水平有限, 对集成电路器件的 RHBD 技术的研究可能还不够全面而深入, 书中不当乃至疏漏之处难免, 恳请读者不吝赐教。

闫爱斌

2023 年 1 月 1 日

目　　录

前言
第1章　绪论 ·· 1
　1.1　辐射环境 ·· 2
　　1.1.1　自然辐射环境 ·· 2
　　1.1.2　人造辐射环境 ·· 6
　1.2　辐射效应 ·· 6
　　1.2.1　单粒子效应 ··· 6
　　1.2.2　累积效应 ·· 9
　1.3　重要概念 ·· 9
　　1.3.1　故障、错误与失效 ·· 9
　　1.3.2　软错误 ··· 10
　1.4　软错误模型 ··· 10
　　1.4.1　器件级模型 ··· 10
　　1.4.2　电路级模型 ··· 11
　1.5　电子设计自动化仿真工具 ·· 12
　　1.5.1　Synopsys HSPICE ·· 12
　　1.5.2　Cadence Virtuoso ··· 13
　1.6　基于 RHBD 技术的集成电路器件存在的问题 ····································· 14
　1.7　本章小结 ·· 14
第2章　常用的抗辐射加固设计技术及组件 ··· 15
　2.1　常用的抗辐射加固设计技术 ·· 15
　　2.1.1　空间冗余技术 ·· 15
　　2.1.2　时间冗余技术 ·· 16
　2.2　常用的抗辐射加固组件 ·· 18
　　2.2.1　C 单元 ··· 18
　　2.2.2　1P2N 和 2P1N 单元 ·· 21
　　2.2.3　DICE 单元 ·· 22
　　2.2.4　施密特反相器 ·· 24
　2.3　抗辐射能力的定义 ·· 25
　2.4　本章小结 ·· 27

第 3 章 表决器的抗辐射加固设计技术 ·· 28

3.1 传统的表决器设计 ··· 28

3.2 基于多级 C 单元的表决器设计 ··· 29

    3.2.1 电路结构与工作原理 ··· 30

    3.2.2 实验验证与对比分析 ··· 37

3.3 基于电流竞争的表决器设计 ·· 39

    3.3.1 电路结构与工作原理 ··· 40

    3.3.2 表决器的应用 ·· 42

    3.3.3 实验验证与对比分析 ··· 46

3.4 本章小结 ··· 56

第 4 章 锁存器的抗辐射加固设计技术 ·· 57

4.1 未加固的标准静态锁存器设计 ·· 57

4.2 经典的抗辐射加固锁存器设计 ·· 58

    4.2.1 抗单节点翻转的锁存器设计 ··· 58

    4.2.2 抗双节点翻转的锁存器设计 ··· 62

    4.2.3 抗三节点翻转的锁存器设计 ··· 70

    4.2.4 过滤 SET 脉冲的锁存器设计 ·· 74

4.3 单节点翻转自恢复的 RFC 锁存器设计 ··· 79

    4.3.1 电路结构与工作原理 ··· 79

    4.3.2 实验验证与对比分析 ··· 80

4.4 抗双/三节点翻转的锁存器设计 ·· 85

    4.4.1 HSMUF 双容锁存器 ··· 86

    4.4.2 基于浮空点的双容锁存器 ··· 89

    4.4.3 超低开销的 LCDNUT/LCTNUT 锁存器 ····································· 96

    4.4.4 恢复能力增强的 DNUCT/TNUCT 锁存器 ·································· 102

    4.4.5 完全三恢的锁存器 ·· 110

4.5 过滤 SET 脉冲的锁存器设计 ··· 111

    4.5.1 PDFSR 锁存器 ·· 111

    4.5.2 RFEL 锁存器 ·· 116

4.6 本章小结 ·· 126

第 5 章 主从触发器的抗辐射加固设计技术 ·· 127

5.1 未加固的主从触发器设计 ·· 127

5.2 经典的抗辐射加固主从触发器设计 ·· 128

5.3 抗节点翻转主从触发器设计 ·· 130

    5.3.1 电路结构与工作原理 ·· 130

　　　5.3.2　实验验证与对比分析 ··134
　5.4　本章小结 ··145
第6章　**SRAM 单元的抗辐射加固设计技术** ······················146
　6.1　未加固的 SRAM 存储单元设计 ··146
　　　6.1.1　6T SRAM ···146
　　　6.1.2　8T SRAM ···148
　6.2　经典的抗辐射加固 SRAM 存储单元设计 ····························149
　　　6.2.1　抗单节点翻转的 SRAM 存储单元设计 ·····················149
　　　6.2.2　抗双节点翻转的 16T SRAM 存储单元设计 ················163
　6.3　抗单节点翻转的 SRAM 存储单元设计 ······························164
　　　6.3.1　QCCM10T/QCCM12T SRAM ·································164
　　　6.3.2　QCCS/SCCS SRAM ··173
　　　6.3.3　SRS14T/SESRS SRAM ··183
　6.4　抗双节点翻转的 SRAM 存储单元设计 ······························193
　　　6.4.1　电路结构与工作原理 ··193
　　　6.4.2　实验验证与对比分析 ··200
　6.5　本章小结 ··206
参考文献 ··207

第1章 绪 论

1965 年，Intel 公司的创始人之一戈登·摩尔(Gordon Moore)预测：半导体集成电路可容纳的晶体管数量(集成度)约每隔 18 个月会增加一倍,性能也将提升一倍,即著名的摩尔定律。此后,集成电路在半导体技术的推动下,一直按照摩尔定律高速发展,实现了从微米、深亚微米到纳米的飞跃。早在 2011 年,国际半导体技术蓝图(International Technology Roadmap for Semiconductors, ITRS)机构便做出统计和推测：动态随机存储器(dynamic random access memory, DRAM)、闪存,包括微处理器和高性能专用集成电路的工艺尺寸仍然保持快速缩减的发展趋势,并且在 2018 年以后,工艺尺寸将达到数纳米左右[1],如图 1.1 所示。

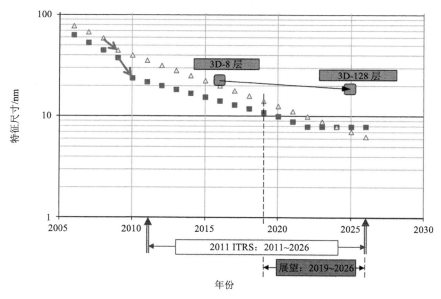

图 1.1 2011 年国际半导体技术蓝图预测的 DRAM 和闪存的工艺尺寸变化趋势

众所周知,集成电路芯片作为电子系统的核心组成部件,已广泛应用于航空航天、深空探测、空间安全、工业控制、军事、通信等安全关键领域。集成电路制造工艺的不断进步给业界带来了若干益处,诸如芯片集成度和性能的大幅提升、面积和供电电压的不断减小以及功耗的不断降低。但是,在纳米工艺下,集成电路更易受辐射影响产生软错误并造成芯片失效,尤其在强辐射环境下芯片更容易产生软错误而失效，从而引发灾难性事故和巨大经济损失。由于纳米集成电路软错误率的急剧攀升，可靠性问题已成为继性能问题和功耗问题之后的新挑战。据统计，我国于 20 世纪 90 年代发射的"风云一号 B"气象卫星正常在轨运行 165天后，由于遭受到软错误的影响导致姿态失控而过早报废。我国于 2013 年发射的首辆月球车"玉兔"号控制机构发生失效，其故障成因也难排除空间辐射效应导致的软错误。

研究指出，在地面环境下工作的集成电路仍然会受到软错误的影响。1978 年，Intel 公司的 May 等在该公司的 2107 系列动态随机存储器（DRAM）中首先观测到地面环境下 α 粒子引发的软错误[2]。次年，IBM 公司的 Ziegler 等首次对由地面环境宇宙射线引发软错误的机理进行了阐述[3]。此后，IBM 公司于 1986～1987 年间也发现了芯片发生异常的情况，并被确认是由于在集成电路生产过程中使用了放射性污染的化学试剂所导致[4]。1995 年，Baumann 等也发现了类似问题，认为较低能量的大气中子会激活硼-10 同位素，从而导致集成电路发生软错误[5]。2004年，美国 CYPRESS 半导体公司也证实，该公司生产的通信设备由于遭受软错误导致电话呼叫异常[6]。

近年来，在一些顶级的学术会议和期刊刊登了大量研究软错误的文章。《IBM研究与发展学报》早在 1996 年就出版了软错误专题，在 2008 年再次出版了软错误专题。在此期间，《IEEE 器件与材料可靠性汇刊》也刊登了软错误专题，并且在该专题上 Baumann 指出，软错误已引起极大关注[7]。当前，软错误依然是集成电路设计者必须关注的问题。Intel、IBM、iROC、Fujitsu 等公司，美国国家航空航天局喷气推进实验室、洛斯阿拉莫斯国家实验室等大型科研机构，慕尼黑工业大学、加州大学、密歇根大学、卡内基梅隆大学、谢里夫大学、宾夕法尼亚大学、伊利诺伊大学等高校，以及国内的一些高等院校和科研院所，都对软错误问题进行深入研究。

本章将首先介绍可能导致集成电路发生软错误的自然和人造辐射环境，然后介绍辐射效应、相关重要概念、软错误建模和电子设计自动化（electronic design automation, EDA）仿真工具，最后对本章内容进行总结。

1.1 辐 射 环 境

导致集成电路发生软错误的辐射环境较多，典型的辐射环境包括自然辐射环境和人造辐射环境。顾名思义，自然辐射环境客观存在，人造辐射环境人为产生。

1.1.1 自然辐射环境

常见的自然辐射环境包括空间辐射环境和大气辐射环境。其中，空间辐射环境包括太阳辐射环境、银河宇宙射线和地磁捕获带。

1. 空间辐射环境

1) 太阳辐射环境

太阳辐射占据空间辐射的主导地位(图 1.2)。依照辐射粒子的能量以及通量的不同,将太阳辐射进一步划分为缓变型太阳活动辐射和爆发型太阳活动辐射。在缓变型太阳活动期,日冕不断向外膨胀并且发射出速度为 300～900 km/s 的太阳风。太阳风虽然密度稀薄,但其风速是 12 级台风风速的上万倍。太阳风的主要成分是质子和电子,并且占到 95% 以上;作为重离子的主要成分,氦核约占 4.8%;其他成分如氧离子、铁离子含量甚少[8]。在太阳低年宁静期,1 AU(日心距,天文单位)处的辐射粒子多由通量较高的低能量太阳风以及通量极低的银河宇宙射线构成。在爆发型太阳活动期,能量很高的高能量射线以及带电粒子流被抛向太空。其中高能粒子流的速度高达 2000 km/s。在爆发型太阳活动高峰期,1 AU 处的辐射粒子构成主要为高通量、高能量的粒子,此时的通量相对于太阳低年宁静期要高出数个量级。

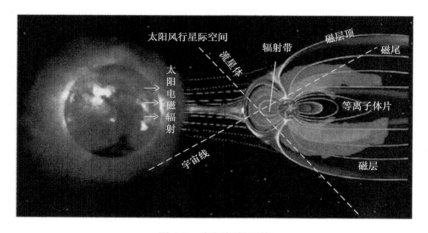

图 1.2　空间辐射环境

通常认为太阳活动周期为 11 年。在太阳活动峰年,日冕物质抛射和耀斑等爆发型太阳活动发生概率极大,但在活动低年发生概率极小。爆发型活动尽管为小概率事件,且总能量小,持续时间短,但功耗极高,此时的辐射粒子通量相比于缓变型活动期要高出数个量级,对航天电子器件的正常工作以及宇航员的身体健康都会带来巨大挑战。在综上所述的两类太阳活动中,伴随着各种离子发射,行星际磁场发射亦不可忽视。在爆发型太阳活动期,太阳发射的行星际磁场强度很高,与地磁场相互作用后,会对低轨运行的卫星甚至地面环境造成严重影响。

2) 银河宇宙射线

银河宇宙射线主要源自太阳系以外，此类射线虽通量极小，但能量极高。其成分 83%为质子、13%为氦离子、3%为电子、1%为其他高能离子。此类射线的总能量以及通量均极低，但是在太阳活动的低年，通量会有所提高。

到达地球附近的宇宙射线，其强度会随纬度发生变化，这是由于低能量的粒子受到地磁场的作用会向极区集中，称之为纬度效应。纬度效应在高纬区域要比赤道附近大 14%左右。此外由于地球自转的作用，从西方来的射线强度要稍大于从东方来的射线强度，称之为东西效应。

3) 地磁捕获带

到达地球的行星际磁场会与地球磁场相互作用，从而使背日侧被拉长，而向日侧被压缩。在地磁场的作用下，从太阳射向地球的带电粒子多会偏离原有的运动轨迹，并且会沿着磁尾的方向离开地球，从而使得万物生息。但是如果穿过磁层顶的辐射粒子抵达近地区域，会被地球磁场所捕获，从而形成以地球南北极为轴且环绕地球的内、外捕获带，如图 1.3 所示。捕获带最早由美国物理学家范艾伦(Van Allen)发现，因此也称之为范艾伦辐射带。内捕获带的壳形空间位于赤道上空的 1.2～2.5 个地球半径高度，外捕获带的壳形空间位于赤道上空的 2.8～12 个地球半径高度。捕获带中的粒子主要由质子和电子组成。

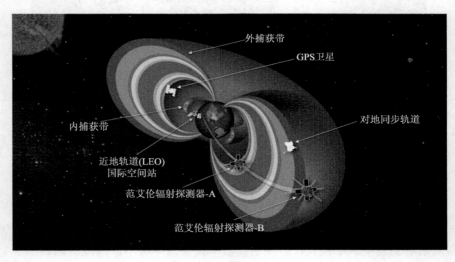

图 1.3　范艾伦辐射带

由于地磁场强度是不均匀的，因此在南大西洋地区会存在一个异常的区域，即在该区域约 200 km 的高度存在着能量较高的质子。此外，由于磁力线的聚积作用，在两极地区存在较多的高能量粒子[9]。

捕获带内不同粒子的组成和通量在缓变型太阳活动期内是较为稳定的。但是在爆发型太阳活动期内，或者当行星际磁场对地磁场产生干扰，捕获辐射粒子的能量以及通量将急剧攀升，并且捕获带愈发靠近地球，因此会对近地卫星甚至是地面的电气设施造成辐射故障。

2. 大气辐射环境

由于受到地磁场和大气层的阻挡，大部分的宇宙射线均不会到达地球，但是有部分能量极高的宇宙射线仍然会到达地球，从而形成大气辐射环境。

到达大气层的宇宙射线通量虽小，但是能量频谱很宽，从电子伏特达到太电子伏特。高能宇宙射线穿过大气层会与大气中的原子核发生作用，并产生大量的二级以及三级粒子流[10]。此类次级粒子的能量会逐步发生衰减，与之相伴随的是辐射粒子通量的急剧增加。鉴于大气层本身对宇宙射线和次级辐射粒子流的削弱与吸收作用，近地大气层中的宇宙射线的能量会随着海拔的降低而呈现指数衰减规律。在海平面高度，宇宙射线的通量一般小于 $360 \ m^{-2} \cdot s^{-1}$，并且其主要由95%的中子、少量的质子以及介子构成。

综上所述，在不同的海拔，空间辐射环境中粒子的种类及其能量和通量是不同的。以质子为例，图 1.4 给出其在空间辐射环境中的分布[11]。由该图可知，随着海拔的提升，质子的能量与通量总体上分别呈现下降与上升的趋势。

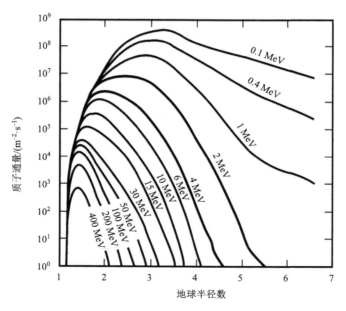

图 1.4 空间辐射环境中的质子分布

1.1.2　人造辐射环境

常见的人造辐射环境包括核爆辐射环境和医疗辐射环境。

1. 核爆辐射环境

核爆炸会产生十分恶劣的辐射环境。高空核爆炸产生的电磁脉冲影响可达数千公里,而核爆炸时的瞬态辐射剂量率通常要比空间辐射剂量率大近十个数量级。核爆炸产生的 γ 射线、X 射线、中子以及电磁脉冲均具有极高的能量,因此足以致使半导体材料的原子发生电离,对半导体器件的正常工作产生严重干扰。例如,逻辑信号发生错误跳变,存储器内容被清除,甚至导致半导体器件被烧毁。

2. 医疗辐射环境

在人造辐射中,医疗辐射最为常见。医学辐射分为电离辐射(如 X 射线、CT)和非电离辐射(如超声波、磁共振)。电离辐射是指能够使物质发生电离的高频辐射,这种辐射会损伤 DNA 分子,因此有诱发癌症的可能,但不会助长已经存在的癌症的生长和扩散。非电离辐射是低频辐射,没有足够的能量直接损伤 DNA 分子,目前还没有这种辐射会诱发癌症的证据。医疗辐射对电子设备有影响,例如,导致普通的手机存储卡发生乱码。

1.2　辐 射 效 应

根据导致器件发生损伤的粒子数目的不同,将辐射效应划分为单粒子效应和累积效应。顾名思义,单粒子效应由单个粒子入射电路半导体器件造成,如单粒子瞬态、单粒子翻转等;而累积效应只有随时间推移累积到一定程度才会对器件或集成电路造成影响,如总剂量效应、位移损伤等。

1.2.1　单粒子效应

粒子入射半导体材料,等离子体径迹随之产生,并且电荷将在该径迹内运动,导致半导体器件或薄弱环节被激活,从而发生各类单粒子,其效应损伤。单粒子效应的类型繁多,如表 1.1 所示。其中,一部分会造成硬错误并主要表现为电子元器件的永久性损坏,如单粒子烧毁(SEB)、单粒子位移损伤(SPDD)等;另一部分则会造成软错误,其主要表现为元器件逻辑位的异常跳变、存储元件数据位翻转,而器件本身没有损坏,如 SET、SEU、SEMT、SEMU 等。

表 1.1　单粒子效应的主要分类

类型	简称	含义
单粒子瞬态	SET	逻辑门输出端的瞬态电压发生瞬时变化
单粒子多瞬态	SEMT	多个逻辑门输出端的瞬态电压发生瞬时变化
单粒子翻转	SEU*	存储单元的单个逻辑位数据发生改变
单粒子多位翻转	SEMU**	粒子入射导致存储单元多个位数据改变
单粒子闩锁	SEL	PNPN 结构的大电流再生状态
单粒子功能中断	SEFI	单个逻辑位数据发生改变导致控制部件出错
单粒子位移损伤	SPDD	由位移累积效应导致的器件永久损伤
单粒子栅穿	SEGR	栅介质因有大电流流过而被击穿
单粒子扰动	SED	存储单元逻辑状态出现瞬时改变
单粒子烧毁	SEB	器件因有大电流流过而被烧毁
单粒子快速反向	SES	MOS 器件中产生的大电流再生状态
单个位硬错误	SHE	单个逻辑位数据出现永久错误

*相关研究人员把 SEU 写作 SNU，因为 SEU 导致了单个节点的值发生翻转；

**相关研究人员把 SEMU 写作 MNU，因为 SEMU 导致了多个节点的值同时发生翻转。MNU 主要包括双节点翻转 DNU、三节点翻转 TNU 和四节点翻转 QNU。

SET、SEU 和 SEMU 是导致集成电路发生单粒子失效的重要原因[12]。粒子入射晶体管敏感区将导致半导体材料发生电离，在粒子入射轨迹上产生沉积电荷并被敏感节点收集。沉积电荷会在等离子体径迹区的电场作用下发生漂移，当电荷漂移量足够大，会致使相关逻辑状态位发生跳变，即逻辑翻转。单个逻辑位发生翻转称之为 SEU，多个逻辑位均发生翻转则称之为 SEMU。该情况若发生在组合电路中，较大的瞬时电流将会使逻辑门的输出电压发生瞬态的变化，即发生了 SET，表现为瞬态错误脉冲。可见，SEU 和 SET 有着相同的内在物理机制。

图 1.5 给出了 SET 产生与传输的示意图[13]。由该图可知，粒子撞击与非门 G1，在 G1 输出端产生了 SET 正脉冲(若 G1 的输出为 1，则输出会产生负脉冲)。当 G1 的扇出门 G3 的输入管脚 y_2 为 0 信号时，由于该控制值的作用，脉冲不存在到达锁存元件 LA1 的数据路径，则脉冲被逻辑屏蔽。但是当 y_2 为 1 信号时，SET 脉冲可能会穿过 G3 从而到达输出端 y_3，脉冲被部分削弱，即电气屏蔽(部分地)；此时 SET 脉冲若并未穿过 G2，脉冲可能被完全削弱，即电气屏蔽(完全地)。进一步地，正如图 1.5 下半部分的时序图所示，到达 LA1 的 SET 脉冲若落在有效的采样窗口之外，则脉冲被时窗屏蔽。若此脉冲落在有效的采样窗口之内，但是其宽度和幅值很小，则不会对 LA1 的采样造成任何影响。此外，到达 LA1 的 SET 脉冲若落在有效的采样窗口之内，脉冲将被 LA1 采样并会导致 LA1 存储为错误的值。另外，粒子可能直接撞击 LA1 而发生 SEU，这会导致 LA1 存储为错误的

值。在分析会导致 LA1 存储为错误值的情况时，假定了 LA1 并不具备软错误容忍能力。

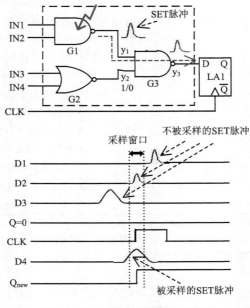

图 1.5　SET 的产生与传输示意图

　　进一步剖析 2-输入与非门 G1，它的上拉网络由两个并联的 PMOS 晶体管构成，它的下拉网络由两个串联的 NMOS 晶体管构成，上拉网络与下拉网络的交接处(晶体管漏极)作为 G1 的输出。当 G1 的输入均为高电平，NMOS 管均打开，PMOS 管均关闭，G1 输出低电平。若上拉网络中任意一个 PMOS 管受到一个辐射粒子的撞击，会导致 PMOS 管暂时打开，从而在 G1 输出端产生一个瞬间的高电平，表现为 SET 正脉冲。粒子撞击只会把关闭的晶体管打开，而不会使打开的晶体管关闭。当 G1 的输入既含有低电平又含有高电平时，只会有一个 PMOS 管打开，同时也只会有一个 NMOS 管打开，故 G1 输出高电平。若下拉网络中关闭的 NMOS 管受到一个辐射粒子的撞击，会导致这个晶体管暂时打开，从而在 G1 输出端产生一个瞬间的低电平，表现为 SET 负脉冲。当 G1 的输入均为低电平，PMOS 管均打开，NMOS 管均关闭，故 G1 输出高电平。若下拉网络中 NMOS 管均受到辐射粒子的影响，会导致 NMOS 管均暂时打开，从而在 G1 输出端产生一个瞬间的低电平，表现为 SET 负脉冲。值得说明的是，两个关闭的晶体管同时被打开的概率要比仅一个关闭的晶体管被打开的概率低。

1.2.2 累积效应

总剂量效应是一种常见的累积效应，只有随时间推移累积到一定程度才会对器件造成影响，它是指长期辐射过程中多次粒子撞击造成的半导体材料中电荷累积引起器件失效的现象[14]。总剂量效应主要影响的是半导体器件的氧化层和界面区域，它将造成晶体管阈值电压发生漂移、沟道和结漏电流增加，甚至栅氧击穿等。累积效应不是本书关注的重点，在此不再赘述。

1.3 重要概念

本节将介绍的重要概念主要包括故障、错误、失效与软错误。

1.3.1 故障、错误与失效

故障(fault)是导致错误并可能引起系统失效的一种潜在物理缺陷；错误(error)是由故障导致的非正常的状态或行为；失效(failure)是指运行的系统偏离了指定的功能。图 1.6 给出故障、错误和失效的层次关系[15]。由图 1.6 可知，某些物理原因可能导致最底层发生故障，引起数据位发生翻转并输出错误，最终可能导致系统发生失效。正如闵应骅所论述：最底层发生的故障，引起数据输出的错误，导致系统最后的失效[16]。

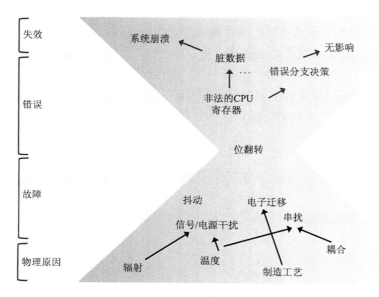

图 1.6 故障、错误和失效的层次关系

　　工艺偏差、辐射效应、温度、耦合都是集成电路发生故障的重要成因,主要表现为电迁移、电介质击穿、信号/电源噪声、串扰、时钟抖动等。其中,部分故障是永久的,导致器件发生永久性损坏;部分故障是间歇的,时而出现,时而消失,是永久故障的前兆;部分故障是瞬时的,导致数据位发生翻转,从而产生逻辑错误。错误可能导致数据段出错,也可能导致程序执行非目标指令,造成程序紊乱,并最终导致系统失效,表现为系统崩溃或宕机。当然,故障也不是一定发生在最底层,并且故障、错误都可能被屏蔽,从而不会导致系统失效。例如,故障若发生在用户应用层,则表现为用户可见的错误;错误若产生在不被执行的程序分支,则不会对系统造成影响。

1.3.2　软错误

　　软错误(soft error)是由集成电路瞬态故障引起的暂时性错误,而集成电路发生瞬态故障的主要原因有多种。例如,封装材料中产生的 α 粒子(辐射粒子)的撞击、辐射环境中各种能量的粒子的撞击。质子、重离子、介子、电子等粒子撞击均可造成软错误。诸如 SET 和 SEU,被称作软错误,但是软错误不局限于 SET 和 SEU。

　　软错误率是电路或系统发生软错误的比率[17]。软错误可能导致系统发生失效,一般采用平均无失效时间(mean time to failure,MTTF)来刻画电路或系统发生失效的频度。MTTF 是指电路或系统平均发生一次失效时的运行时间,它近似为电路或系统的平均失效间隔时间。然而由单个元件的 MTTF 来计算整个系统的 MTTF 较为烦琐,因此工业界常用的评估指标为 FIT(failure in time),它表示的是器件或系统每运行 10 亿小时产生的失效次数。

　　此外,相比于导致器件发生永久性损坏的"硬错误"而言,软错误具有随机性、瞬态性和可恢复性(如通过重新加载数据)等特点。软错误和硬错误都可能会导致集成电路发生失效,而故障、错误、失效都可能会对集成电路可靠性产生严重影响。

1.4　软错误模型

　　本节将介绍的重要概念主要包括器件级模型和电路级模型。

1.4.1　器件级模型

　　器件级模型是通过器件仿真来体现的。器件仿真是在特定边界条件下对半导体物理基本方程进行求解,从而得到器件内部物理量重分布的过程。早在 1984 年,IBM 学者就通过器件仿真的方法发现了粒子入射的漏斗效应[18]。目前,通常认为一种广为采用的研究单粒子效应电荷收集的方法就是器件仿真。同时，器件仿真也是研究电荷收集机理的一种重要手段。研究单粒子效应电荷收集方法即是研究软错误模型。

通过器件仿真，可以计算得知诸如器件的各端电压和电流在粒子入射后的变化情况。器件仿真时，根据半导体器件特征尺寸的不同而选取不同的物理模型，而目前广为采用的是漂移-扩散模型。该模型主要包括：电流密度方程、泊松方程、载流子连续性方程。此外，如果加入特定的描述方程，则还能够对碰撞电离、粒子散射等微观效应进行仿真。

1.4.2 电路级模型

通常认为，使用器件级模型对单粒子效应进行分析时得到的分析结果更为精确，然而这是以损失速度为代价的。随着集成电路制造工艺水平的不断革新，电路集成度显著提高，电路结构越发复杂，因此分析单粒子效应时继续采用器件级模型则需要更多更为复杂的计算方程，从而引入更多的时间开销。显然，使用器件级模型分析单粒子效应，尤其是电路整体分析是十分不适用的。为了克服时间开销过大的问题，一种有效的手段是将器件级模型进行简化，形成电路级模型，由此分析电路中的单粒子效应。通过这种方法，仅会牺牲较小的分析精度，分析的速度显著提高。

在电路级的单粒子效应建模中，IBM 公司的 Freeman 提出了单指数电流源模型[19]，具体为

$$I_{\mathrm{inj}}(t) = \frac{2Q}{\tau\sqrt{\pi}}\sqrt{\frac{t}{\tau}}\exp\left(\frac{-t}{\tau}\right) \tag{1.1}$$

式中，Q 为收集的入射粒子电荷量；τ 为脉冲波形时间常数，其取值与电路工艺息息相关。

科研人员提出了双指数电流源模型[20]，并且被广泛应用[19, 21-23]。该模型是将一个双指数电流注入电路的某个节点，实现对单粒子效应的仿真。双指数电流源模型为

$$I_{\mathrm{inj}}(t) = I_0(\mathrm{e}^{-t/\tau_1} - \mathrm{e}^{-t/\tau_2}) \tag{1.2}$$

式中，I_0 为入射粒子产生的最大电流，它的取值为 $Q/(\tau_1-\tau_2)$；Q 为收集的入射粒子电荷量；τ_1 与 τ_2 分别为电荷收集时间常数与电荷通道建立时间常数，是工艺相关的常数因子。由式 (1.2) 可知，在入射过程中所产生的电荷越多，意味着入射粒子的能量越大，导致的单粒子瞬态脉冲越严重，甚至有可能导致器件发生永久性损坏。

软错误的产生往往伴随着瞬态干扰脉冲的出现，为了准确仿真软错误的产生

过程，图 1.7 给出了一种针对反相器的精确的软错误模型[24]。该模型结合上述双指数电流源模型进行故障的注入，对单粒子入射造成的软错误进行仿真。具体而言，针对图 1.7(a) 所示的反相器电路结构，当输入为低电平时，PMOS 晶体管打开，输出为高电平。此时，使用双指数电流源模型对 NMOS 晶体管进行故障注入（导致 NMOS 管会打开一瞬间），可以发现反相器输出端的逻辑值从高电平被下拉为错误的低电平(这种错误的低电平只是瞬时的)，即在输出端仅仅表现为一个短暂的 SET 脉冲。上述情况若发生在存储元件的反馈环中，则认为发生了 SEU，因为反相器的输出值最终都发生了彻底翻转并且错误值被锁存。同理，对图 1.7(b) 的情况，可得出类似结论。

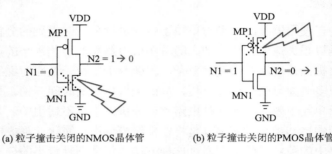

(a) 粒子撞击关闭的NMOS晶体管　　　　　　　(b) 粒子撞击关闭的PMOS晶体管

图 1.7　软错误模型

1.5　电子设计自动化仿真工具

流片后的芯片在投入使用前要经历各种严格的测试，以保证其可靠性和质量。在航空航天等应用领域，芯片需要进行抗辐射加固设计，即在流片前就需要完成抗辐射加固设计。引入电子设计自动化(EDA)仿真工具的重要意义之一就是通过仿真辐射环境对芯片造成的影响来验证芯片的抗辐射能力。本节将介绍两种重要的仿真工具：Synopsys HSPICE 和 Cadence Virtuoso。

1.5.1　Synopsys HSPICE

在众多的单粒子效应 EDA 仿真工具中，集成电路仿真程序(simulation program with integrated circuit emphasis, SPICE) 被广为采用。早在 20 世纪 70 年代，该仿真器在美国加利福尼亚大学伯克利分校机电工程与计算机科学系开发完成。自该仿真器诞生以来，为适应现代微电子行业的发展，各种用于集成电路设计的 EDA 仿真工具不断涌现。

SPICE 仿真器能够有效求解描述晶体管、电容、电阻和电压源等分量的非线性微分方程，具备对各种不同电路进行有效分析的能力。目前，SPICE 已经衍生出多种版本，其中 HSPICE 版本因为具有较好的收敛性，可以支持最新的器件及互联模型，同时还提供了大量增强功能进而做到评估与优化电路设计，因此在业界广为采用。

HSPICE（图 1.8）是由 Meta-Software 公司设计的，已经被 Synopsys 公司收购，它能够进行集成电路设计的稳态分析、瞬态分析和频域分析。它是 SPICE 早期版本、PSICE 版本以及其他电路分析工具的结合体，具备较多新功能。HSPICE 不但具备绝大多数 SPICE 特性，而且还具有优越的收敛性，并且能够将多个模型参数进行精确地优化处理，同时能够结合 Avanwaves 波形分析工具进行电路信号分析。

图 1.8　HSPICE 仿真工具的界面

1.5.2　Cadence Virtuoso

随着集成电路规模的扩大和半导体技术的发展，EDA 工具的重要性急剧增加，EDA 工具可以辅助设计人员将整个集成电路的设计过程自动化。上述已提及 SPICE 工具，其中由 Cadence 公司所开发的 Spectre 仿真平台作为其优秀的改进版本运用在 Cadence 公司的产品之中。

Cadence 公司于 1988 年成立，专注于电子设计自动化软件，向集成电路设计者提供完备的 EDA 工具平台服务。Virtuoso 是由 Cadence 公司开发的集成电路设计平台，其搭载的 Spectre 仿真平台可以向用户提供快速和多样的仿真，并可以实现大规模仿真和快速故障注入。

Cadence Virtuoso（图 1.9）搭载了多种仿真模块，可以对不同格式的文件进行仿真，并且采用图形界面，便于学习，是当今使用最广泛的 EDA 工具之一。同时 Cadence Virtuoso 作为定制化集成电路设计平台，还可以与同公司其他产品协同工作，高效地完成集成电路设计。

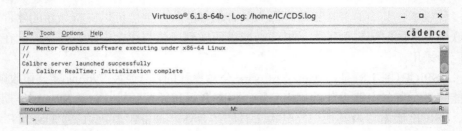

图 1.9　用于启动 Cadence Virtuoso 搭载的各个模块的命令解释窗口（CIW）

1.6　基于 RHBD 技术的集成电路器件存在的问题

本书关注的集成电路器件主要包括表决器、锁存器、主从触发器和 SRAM 存储单元。现有表决器存在的主要问题是：①只有奇数个输入，才能在发生错误时"以多胜少"地表决出最终结果；②开销大（主要考虑面积功耗和延迟），尤其当被表决的模块增多时。

现有锁存器、主从触发器和 SRAM 存储单元存在的共同问题主要是：①节点翻转的容忍能力差（不能完全容忍某类节点翻转，即存在不能容忍某类节点翻转的反例），例如，当发生双节点翻转时，将在输出端口产生错误的输出值；②节点翻转的自恢复能力差（不能从某类节点翻转中完全自恢复，即存在不能从某类节点翻转中自恢复的反例），例如，当发生双节点翻转时，存在逻辑状态异常的内部节点，虽然输出值仍然是正确的；③开销大（主要考虑面积功耗和延迟），尤其需要容忍（或能够自恢复于）更多节点翻转时。

现有锁存器和主从触发器存在的问题还包括：输出端敏感于高阻抗状态。现有主从触发器存在的问题还包括：主从级锁存器未能达到同级别的抗节点翻转能力。现有 SRAM 存储单元存在的问题还包括：容错能力依赖于版图设计；抗噪声能力差等。

1.7　本章小结

首先，本章介绍了辐射环境，包括自然辐射环境和人造辐射环境；其次，介绍了辐射效应，包括单粒子效应和累积效应；再次，介绍了几个重要概念，如软错误、软错误率、故障、错误、失效；接下来，介绍了软错误的建模方法，包括器件级模型和电路级模型，以及现有抗辐射加固器件存在的问题；最后，介绍了两款最常见的 EDA 仿真工具 HSPICE 和 Virtuoso。本章对相关背景知识的扼要概述，能够为后续章节提供有效参考。

第 2 章　常用的抗辐射加固设计技术及组件

为了实现集成电路器件的抗辐射加固，研究人员提出了若干方案，其中基于版图隔离技术、基于工艺的抗辐射加固技术(RHBP)、基于设计的抗辐射加固技术(RHBD)和错误检测纠错(ECC)方法是常见的抗辐射加固技术。基于版图隔离技术将使版图设计变得更复杂；基于工艺的抗辐射加固技术通常需要对集成电路制造工艺进行升级改造；基于设计的抗辐射加固技术通常认为只需要提出全新的电路结构即可实现抗辐射，这与工艺和版图是无关的；错误检测纠错方法通常面向系统级容错设计。基于设计的抗辐射加固技术是本书关注的重点。本章将首先介绍常用的抗辐射加固设计技术，如空间冗余技术和时间冗余技术；然后介绍常用的抗辐射加固组件；最后对本章内容进行总结。

2.1　常用的抗辐射加固设计技术

本节重点介绍基于设计的抗辐射加固技术，即通过设计新颖的结构进行抗辐射加固的技术。

2.1.1　空间冗余技术

顾名思义，空间冗余技术即为利用额外的空间(实际指硬件)进行抗辐射加固的技术。空间冗余技术的典型代表是三模冗余。基于传统的三模冗余的电路加固方法的基本思想是将某电路复制出额外的两份，构成同构三模，然后经过表决器电路输出表决结果，如图 2.1 所示。图中的小开关为传输门，若不增加这样的小

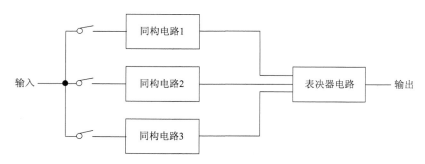

图 2.1　基于传统的三模冗余的电路加固方法的示意图

开关，同构电路将会非法地连接在一起。当然，也可以为每个同构电路设置单独的输入，但是这些输入的值必须相同，否则就不是三模冗余技术。

下面介绍三模冗余的容错原理。当其中某个同构电路的逻辑值发生非法改变（比如由 SEU 导致）并向表决器电路输出错误的值时，由于其余两个同构电路未受影响并向表决器电路输出正确的值，因此表决器电路可以"以多胜少"地表决并输出正确的值。但是，当两个同构电路发生错误并向表决器电路输出错误的值时，表决器电路只能输出错误的值。因此，可以考虑使用五模冗余。虽然多模冗余可以提高集成电路的可靠性，但是由于需要复制出冗余的同构电路，并且需要使用表决器电路，这会导致额外的面积、功耗和延迟开销。这里的延迟开销主要是指：在输入信号发生跳变时，输出信号也随即发生跳变的情况下，输入信号的跳变传输到输出所需的时间。

显然，多模冗余可以用来容忍 SEU 和 SEMU 等软错误。多模冗余中的同构电路也可以是各种类型的单个逻辑门。逻辑门发生软错误，通常表现为 SET 脉冲，因此多模冗余可以容忍这样的 SET 脉冲。但是，诸如 SET 脉冲等软错误若由三模冗余电路的输入传来，它将不能被容忍，因此可以考虑采用时间冗余技术。

2.1.2　时间冗余技术

在抗辐射加固容错设计领域，时间冗余技术即为利用额外的时间（延迟）实现软错误容忍的技术。时间冗余技术通常需要引入延时单元，并且通常用来容忍（或称作过滤）由电路输入传输的 SET 脉冲等软错误。图 2.2 给出了基于时间冗余的电路加固方法的示意图，它是通过对图 2.1 进行改进而得到的，即在电路的输入与同构电路 2 的输入端之间插入一个延迟为 τ 的延时单元（可记作延迟单元 τ），并且在电路的输入与同构电路 3 的输入端之间插入一个延迟为 $2\times\tau$ 的延时单元（可记作延迟单元 2τ）。图 2.2 是以理想化的矩形波为例进行相关说明的，而错误的正脉冲通常与正态分布的函数图像较为相似。

下面分析时间冗余技术的容错原理。以图 2.2 为例，假定电路的输入传输一个脉宽小于 τ 的 SET 正脉冲。实际的脉冲是有上升（爬坡）和下降（滑坡）时间的，这种脉宽可以按如下方法计算：记录脉冲上升到电源电压一半时的时刻，再记录脉冲下降到电源电压一半时的时刻，两个时刻的差值即为实际有效的脉宽。如图 2.2 左下方所示，脉冲左侧起始点为零时刻，高电平的逻辑值即为 SET 脉冲对应的错误值，因为正确信号为 0 信号。另外，同构电路 1 的输入相比于整个电路的输入要延迟一小段时间，这主要由图 2.2 左上角的传输门导致（传输门会有一小段延迟）；同构电路 2 的输入相比于同构电路 1 的输入，延迟为 τ，这主要由延迟单元 τ 导致；类似地，同构电路 3 的输入相比于同构电路 1 的输入，延迟为 $2\times\tau$，

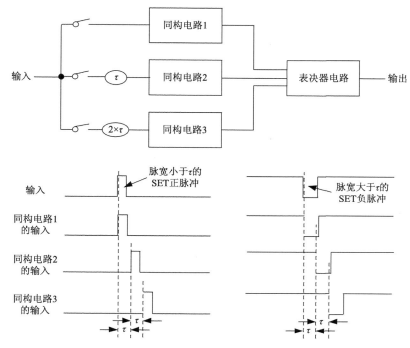

图 2.2　基于时间冗余的电路加固方法的示意图

这主要由延迟单元 2τ 导致。从图 2.2 左下方不难看出，不存在这样的时刻：3 个同构电路的输入同时为高电平。亦即，在任意时刻，最多只有一个同构电路的输入是错误的，并且由 SET 正脉冲导致。显然，在任意时刻，同构电路至多向表决器电路传入一个错误值。因此，表决器电路可以表决其输入并输出正确的值，达到容忍该 SET 脉冲的目的。对于宽度小于 τ 的 SET 负脉冲，可以得到类似结论；对于临界值情况（宽度等于 τ 的 SET 正负脉冲），同样认为可以容忍。

　　同样以图 2.2 为例，假定电路的输入传来一个宽度大于 τ 的 SET 负脉冲。如图 2.2 右下方所示，低电平的逻辑值即为 SET 脉冲对应的错误值，因为正确信号为 1 信号。另外，可以发现，同构电路 2 的输入相比于同构电路 1 的输入，延迟为 τ，这主要由延迟单元 τ 导致；类似地，同构电路 3 的输入相比于同构电路 1 的输入，延迟为 $2\times\tau$，这主要由延迟单元 2τ 导致。从图 2.2 右下方不难看出，存在这样的时刻：两个同构电路的输入同时为低电平，这主要由延迟 τ 较小或脉冲宽度较大导致。因此，在该时刻，有两个同构电路的输入是错误的，并且由 SET 负脉冲导致。显然，表决器电路在该时刻不能输出正确的逻辑值，即不能容忍该 SET 脉冲。对于宽度大于 τ 的 SET 正脉冲，可以得到类似结论。

　　由以上讨论可知，SET 错误脉冲的宽度越大（无论为正脉冲还是负脉冲），需要引入延时单元的延时就越大，否则脉冲将不能被完全过滤。上述方法即为一种典型的时间冗余技术。由于该技术引入了硬件开销，因此也可以将时间冗余技术称作时间空间协同冗余技术。

2.2　常用的抗辐射加固组件

本节将介绍的常用组件，包括 C 单元、1P2N、2P1N 单元、DICE 单元和施密特反相器。尤其在抗辐射加固锁存器设计中，C 单元使用最为广泛，因此将重点介绍 C 单元。

2.2.1　C 单元

在现有的抗辐射加固电路结构中，穆勒 C 单元(即 Muller C 单元，简称 C 单元)被广泛使用。图 2.3 展示了 2-输入 C 单元的电路结构、真值表和符号图。由该图可知，2-输入 C 单元实际只包含 4 个晶体管，即 PMOS 晶体管 MP1 和 MP2 以及 NMOS 晶体管 MN1 和 MN2，并且 N1 和 N2 为其输入而 Out 为其输出。值得一提的是，2-输入 C 单元还存在另一种画法，即 MP1 和 MN2 的栅极互连构成一个输入，而 MP2 和 MN1 的栅极互连构成另一个输入。以上两种连接方式对 2-输入 C 单元的工作原理和开销并无实质性影响。

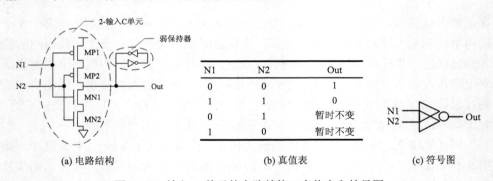

N1	N2	Out
0	0	1
1	1	0
0	1	暂时不变
1	0	暂时不变

(a) 电路结构　　　　　　　　　(b) 真值表　　　　　　　　　(c) 符号图

图 2.3　2-输入 C 单元的电路结构、真值表和符号图

下面分析 2-输入 C 单元的工作原理。一方面，当输入 N1 和 N2 同时为 0 信号，MP1 和 MP2 打开，而 MN1 和 MN2 关闭，因此输出 Out 被上拉为高电平。相反，当输入 N1 和 N2 同时为 1 信号，MP1 和 MP2 关闭，而 MN1 和 MN2 打开，因此输出 Out 被下拉为低电平。此时，2-输入 C 单元的逻辑功能是反相器。另一方面，当 N1 和 N2 的值不相同时(通常认为 N1 或 N2 发生了软错误)，两个 PMOS 晶体管(或两个 NMOS 晶体管)无法同时打开，因此 Out 只能暂时为原值(软错误

被阻塞）。在此强调暂时为原值的理由为：输入值不能持续输出到 Out，并且在寄生电容的作用下，Out 的原值能够被保留一瞬间。但是，随着时间的推移，在泄漏电流的影响下，Out 会浮动为不确定的值。实际上，研究人员把 Out 此时的状态定义为高阻态，这可以理解为输入与输出之间是一种隔离状态，而隔离状态又可以理解为电阻值很高。由以上讨论可知，2-输入 C 单元(主要指输出)是高阻态敏感的。显然，以上的讨论与图 2.3 所示的 2-输入 C 单元的真值表是完全吻合的。

为了避免 2-输入 C 单元对高阻态的敏感性，可以在输出端 Out 嵌入一个弱保持器，即一个弱反馈环。因此，当输入不能反馈到输出即输出试图进入高阻态时，输出的值可以由弱保持器进行保持，从而消除输出的高阻态状态。在弱保持器中，上面的反相器和下面的反相器具有不同的尺寸，并且有一个反相器的尺寸要尽量小，因此被称作弱保持器。相反地，如果上面的反相器和下面的反相器具有相同的尺寸，Out 节点的电流竞争将会使 Out 的值变得不理想。图 2.3(c)给出了 2-输入 C 单元的一种示范性符号图。在后续的章节中，将直接使用符号图对 2-输入 C 单元进行引用。

进一步地，图 2.4 给出了几种其他类型的 C 单元，包括 3-输入 C 单元、基于钟控的 2-输入 C 单元和基于钟控的 3-输入 C 单元。如图中箭头所示，依次给出了它们对应的电路符号图。因此，可以相应地推出 4-输入 C 单元和基于钟控的 4-输入 C 单元。多输入 C 单元与 2-输入 C 单元类似，即输入相同时表现为反相器，但 C 单元的延迟比普通反相器的延迟要大，因为 C 单元中有多个堆叠的 PMOS 晶体管和 NMOS 晶体管，故从源极到漏极需要较多的电流传输时间。当 C 单元的输入不同时，通常认为由软错误导致，输出则暂时为其原值，因此软错误被拦截。

下面介绍图 2.4(b)展示的基于钟控的 2-输入 C 单元，在该图中，CLK 为时钟信号，连接于靠近输出端的 PMOS 晶体管的栅极，NCK 为反向时钟信号，连接于靠近输出端的 NMOS 晶体管的栅极。一方面，CLK 为低电平时，NCK 即为高电平，钟控晶体管(即栅极连接了 CLK 或 NCK 的晶体管)全部打开。此时，2-输入钟控 C 单元的功能与普通 C 单元的功能相同，但是由于更多晶体管的堆叠延迟会增大。另一方面，当 CLK 为高电平，NCK 为低电平，钟控晶体管全部关闭。此时，即使输入值相同，这样的值也无法传输到输出，这相当于输出设置为高阻态。在某些电路抗辐射加固设计中，C 单元的输出可能被其他节点(如传输门的输出端)反馈值。使用钟控 C 单元的一个优点在于，可以避免输入和其他节点共同向输出反馈值，从而减少输出的竞争，并降低功耗。此外，若将钟控晶体管插入到靠近电源 VDD 或 GND 之处，即第一个和第三个 PMOS 晶体管对调，第一

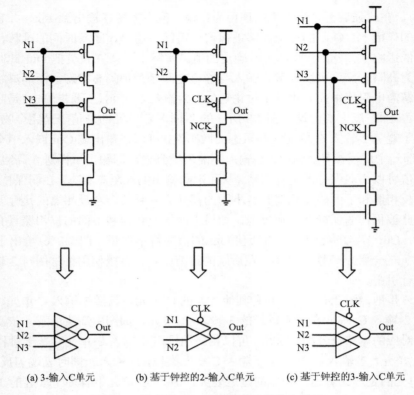

(a) 3-输入C单元　　　(b) 基于钟控的2-输入C单元　　　(c) 基于钟控的3-输入C单元

图 2.4　其他类型 C 单元的电路结构和符号

个和第三个 NMOS 晶体管对调,可取得相同的功能。由此可见,各种 C 单元的连接方式有多种,并且不同连接方式带来的各种开销相差无几。3-输入钟控 C 单元的情况与 2-输入的情况相似,在此不再赘述。

在抗辐射加固结构设计中,C 单元常常被用在加固结构的输出级,从而实现正确的逻辑(像反相器一样工作,即进行反相)和对错误的拦截(C 单元的部分输入出错,则输出不能再被任何输入所改变)。然而 C 单元本身并不是高可靠的,主要体现在输出端的值可能受到辐射粒子的影响。例如, C 单元内部节点,即 PMOS(或 NMOS)晶体管之间的交接区域受到辐射粒子撞击时,在电荷共享机制[25]下可能导致关闭的堆叠的同类型晶体管同时打开,从而在输出端产生错误的脉冲。即使 C 单元的输入是正确的,输出受到影响时仍需要通过输入进行刷新,于是在输出端就产生了错误的脉冲。鉴于以上情况,近年来出现了对 C 单元本身进行加固的新方法[26, 27],而这些方法通常是增加额外的晶体管用以提高 C 单元输出端的临界电荷或自恢复能力,从而提高 C 单元的可靠性。

值得说明的是,我们可以对 C 单元的输入进行分离。例如,对于图 2.4(a)的

3-输入 C 单元，可以将 N1 节点分离为 N11 和 N12 两个节点，并且将 N11 和 N12 分别连接到最上面的 PMOS 晶体管和最上面的 NMOS 晶体管的栅极，这两个晶体管的栅极不再相连。当然，也可以将 N11 和 N12 分别连接到最上面的 PMOS 晶体管和最下面的 NMOS 晶体管的栅极，此时就需要将中间的 PMOS 晶体管和 NMOS 晶体管配对使用，并分别连接为 N2 和 N3。显然，输入分离的 C 单元仍然保持了普通 C 单元的性质，并且也可以在其中再插入钟控晶体管从而构造成基于钟控的输入分离 C 单元。

最后，对 C 单元的性质进行汇总。

性质 1： 当其输入具有相同值时，输出为输入的反相值，表现为反相器。显然，输入全部正确则输出也正确，而输入全部错误则输出也是错误的。

性质 2： 当输入变为不同时，这可能是由于某个或某些输入发生了错误，则输出进入高阻抗状态并暂时为其原值。这样的输出值若作为锁存器等电路的输出时，是不可靠的，因为该输出会浮动为不定值。但是，如果应用在高性能计算领域，由于时钟的快速切换，这样的输出值可能来不及浮动为不定值，因此这样的电路适合高性能应用。

性质 3： 只有输出发生错误时，这个错误是暂时的，这是由于正确的输入会向输出刷新正确值。因此，在输出端出现的暂时性错误只能表决为瞬态脉冲。该脉冲如果传输到下游电路的输入，可能对下游电路造成影响。正如以上讨论，已有相关研究对输出产生错误的情况进行了错误缓解。但是，目前的研究似乎还不能完全消除 C 单元输出端产生的瞬态脉冲，尽管将临近输出的晶体管的尺寸设置得足够大似乎是一种可行的办法。

性质 4： 当输入发生了错误，并且输出也发生了错误时，此时输出即是错误的，因为只有输入全部正确才能将输出上的错误清除。若将输出上的错误清除，需要将输入上的错误全部消除。但是，某个输入一直是错误的，而输出被其他模块清除了错误，这种情况是比较少见的。

2.2.2　1P2N 和 2P1N 单元

1P2N 和 2P1N 单元实际由 2-输入 C 单元精简而来[28]，如图 2.5 所示。由该图可知，PMOS 晶体管和 NMOS 晶体管各被减少一个，因此分别形成 1P2N 和 2P1N 单元。同时由真值表可知，只有倒数第二行与 C 单元的真值表不同。进一步分析可知，只要 1P2N 单元的 N1 输入为 0，输出即为 1，只要 2P1N 单元的 N2 输入为 1，输出即为 0。相比于 C 单元，提出 1P2N 和 2P1N 单元的重要意图是降低开销和减少输出端的高阻抗状态。类似于 C 单元，1P2N 和 2P1N 单元也可以插入钟控晶体管以控制其输出。

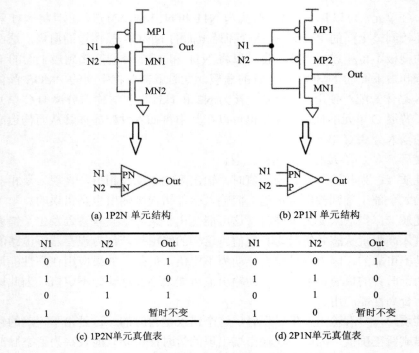

(a) 1P2N 单元结构　　　　　　　　　　(b) 2P1N 单元结构

N1	N2	Out
0	0	1
1	1	0
0	1	0
1	0	暂时不变

N1	N2	Out
0	0	1
1	1	0
0	1	0
1	0	暂时不变

(c) 1P2N单元真值表　　　　　　　　　　(d) 2P1N单元真值表

图 2.5　1P2N 和 2P1N 单元的单元结构和真值表

2.2.3　DICE 单元

　　DICE 单元电路结构如图 2.6 所示[29]。其中，图 2.6(a) 为非钟控版 DICE，图 2.6(b) 为钟控版 DICE。非钟控版 DICE 在时钟为高低电平时均存在反馈环，而在对 DICE 进行初始化时 (约定时钟高电平时进行初始化) 不宜构造出反馈环，因为初始化时反馈环的存在会增加额外功耗。钟控版 DICE 只有在时钟为低电平时才存在反馈环，因为只有在时钟为低电平时，P7、N7、P8、N8 四个钟控晶体管才打开。当提及 DICE 单元时，默认指非钟控版；钟控也可称作时钟门控。另外，图 2.6 是以锁存器的形式进行展示的，DICE 单元也可以构造为 SRAM 单元和触发器单元。

　　下面以钟控版 DICE 为例进行介绍。钟控版 DICE 单元包含两个连接输入 D 的传输门，两个输入分离反相器 P1-N1 和 P3-N3 以及两个钟控版输入分离反相器 P0-P7-N7-N0 和 P2-P8-N8-N2。在该设计中，D 是输入，CK 为时钟信号，$\overline{\text{CK}}$ 为反向时钟信号，Q 是输出。

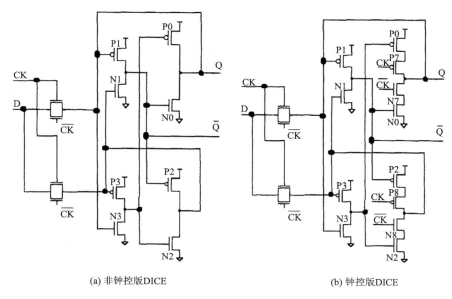

(a) 非钟控版DICE　　　　　　　(b) 钟控版DICE

图 2.6　DICE 单元电路结构图

1. 透明模式(初始化，即预充电过程)

当时钟信号 CK 为高电平时，该结构工作在透明模式，连接输入 D 的传输门导通，Q 端被 D 端直接驱动，即 Q=D。因为时钟门控作用，Q 只能由输入 D 决定，因此 D 的信号可以快速传输到 Q，从而降低 D-Q 延迟。非钟控版的 Q 值由传输门和输入分离反相器同时决定，因此 Q 节点会产生电流竞争，从而产生额外功耗并增加 D 到 Q 的传输延迟。

假设 D 端输入为 0，一方面，因 P1 栅极为 0，P1 导通，其漏极为 1，故 N0 导通；另一方面，因 P3 栅极为 0，P3 导通，其漏极为 1，故 N2 导通。总之，所有输入分离反相器以及钟控版输入分离反相器中都有一个晶体管导通(完成初始化，即预充电)，并且钟控版输入分离反相器中时钟信号能够阻止像 Q 和 $\overline{Q}$ 这样的节点反馈，从而避免透明模式下反馈环的生成，阻止了电流竞争。同理，当 D 端输入为 1 时，可以得到相反情况。

2. 锁存模式(数据存储过程)

当时钟信号 CK 为低电平时，该结构工作在锁存模式，连接输入 D 的传输门关闭，Q 端不再被 D 端直接驱动。此时，钟控版输入分离反相器中的钟控管全部导通(即 N7、N8、P7、P8 都导通)，因此 Q 端由钟控版输入分离反相器进行输出。同样以上面的初始值 D=0 为例，N7、P1、N0 形成一个逆时针的反馈环，同时，

N8、P3、N2 形成另一个逆时针的冗余反馈环,从而实现 Q=0 数据的可靠存储。同理,当 D 端输入为 1,则实现 Q=1 数据的可靠存储。

3. 容错机制

同样以存储 0 为例,假设 Q 端数据发生翻转,即 Q 从 0 暂时翻转为 1,则 N3 管暂时导通,故 N3 的漏极暂时为 0(弱 0),但因 P3 的栅极未受影响,故 P3 漏极为强 1,强 1 中和弱 0,因此 P0-P7-N7-N0 端的输入都不变,故其输出的 Q 不变(实际上 Q 只有一个短暂的错误输出,体现了对暂时错误的在线自恢复)。同理,针对其他节点能得到类似的容错机制。同理,存储 1 时,容错机制也是类似的。

图 2.7 给出了更简洁的 DICE 单元电路结构及其符号图。当 I1 = I2 = 0 时,其生成两个反馈环 I1-P2-I1b-N1 和 I2-P4-I2b-N3。当反馈环上两个节点同时发生错误(DNU)时,因为反馈环彻底遭到破坏,DICE 中的节点值将全部翻转。因此,六对节点中有两对节点不能提供 DNU 的在线自恢复,即 DICE 单元的 DNU 恢复率为 66.67%。

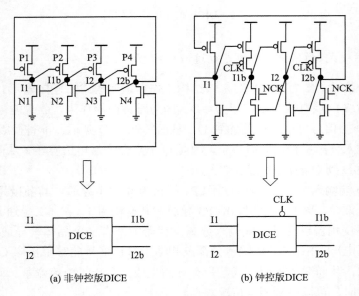

(a) 非钟控版DICE　　　　　　　　(b) 钟控版DICE

图 2.7　更简洁的 DICE 单元电路结构及其符号图

2.2.4　施密特反相器

施密特反相器也称作施密特触发器(Schmidt trigger)。图 2.8 给出了施密特触发器的电路结构。由图 2.8 可知,施密特触发器由 3 个 PMOS 晶体管 M1、M2、M5,以及 3 个 NMOS 晶体管 M3、M4、M6 构成。这些晶体管比较独特的连接方式主要体现在：M1、M2、M3、M4 的栅极与输入 D 相连，M5、M6 的栅极与输出 Q 相连。

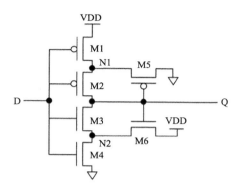

图 2.8 施密特触发器的电路结构

施密特触发器具有过滤 SET 脉冲的作用，并且能够将正常的输入信号进行反相输出。当 D 端到达一个正常的低电平数据，即输入 D 为低电平，M1 和 M2 打开，Q 被上拉为 VDD，因此 M6 打开，其他晶体管关闭。此时，N1 和 N2 两个节点都被充电为高电平。如果 D 端到来一个 0-1-0 型 SET 脉冲，即 SET 正脉冲，当短暂的高电平到达 D 端后，M3 和 M4 会被短暂打开，因为 N2 点被预先充电为高电平，因此需要部分时间下拉为低电平。在 N2 被下拉为低电平期间，SET 正脉冲的短暂高电平可能已经传输完毕，因此 Q 端还没有来得及下拉为低电平，即 Q 端一直为高电平。由此可见，D 端点到达的正常低电平数据中即使附带了 SET 正脉冲干扰信号，输出端一直为高电平，即 SET 脉冲被过滤掉，并且输入信号被反转，此即为施密特触发器的特有功能。当 D 端到达一个正常的低电平数据，D 端到来一个 1-0-1 型 SET 负脉冲，是不现实的。此外，对于当 D 端到达一个正常的高电平数据的情况，综上所述，可得到类似的结论。

将施密特触发器的输入进行分离，即 M1～M4 这 4 个晶体管可以像 C 单元那样进行连接和使用。输入分离施密特触发器同时具备 C 单元和施密特触发器的特性，将在后续章节中进行使用和介绍。另外，由于施密特触发器的延迟较大，也可将其作为延迟单元使用。

2.3 抗辐射能力的定义

为了更好地对针对抗 SNU、DNU、TNU 的电路器件进行分类，本节从抗节点翻转角度对集成电路器件抗辐射能力进行定义[30]。

考虑一个具有 m 个节点的器件 L，包括其输出节点 Q (即节点 $N1$, $N2$, $N3$, …,

Nm，其中，Nm 表示 Q）。当 L 在一个时钟周期内工作在保持模式（即数据存储模式）时，可以给出以下抗辐射能力定义。需要注意的是，这 m 个节点不包括输入节点 D，因为 D 在保持模式下与 L 断开。在透明模式（即数据写入模式）下，D 可以通过传输门等消除 L 中的节点翻转。因此在透明模式下无须考虑节点翻转。但是，在透明模式下需要考虑通过传输门等传来的 SET 脉冲，因为 SET 脉冲可能会被锁存。

粒子撞击条件 1

一个高能量粒子撞击任意单个节点 $Ni(i=1, 2, 3, \cdots, m)$，并产生一个 SNU。

粒子撞击条件 2

一个高能量粒子撞击任意一个节点对 $<Ni, Nj>(i, j=1, 2, 3, \cdots, m,$ and $i \neq j)$，并产生一个 SNU。

粒子撞击条件 3

一个高能量粒子撞击任意一个三节点序列 $<Ni, Nj, Nk>(i, j, k=1, 2, 3, \cdots, m,$ and $i \neq j \neq k)$，并产生一个 TNU。

保持条件 1

任何节点 $Ni(i=1, 2, 3, \cdots, m)$ 保持或恢复到其原始正确值。

保持条件 2

节点 Nm 保持或恢复到其原始正确值。但是，至少存在一个内部节点 $Ni(i=1, 2, 3, \cdots, m-1)$ 保持为翻转值。

保持条件 3

节点 Nm 保持为翻转值。

定义 1 自恢复（resilient/recoverable）

器件 L 是 SNU 自恢复的，当且仅当如下粒子撞击条件 1 和保持条件 1 同时成立。器件 L 是 DNU 自恢复的，当且仅当如下粒子撞击条件 2 和保持条件 1 同时成立。器件 L 是 TNU 自恢复的，当且仅当如下粒子撞击条件 3 和保持条件 1 同时成立。

定义 2 容忍（tolerant/immune）

器件 L 是 SNU 容忍的，当且仅当如下粒子撞击条件 1 和保持条件 2 同时成立。器件 L 是 DNU 容忍的，当且仅当如下粒子撞击条件 2 和保持条件 2 同时成立。器件 L 是 TNU 容忍的，当且仅当如下粒子撞击条件 3 和保持条件 2 同时成立。

定义 3 缓解（mitigated/hardened）

器件 L 是 SNU 缓解的，当且仅当如下粒子撞击条件 1 成立而保持条件 3 不总成立。这意味着，器件 L 只能容忍部分 SNU。器件 L 是 DNU 容忍的，当且仅当如下粒子撞击条件 2 成立而保持条件 3 不总成立。这意味着，器件 L 只能容忍部分 DNU。器件 L 是 TNU 容忍的，当且仅当如下粒子撞击条件 3 成立而保持条件 3 不总成立。这意味着，器件 L 只能容忍部分 TNU。

2.4　本　章　小　结

　　本章主要介绍了空间冗余技术、时间冗余技术和空间时间混合冗余技术等常用的抗辐射加固设计技术，以及常用的抗辐射加固组件和集成电路器件抗辐射能力的定义。上述内容将作为后面章节的预备知识。

第 3 章　表决器的抗辐射加固设计技术

本章将首先介绍基于多级 C 单元的表决器设计，该表决器被有效应用于后续章节将要介绍的若干锁存器设计中。然后介绍基于电流竞争的表决器设计，主要介绍先进表决器 ATMR 和 AQMR，它们与传统表决器相比开销很小，并且分别提供对 SNU 和 DNU 的有效容忍。为了进一步过滤单粒子瞬态 SET，在输出级插入施密特触发器，代替 ATMR 和 AQMR 中的输出级反相器，来构造 ATMR-ST 和 AQMR-ST 表决器。这些被提出的表决器也可以被拓展从而达到容忍 TNU 的效果。最后，以 ATMR-ST 表决器为例，将其有效应用于抗辐射加固的锁存器设计中，以确保高可靠性与低成本效益。

3.1　传统的表决器设计

图 3.1 展示了传统的三模冗余表决器的电路结构及其符号图，其由 3 个 2-输入与门和 1 个输出级的或门组成。当其 3 个输入中存在 2 个或 2 个以上数值 1 时，将会至少有 1 个 2-输出与门的输出为 1，因此或门的输出，即表决器的输出为 1。当其 3 个输入中存在 2 个或 2 个以上数值 0 时，2-输出与门的输出将全部为 0，因此或门的输出，即表决器的输出为 0。当表决器的某个输入因发生错误而导致所有输入变得不同时(如 2 个正确 1 和 1 个错误 0)，能够实现"以多胜少"地输出正确数值。但是，当 2 个输入均为错误值，该值将会被传输到输出，因此该表决器不能"过滤" 2 个或 2 个以上输入端同时发生的相同错误。

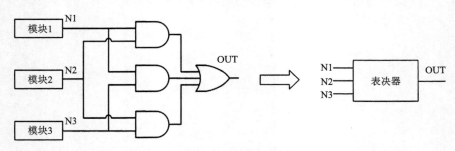

图 3.1　传统的三模冗余表决器的电路结构及其符号图

为了实现"过滤" 2 个输入产生的相同错误，可以使用五模冗余表决器。图 3.2 展示了传统的五模冗余表决器的电路结构及其符号图，其由 10 个 2-输入与门和 1 个输出级的或门组成。选择 10 个 2-输入与门是因为 5 个输入中每 2 个都是 1 种组合，计 10 种组合。当其 5 个输入中存在 3 个或 3 个以上数值 1 时，将会至少有 1 个 2-输出与门的输出为 1，因此或门的输出，即表决器的输出为 1。当其 5 个输入中存在 3 个或 3 个以上数值 0 时，二输出与门的输出将全部为 0，因此或门的输出，即表决器的输出为 0。当表决器的某 1 个或某 2 个输入因发生错误而导致所有输入变得不同时(如 3 个正确 1 和 2 个错误 0)，能够实现"以多胜少"地输出正确数值。但是，当 3 个或 3 个以上输入均为错误值，该值将会被传输到输出，因此该表决器不能"过滤"3 个或 3 个以上输入端同时发生的相同错误。

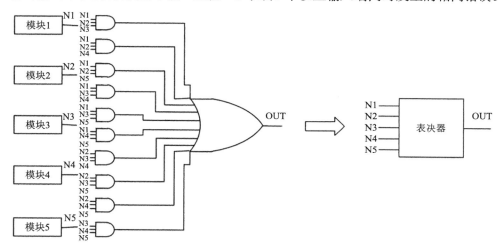

图 3.2　传统的五模冗余表决器的电路结构及其符号图

对于传统的 N 模冗余表决器，无论其输入是何逻辑值，其输出必然会输出一个表决后的逻辑值。这与 C 单元是不同的。在逻辑功能上，当 C 单元的输入具有相同值时，C 单元的输出为输入的反向值；当 C 单元的输入改变后从而具有不相同值时，C 单元的输出只能暂时为其原来的值。尽管此时 C 单元的输出只能暂时为其原来的值(C 单元的输出进入高阻抗状态，即输出不能由输入持续驱动)，当输出发生错误，该错误将不能被恢复/消除。而表决器的输出由输入持续驱动，因此当表决器输出发生错误，该错误将被持续驱动的输入恢复/消除。

3.2　基于多级 C 单元的表决器设计

鉴于传统表决器设计存在开销大(尤其当电路发生 MNU 时，需要使用多输入表决器的情况下)且需要奇数个被表决模块的问题，本节提出低开销的基于多级 C 单元(CE)的表决器设计。提出的基准表决器包括两级错误过滤器，其中第一级包括两个并行的 CE，第二级包括一个用于接收上一级输出结果的 CE。该表决器具有高速版本，其中任何一个都嵌入了从其原始输入到其输出的高速路径，以减少延迟。以上表决器还被扩展，以拦截 $(N-1)$ 个软错误，N 为每个表决器的输入个数。最后，表决器也被扩展为容忍硬(永久)错误。在此强调，之所以不采用多输入的单级 CE，是因为当某一个输入以及输出同时出错时，该 CE 不能有效容忍该错误。多级错误过滤 C 单元由本研究团队首次提出(详见第 4.4.3 小节提出的 LCDNUT/LCTNUT 锁存器)，并广泛应用于锁存器加固设计中。

3.2.1　电路结构与工作原理

图 3.3 显示了提出的基准表决器设计的电路图，该设计主要由两级错误过滤器组成。第一级过滤器包括两个并行的 CE(CE1 和 CE2)；第二级过滤器包括一个 CE(CE3)，第一级 CE 的输出(X1 和 X2)用作第二级 CE 的输入。在图 3.3(a)

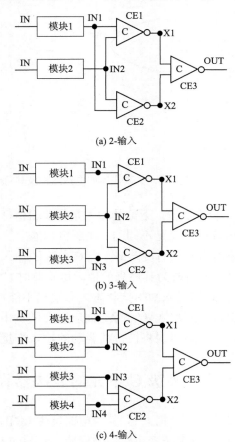

(a) 2-输入

(b) 3-输入

(c) 4-输入

图 3.3　提出的基准表决器设计的电路图

中，CE1 和 CE2 的一个输入连接到表决器的第一个输入(IN1)，CE1 和 CE2 的另一个输入连接到表决器的第二个输入(IN2)。需要注意的是，对于每个表决器，表决器的每个输入都分别连接到一个被表决的模块(该模块可以是电路或系统)。图 3.3(b)显示了 3-输入表决器，它是通过将图 3.3(a)的 IN1 拆分为两个新输入(IN1 和 IN3)而构建的。图 3.3(c)显示了 4-输入表决器，它是通过将图 3.3(b)中的 IN2 拆分为两个新输入来构建的。在图 3.3 中，IN 是每个被表决模块的输入，OUT 是表决器的输出。IN1、X1、OUT 等任何一个节点都代表一个模块或 CE 的输出节点，而不是看似的连接线。

下面我们将不仅考虑表决的模块中的软错误，还考虑表决器本身的软错误，在分析软错误容忍能力时需要考虑这些问题。针对提出的 2-输入表决器，分析其 SNU 容错原理。由于表决器的构造是对称的，因此只需要考虑单个节点 IN1、X1 和 OUT 发生错误的情形。当只有 IN1 受 SNU 影响时，即模块 1 受 SNU 影响并在 IN1 输出错误时，由于 CE1 和 CE2 可以截获该错误，它们的输出(X1 和 X2)将保持其原始正确值，因此 CE3 的输出(OUT)也将保留原来的正确值。在另一种情况下，当 X1 或 OUT 受 SNU 影响时(即 CE1 或 CE3 受 SNU 影响并在 X1 或 OUT 输出错误)，因为要表决的模块不受影响(具有其原始正确值)，表决器中所有 CE 的输出节点 X1、X2 和 OUT 的值将被待表决模块刷新以输出原始正确值。总之，该 2-输入表决器可以在遭受 SNU 时表决出正确的输出值。

需要注意的是，该 2-输入表决器不能容忍 DNU，因为存在一个反例，即如果要表决的所有模块都受到 DNU 的影响(即节点对<IN1, IN2>受到 DNU 影响，则表决器将输出不正确的值)。类似地，可以发现传统 TMR 表决器也不能容忍 DNU，因为如果要表决的大多数模块存在软错误，表决器就无法表决出正确值。显然，该 2-输入表决器和传统的 TMR 表决器具有相同的 SNU 容忍能力和 DNU 容忍能力。但是，与传统的 TMR 表决器相比，2-输入表决器可以省去一个冗余的待表决模块，从而减少硅面积和功耗。考虑到 2-输入表决器不能容忍 DNU，提出了 3-输入表决器。

针对提出的 3-输入表决器，让我们分析一下它的 DNU 容忍原理。在此省略该表决器的 SNU 容忍原理，因为其分析结果类似于 2-输入表决器的分析结果。由于表决器的任何节点对都可能受到一个 DNU 的影响，因此每个节点对受一个 DNU 影响的典型情况共分为三种：①表决器的任意两个非输入节点都受到影响；②表决器的一个输入节点和一个其他内部节点受到影响；③表决器的两个输入节点受到影响。

在情况①下，由于待表决的模块没有受到影响从而保持其原始正确值，内部节点 X1、X2 和 OUT 将被刷新以输出其原始正确值。在情况②下，由于表决器是对称构造的，代表性关键节点对只有<IN2, X1>和<IN2, OUT>。当<IN2, X1>受到

DNU 影响时，由于 CE1 的一个输入（IN2）和一个输出（X1）同时受到影响，CE1 将保留 X1 处的翻转值。但是，由于只有 CE2 的一个输入（IN2）受到影响，因此 CE2 保留 X2 处的原始值。显然，只有 CE3 的一个输入（X1）有错误。因为 X1 的错误可以被 CE3 截获，所以表决器仍然可以表决出正确的值。当<IN2, OUT>受到 DNU 影响时，由于 CE1 和 CE2 只有一个输入（IN2）受到影响，因此 CE1 和 CE2 仍会在 X1 和 X2 输出原始正确值。因为 CE3 的输入（X1 和 X2）仍然正确，所以表决器将输出原始正确值。在情况③下，由于表决器的构造是对称的，因此只有一个代表性节点对<IN1, IN2>。当<IN1, IN2>受 DNU 影响时，由于 CE1 的输入受 DNU 影响，因此 CE1 的输出（X1）会翻转。这种情况变得类似于在情况②中<IN2, X1>受 DNU 影响的情况。因为软错误可以被 CE3 拦截，所以表决器仍然可以表决出正确的值。总之，该 3-输入表决器可以在遭受 DNU 时表决出正确的值。

该 3-输入表决器不能容忍 TNU，因为存在一个反例，如果要表决的所有模块都受到 TNU 的影响（即节点列表<IN1, IN2, IN3>受 TNU 影响）将输出错误值。类似地，可以发现传统的三模冗余 TMR 表决器也不能容忍 TNU，因为如果其要表决的所有模块都存在错误，则表决器无法提供正确的输出值。需要注意的是，该 3-输入表决器和传统的 TMR 表决器使用相同数量的模块进行表决。然而，该 3-输入表决器比传统的 TMR 表决器具有更高的可靠性，因为 3-输入表决器可以容忍 SNU 和 DNU 并提供正确的输出值，而传统的 TMR 表决器只能容忍 SNU 并提供正确的输出值。考虑到该 3-输入表决器不能容忍 TNU，因此提出了 4-输入表决器。

针对提出的 4-输入表决器，让我们分析一下它的 TNU 容忍原理。由于分析结果与提出的 3-输入表决器相似，因此省略了该表决器的 SNU/DNU 容忍原理。由于表决器的任何节点列表都可能受到 TNU 的影响，因此每个节点列表受 TNU 影响的典型情况总共只有 4 种：①表决器的三个输入节点受到影响；②表决器的两个输入节点和一个其他内部节点受到影响；③表决器的一个输入节点和两个其他内部节点受到影响；④表决器的三个非输入节点受到影响。

在情况①下，由于 CE1 或 CE2 的一个输入不受影响，CE1 或 CE2 可以在 X1 或 X2 输出正确的值，即只有 CE3 的一个输入有错误的值。因此，表决器仍然可以提供原始的正确值。在情况②下，由于表决器的构造是对称，代表性关键节点列表只有<IN1, IN2, X1>、<IN1, IN2, X2>、<IN1, IN2, OUT>、<IN2, IN3, X1>和<IN2, IN3, OUT>。如果 IN1 和 IN2 受到影响，CE1 将无法在 X1 处提供正确的值。当<IN1, IN2, X1>受到 TNU 影响时，由于 CE2 不受影响，因此在 X2 处提供了正确的值，即 CE3 只有一个输入（X1）的值不正确，表决器仍然可以提供原始正确输出值。当<IN1, IN2, X2>受 TNU 影响时，由于 X2 受到影响，IN1 和 IN2 的错误会传输到 X1（即 CE3 的输入错误），因此输出出现错误值。当<IN1, IN2, OUT>受

TNU 影响时，由于 CE3 的输入 (X1) 和输出 (OUT) 都有错误，因此表决器无法提供正确的输出值。当<IN2, IN3, X1>或<IN2, IN3, OUT>受 TNU 影响时，这种情况类似于 3-输入表决器受 DNU 影响的情况②。显然，4-输入表决器可以容忍该类型的 TNU。

在情况③下，由于表决器的构造是对称的，代表性关键节点列表只有<IN1, X1, X2>和<IN1, X1, OUT>。如果 CE1 的输入 (IN1) 和输出 (X1) 都受到影响，则 CE1 无法在 X1 处提供正确的值。当<IN1, X1, X2>受到 TNU 影响时，由于 IN1 和 X1 受到影响，CE1 无法在 X1 处提供正确的值。由于 X2 也受到影响 (即 CE3 的输入错误)，因此在输出出现错误值。当<IN1, X1, OUT>受 TNU 影响时，由于 CE3 的输入 (X1) 和输出 (OUT) 都有错误，因此表决器无法提供正确的值。在情况④下，由于待表决的模块没有受到影响，保持原来的正确值，内部节点 X1、X2、OUT 会被刷新，输出原来的正确值，即表决器仍然可以提供原来的正确值。总之，该 4-输入表决器只有在遭受特殊 TNU 时，才不能提供正确的值。因此，在本节后续内容中将介绍被扩展的基准表决器以容忍多节点翻转 MNU。

在一些锁存器电路中，使用了从 D 到 Q 的高速路径来提高性能[30, 31]。因此，基于上述介绍的基准表决器提出了高速表决器设计。图 3.4 显示了所提出的高速表决器设计的电路图。从图 3.4 可以看出，在任何一个高速表决器中，从其原始输入 (IN) 到其输出 (OUT) 分别嵌入了一条高速路径以减少延迟，并将 CE3 修改为基于时钟门控 (CG) 技术版本以减少 OUT 端的电流竞争，从而降低功耗。

与可能具有高速路径的锁存器电路类似，一方面，当 CLK 为高电平且 NCK 为低电平时，表决器工作在透明和高速模式。到达 IN 的信号可以直接通过一个传输门 TG 到达输出 OUT，以减少延迟。但由于采用了 CG 技术，待表决模块中的信号此时无法通过 CE3。另一方面，当 CLK 为低电平、NCK 为高电平时，表决器工作在表决模式。此时到达 IN 的信号由于 TG 的时钟控制，无法通过 TG 到达 OUT，而待表决模块中的信号可以通过 CE3 输出正确的值。对于表决 (容错) 能力，高速表决器与基准表决器相似。然而，高速表决器不仅可以减少延迟，还可以减少功耗。

在前面的讨论中，只考虑了由 MNU 引起的软错误。然而，由模块内部的开路或短路缺陷引起的硬 (永久) 错误也是先进纳米集成电路中的一个严重问题。在此，以图 3.3 (b) 中的 3-输入基准表决器为例，讨论表决的模块可能存在硬错误的情形。假设模块 1 存在永久性故障。一旦永久性故障被敏化并传输到模块的输出端，该模块的输出端就会出现故障。因此，如果 CE1 或其他 C 单元未正确预充电，表决器将输出不正确的值。这促使我们基于上述提出的软错误容忍表决器设计，提出硬错误容忍的表决器设计，如图 3.5 所示。

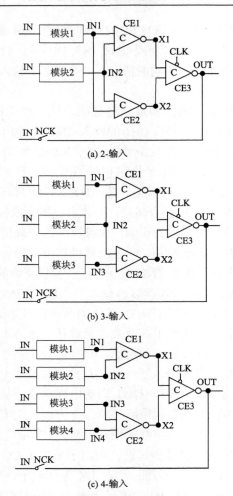

(a) 2-输入

(b) 3-输入

(c) 4-输入

图 3.4　提出的高速表决器设计的电路图

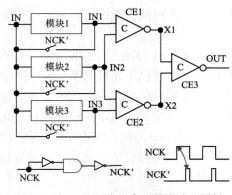

图 3.5　提出的硬错误容忍的表决器设计

基于图 3.3(b) 中的 3-输入基准表决器，通过在每个待表决模块的输入和输出之间插入一个 TG，提出了一种如图 3.5 所示的容错表决器设计。插入的 TG 仅用于 NCK 上升阶段 C 单元的预充电(从图 3.5 底部可以看出，生成的 NCK′的上升阶段正好匹配 NCK 的上升阶段)。因此，即使一个模块有一个或多个永久性故障，C 单元也可以通过 TG 快速正确地进行预充电。随后，如果一个模块内部发生一个或多个永久性故障，它们可能会传输到 CE1 和/或 CE2 的输入。但是，表决器将拥有正确的预充电输出值，即永久故障无法传输到表决器的输出端。

图 3.6 显示了扩展的 $(N-1)$-输入表决器和 N-输入表决器的示意图。图 3.6(a) 中的 $(N-1)$-输入表决器由图 3.3(a) 中的两个输入表决器扩展而来，图 3.6(b) 中的 N-输入表决器由图 3.3(b) 中 3-输入表决器扩展而来。对于图 3.6(a) 中的 $(N-1)$-输入的表决器，如果它同时遭受 $(N-2)$ 个错误，很容易发现以下情况永远不会发生：①表决器的所有输入都为最终翻转值；②$(N-1)$ 个 CE 在其输入和输出上都

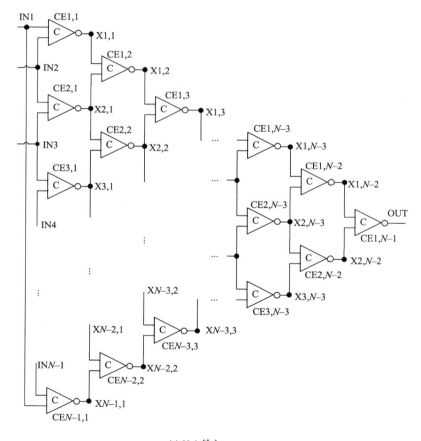

(a) N-1-输入

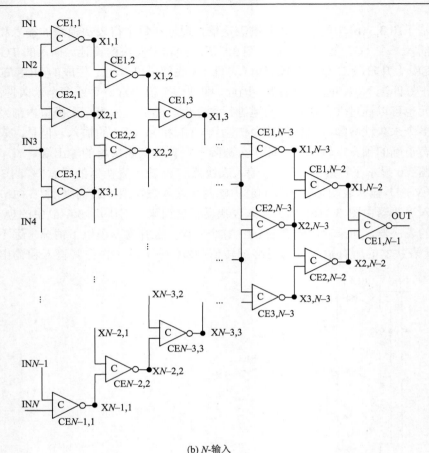

(b) N-输入

图 3.6　提出的扩展表决器

为最终翻转值；③最后一级 CE(CE1,n−1)的所有输入都为最终翻转值。因此，表决器仍然可以表决出原始的正确值。总之，(N−1)-输入表决器可以拦截(N−2)个错误以提供正确的输出值。

　　同理，对于图 3.6(b)中的 N-输入表决器，如果表决器同时出现(N−1)个错误，经过深入调查，很容易发现上述情况永远不会发生。因此，表决器可以提供原始的正确输出值。总之，N-输入表决器可以拦截(N−1)个错误以提供正确的输出值。换言之，任何提出的扩展表决器有 N 个输入时都可以拦截(N−1)个错误以提供正确的输出值。提出的扩展表决器的输入可以拆分为具有更多输入的版本以拦截更多错误，并提供正确的输出值。

3.2.2　实验验证与对比分析

为了公平对比，将提出的表决器和传统的 TMR 表决器使用相同的条件进行实验验证，即 16 nm CMOS 工艺库、0.7 V 电源电压和室温、$W/L = 90$ nm/16 nm 的 PMOS 晶体管尺寸和 $W/L = 22$ nm/16 nm 的 NMOS 晶体管尺寸。使用 Synopsys 的 HSPICE 工具进行了仿真实验。图 3.7 显示了对提出的基准表决器进行容错验证的仿真结果。图 3.7 中的闪电标记表示注入的错误。从图 3.7 (a) 和 (b) 可以看出，2-输入和 3-输入表决器分别在遭受 SNU 和 DNU 时可以输出正确的值。从图 3.7 (c) 可以看出，4-输入表决器只能容忍一部分 TNU。显然，如果要表决的 3 个模块均有错误时，4-输入表决器可以提供正确的输出值 (图 3.7 (c) 中的第一个 TNU)。

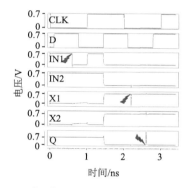

(a) 向2-输入表决器注入了单节点翻转

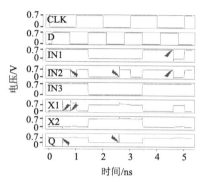

(b) 向3-输入表决器注入了双节点翻转

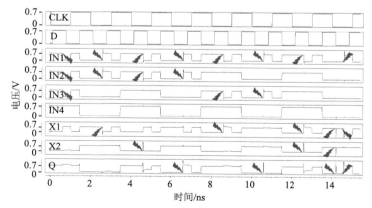

(c) 向4-输入表决器注入了三节点翻转

图 3.7　提出的基准表决器的仿真验证结果

　　表 3.1 显示了传统 TMR 表决器和提出的基准表决器的可靠性比较结果,其中 MWM 表示可以表决以提供正确输出值的最大错误模块数。从表 3.1 可以看出,基准表决器可以处理 $N-1$ 个错误模块以提供正确的输出值,N 是输入的数量。然而,传统的 TMR 表决器只有在大多数要表决的模块没有错误时,才能表决并提供正确的输出值。另外,只有提出的 3-输入和 4-输入基准表决器可以同时提供 SNU 和 DNU 容错能力。与基准表决器相比,高速表决器具有相似的容错能力。此外,从表 3.1 可以看出,基准表决器在最坏的情况下不能容忍节点序列<IN1, X1, OUT>发生的 TNU,因为该表决器只有两级 CE。但是,如果要表决的 3 个模块有错误,则 4-输入基准表决器可以提供正确的输出值。此外,如果要表决的 3 个模块有硬错误,上述提及的 4-输入表决器可以提供正确的输出值。

表 3.1　传统 TMR 表决器和提出的基准表决器的可靠性比较结果

表决器	MWM	SNU 容忍	DNU 容忍	TNU 容忍
传统 TMR 表决器	1	✓	✕	✕
2-输入基准表决器	1	✓	✕	✕
3-输入基准表决器	2	✓	✓	✕
4-输入基准表决器	3	✓	✓	✕

　　表 3.2 显示了传统 TMR 表决器与提出的基准和高速表决器的开销比较结果。所述开销是在没有加载待表决模块的情况下测量的,表决器的输入只是原始的 IN。在表 3.2 中,“面积”表示通过本研究团队提出的式 3.1 测量的硅面积[30],“功耗”表示平均功耗(动态和静态),“延迟”表示 IN 到 OUT 传输延迟,即从 IN 到 OUT 的上升和下降平均延迟,“APDP”表示本研究团队提出的面积-功耗-延迟乘积指标,由面积、功耗和延迟相乘计算得出。表 3.2 中列出的基准和高速表决器包括 2-输入、3-输入和 4-输入的相应表决器。

表 3.2　传统 TMR 表决器与提出的基准和高速表决器的开销比较结果

表决器	面积/×10⁴nm²	功耗/μW	延迟/ps	10⁻⁵×APDP
传统 TMR 表决器	2.87	0.85	9.11	2.22
基准表决器	1.10	0.29	15.96	0.51
高速表决器	1.40	0.24	3.27	0.11

$$面积 = \sum_{i=1}^{n1} L_{\mathrm{NMOS}}(i) \times W_{\mathrm{NMOS}}(i) + \sum_{i=1}^{n2} L_{\mathrm{PMOS}}(i) \times W_{\mathrm{PMOS}}(i) \tag{3.1}$$

式中,$n1$ 表示 NMOS 的个数,$L_{\mathrm{NMOS}}(i)$ 和 $W_{\mathrm{NMOS}}(i)$ 分别表示每个 NMOS 的有效

长度和宽度。类似地，$n2$ 表示 PMOS 的个数，$L_{PMOS}(i)$ 和 $W_{PMOS}(i)$ 分别表示每个 PMOS 的有效长度和宽度。

对于开销的比较，首先讨论面积。从表 3.2 可以看出，与传统的 TMR 表决器相比，基准和高速表决器由于使用了少数晶体管而消耗的硅面积更少。此外，为了提高性能，与基准表决器相比，高速表决器使用了高速传输路径只增加了少量额外面积。至于功耗，提出的表决器消耗更少的功耗，主要是因为它们的硅面积更小。与基准表决器相比，高速表决器的功耗更少，这主要是由于使用了时钟门控技术。至于延迟，由于使用了从 IN 到 OUT 的高速通路，任何高速表决器的延迟都很小。然而，由于传统 TMR 表决器和基准表决器从 IN 到 OUT 有许多晶体管，它们的延迟较大。最后，关于 APDP，与传统的 TMR 表决器相比，基准和高速表决器消耗更少的 APDP，因为它们的硅面积和功耗非常小。高速表决器消耗最小的 APDP，主要是由于它们的延迟和功耗最小。总之，与传统的 TMR 表决器相比，上述在面积、功耗和 APDP 方面定性的讨论验证了提出的基准和高速表决器的成本效益。

此外，与传统 TMR 表决器相比，表 3.3 显示了提议表决器的成本降低（PCR）百分比。PCR 由下式计算。

$$PCR = [(Cost_{traditional} - Cost_{proposed}) / Cost_{traditional}] \times 100\% \tag{3.2}$$

表 3.3　各种表决器的开销降低率对比结果

表决器	面积/%	功耗/%	延迟/%	APDP/%
基准表决器	61.67	65.88	−75.19	77.03
高速表决器	51.22	71.76	64.11	95.05

从表 3.3 可以看出，与传统的 TMR 表决器相比，基准表决器和高速表决器面积减少了 61.67% 和 51.22%，功耗减少了 65.88% 和 71.76%，延迟减少了−75.19% 和 64.11%，并且 APDP 减少了 77.03% 和 95.05%。总之，上述 PCR 可以定量验证提议表决器的成本效益，特别是在面积、功耗和 APDP 方面。

广泛用于安全关键系统的传统 TMR 表决器无法容忍多个软/硬错误，使得此类系统在辐射环境下具有很高的风险。使用基于 C 单元的多级错误过滤器，于是我们提出了几款多错误拦截多模冗余表决器。提出的表决器有高速版本以减少延迟。仿真结果证明了提出的表决器的多重错误容能力和成本效益。

3.3　基于电流竞争的表决器设计

上述表决器可容忍多节点翻转，但是仍然存在一定问题，如部分被表决模块发生错误时输出端会处于高阻抗状态，并且开销需要进一步降低。本节将提出基于电流竞争的表决器设计，以有效解决上述问题。

3.3.1 电路结构与工作原理

图 3.8(a)、(b) 显示了提出的基于汇聚点(即 Qb) 电流竞争和输出级反相器/ST 输出信号增强的先进 TMR 表决器，即 ATMR 和 ATMR-ST[32]。从图 3.8(a) 可以看出，ATMR 表决器仅由 4 个反相器组成，因此开销较低。Qb 值由 N1、N2、N3 通过 3 个反相器确定，Q 值通过输出级反相器由 Qb 确定。如果一个输入有错误的值，提出的 ATMR 表决器可以表决输出正确的值。以 N1 = N2 = N3 = 0 为例，如果模块 3 受到 SNU 影响，则 N3 可以翻转到"1"。因此，Qb 将从 N1 和 N2 接收两个正确的值，并从 N3 接收一个不正确的值。换言之，Qb 将会有更多正确电流与少量不正确电流的竞争。在这种情况下，随着时间的推移，Qb 的值最终将通过 3 个反相器共同确定。由于电流竞争，Qb 将接近正确的值"1"。因此，由于输出级反相器能够反相并增强输入信号强度，提出的 ATMR 表决器的输出仍然是正确的。此外，如果 Qb 或 Q 直接发生 SNU，错误将通过反相器被移除，因为 SNU 只是瞬态错误并且没有被锁存。总之，提出的 ATMR 可以容忍任何 SNU。

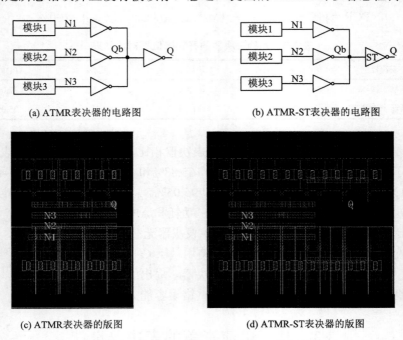

(a) ATMR表决器的电路图　　　　　　　(b) ATMR-ST表决器的电路图

(c) ATMR表决器的版图　　　　　　　　(d) ATMR-ST表决器的版图

图 3.8　ATMR、ATMR-ST 的电路图和版图

为了过滤 SET，将输出级反相器替换为施密特反相器 ST，并提出 ATMR-ST

表决器。从图 3.8(b)可以看出,ATMR-ST 表决器只由 3 个反相器和 1 个 ST 组成。ATMR-ST 表决器具有与 ATMR 表决器相同的容错能力,但还可以另外过滤 SET。ATMR-ST 表决器的 SET 过滤原理如下。如果一个 SET 到达节点 N1、N2 和/或 N3,则该 SET 将在 Qb 之前被反相器反转,收敛于 Qb。因此,Qb 处的 SET 可以被 ST 过滤(过滤原理可参考第 2 章对施密特反相器的具体介绍)。如果直接过滤待表决模块中的 SET 可分别引入 ST,但会导致较大开销。图 3.8(c)、(d)显示了 ATMR、ATMR-ST 表决器的版图。ATMR 表决器的版图宽度为 1.022 μm,版图高度为 1.290 μm。ATMR-ST 表决器的版图宽度为 1.542 μm,版图高度为 1.290 μm。

图 3.9 显示了提出的 QMR 表决器。从"传统的表决器设计"一节可以看出,传统的 QMR 表决器由 10 个 3-输入与门和 1 个 10-输入或门构成。显然,当不超过两个输入有错误的值时,传统的 QMR 表决器可以输出正确的值。然而,传统的 QMR 表决器的开销非常大。为了减少开销,提出了先进的 QMR 表决器,即 AQMR,它与 ATMR 表决器具有相同的容错机制。

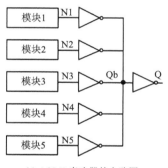

(a) AQMR表决器的电路图

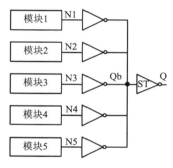

(b) AQMR-ST表决器的电路图

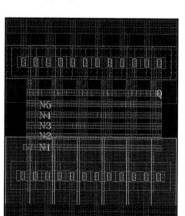

(c) AQMR表决器的版图

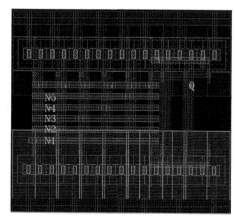

(d) AQMR-ST表决器的版图

图 3.9　提出的 QMR 表决器的电路图和版图

从图 3.9(a)可以看出，AQMR 表决器只有 6 个反相器，因此开销很低。Qb 的值通过 5 个反相器，由 N1、N2、N3、N3、N4、N5 确定，Q 的值可以通过输出级反相器确定。当不超过两个输入有错误的值时，提出的 AQMR 表决器可以输出正确的值。这意味着，在这种情况下，随着时间的推移，Qb 的值仍然最终将通过 5 个反相器共同确定，并且由于电流竞争，Qb 的值仍然接近正确的值。因此，由于输出级反相器具备信号反转和信号增强能力，提出的 AQMR 表决器的输出仍然是正确的。此外，如果 Qb 发生软错误，因为软错误只是瞬态错误并且没有被锁存，因此 Qb 的值最终仍然将通过 5 个反相器共同确定，并且由于电流竞争，Qb 的值仍然接近正确的值。总之，提出的 AQMR 可以容忍任何 DNU。

此外，为了过滤 SET，将输出级的反相器替换为 ST，并提出 AQMR-ST 表决器。从图 3.9(b)可以看出，AQMR-ST 表决器由 5 个反相器和 1 个 ST 组成。由于与上述 ATMR-ST 表决器具有相同的 SET 过滤原理，提出的 AQMR-ST 表决器也可以过滤 SET。图 3.9(c)、(d)显示了 AQMR 和 AQMR-ST 表决器的版图。AQMR 表决器的版图宽度为 1.438 μm，版图高度为 1.450 μm。AQMR-ST 表决器的版图宽度为 1.958 μm，版图高度为 1.450 μm。

3.3.2　表决器的应用

基于上一小节提出的表决器，使用传统的未加固锁存器替换表决器中待表决的模块，提出 4 个先进锁存器，从而容忍 SNU/DNU/SET。图 3.10 展示了提出的锁存器的电路图，即基于 ATMR 的锁存器(ATMRL)、基于 ATMR 和 ST 的锁存器(ATMRL-ST)、基于 AQMR 的锁存器(AQMRL)以及基于 AQMR 和 ST 的锁存器(AQMRL-ST)。根据提出的表决器的容错讨论，图 3.10(a)和图 3.10(b)中提出的 ATMRL 和 ATMRL-ST 锁存器可以在不超过一个输入有错误值的情况下输出正确值；图 3.10(c)和图 3.10(d)中提出的 AQMRL 和 AQMRL-ST 锁存器可以在不超过两个输入有错误值的情况下输出正确值。总之，ATMRL 可以容忍 SNU，ATMRL-ST 还可以过滤 SET；而 AQMRL 可以容忍 DNU，AQMRL-ST 还可以过滤 SET。

每个传统的未加固锁存器在其输出级上都有一个反相器，如图 3.10(a)所示。为了减少开销，将这些反相器重新用作表决器的反相器。这意味着可以移除节点 Qb 之前的表决器的反相器。然而，此时必须要在输出节点 Q 处插入一个反相器，以确保提出锁存器的正确输出逻辑。此外，在上述基础上，为了进一步减少开销，将图 3.10(a)中的 A、B 和 C 等节点用作表决器的输入，此时就不需要在输出节点 Q 处插入一个反相器来确保提出锁存器的正确输出逻辑。

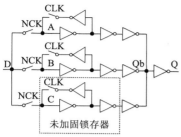

(a) 基于ATMR的先进锁存器的电路图

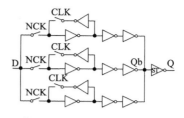

(b) 基于ATMR-ST的先进锁存器的电路图

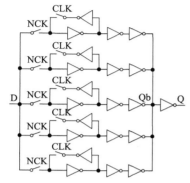

(c) 基于AQMR的先进锁存器的电路图

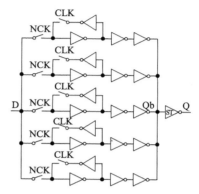

(d) 基于AQMR-ST的先进锁存器的电路图

图 3.10　提出的基于 ATMR/ATMR-ST/AQMR/AQMR-ST 的先进锁存器的电路图

　　准确计算 TNU 发生概率相当复杂，因为需要确定许多因素，例如，工艺数据、版图（了解可能受粒子影响的有效面积、相邻节点之间的间距等）、工作条件（锁存模式持续时间、电源电压、工作温度等）、辐射粒子类型（中子、质子、α粒子、重离子等）、粒子特性（通量分布、有效击中率、线性能量转移、撞击角度等）、粒子相关性等。此外，在安全关键应用中，为了显著降低功耗，可以将锁存器切换到待机模式或大幅降低其时钟频率。在这些情况下，锁存器的保持模式持续时间可能很长。在这段时间内，如果在恶劣的辐射环境中，会有多个粒子先后撞击锁存器，从而引发 TNU 或更多软错误。

　　为了同时提供 TNU 容忍性和 SET 可过滤性，将上述提出的表决器进行有效应用，提出了 HITTSFL 锁存器，如图 3.11 所示。在图 3.11 (a) 中，左侧 6 个传输门（开关符号所示）用以初始化节点值，3 个并行的基于钟控的 DICE（DICE1、DICE2 和 DICE3）用以存储值，3 个反相器（Inv1、Inv2 和 Inv3）用以使 3 个 DICE 中的节点值汇聚到公共节点（Qb），而输出级施密特反相器即标有"ST"的器件用以输出存储的值。其中 N1～N6、N1b～N6b 和 Qb 是内部节点。节点 D 代表输入，节点 Q 代表输出，CLK 代表系统时钟，NCK 代表反向系统时钟。图 3.11 (b) 显示了 HITTSFL 锁存器的版图。版图宽度为 6.936 μm，版图高度为 2.090 μm。

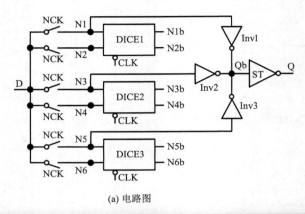

(a) 电路图

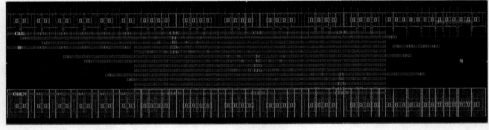

(b) 版图

图 3.11　提出的 HITTSFL 锁存器的电路图和版图

　　先分析 HITTSFL 锁存器的正常工作原理。当 NCK 为 0 时，该锁存器工作在透明模式。节点 N1～N6 具有由 D 驱动的相同值。Qb 的值可以由节点 N1、N3 和/或 N5 分别通过 Inv1、Inv2 和/或 Inv3 确定。因此，Q 的值可以由 Qb 通过施密特反相器确定。为了降低功耗，在 DICE 中使用钟控技术来避免形成反馈回路，从而减少该模式下的电流竞争。因此，透明模式下 N1b～N6b 无值。总之，提出的 HITTSFL 锁存器可以正确初始化，并且 Q 可以输出从节点 D 接收到的值。

　　下面介绍该锁存器在透明模式下的 SET 过滤原理。如果 SET 从上游模块到达 D，则 SET 将通过传输门到达节点 N1～N6。SET 将被 Inv1、Inv2 和/或 Inv3 反转，在 Qb 节点处聚集。而此时，在 Qb 处的 SET 能够被施密特反相器过滤。换言之，这个 SET 不能穿过施密特反相器。总之，该锁存器能够过滤一定宽度的 SET。

　　当 NCK 为 1 时，该锁存器切换到锁存模式。此时传输门关闭，DICE 中时钟控制的晶体管导通，使 N1b～N6b 的值反馈给 N1～N6，N1～N6 的值也反馈给 N1b～N6b，从而形成若干反馈回路来存储 DICE 中的值。DICE 中存储的值通过

Inv1、Inv2 和/或 Inv3 传送到 Qb 节点，而 Qb 的值通过施密特反相器传送至 Q 节点。因此，锁存器中的存储值可以输出到 Q。总之，该锁存器可以正确地存储值，并且可以通过 Q 节点输出存储值。

下面介绍该锁存器在锁存模式下的 TNU 容忍原理。由于任何三节点都可能受到 TNU 的影响，因此共有 6 种代表性情况：①一个 DICE 中的两个节点连同 Qb 或 Q 同时受到 TNU 的影响；②一个 DICE 中的 3 个节点同时受到 TNU 的影响；③一个 DICE 中的两个节点和另一个 DICE 中的一个节点同时受到 TNU 的影响；④每个 DICE 中的一个节点受到 TNU 的影响；⑤DICE 中的一个节点连同 Qb 和 Q 同时受到 TNU 影响；⑥两个 DICE 中的单个节点连同 Qb 或 Q 同时受到 TNU 影响。

对于上述情况①，由于这些 DICE 的构造是相同的，因此以 DICE1 为例来进行说明。显然，关键的三节点序列只有<N1，N1b，Qb>、<N1，N1b，Q>、<N1，N2，Qb>和<N1，N2，Q>。这里最坏情况是<N1，N1b>或<N1，N2>受到 TNU 的影响，并且如对 DICE 的论述，N1 的值是低电平时 DICE 不能自恢复于 SNU。在这种情况下，保存在 DICE1 中的值将是完全错误的，错误的值将通过 Inv1 驱动 Qb。但是，保留在 DICE2 和 DICE3 中的正确值能够分别通过 Inv2 和 Inv3 驱动 Qb。由于 TNU 也可能影响 Qb 节点，因此 Qb 节点会有 4 个值，即第一个是通过 Inv1 输出的错误值，第二个和第三个分别是通过 Inv2 和 Inv3 输出的正确值，第四个是由 Qb 处的 TNU 引起的错误值。因此，由于电流的竞争，无法确定 Qb 的正确值。幸运的是，由于只有 DICE 是存储模块，Qb 处的第四个值不会保留较长时间。这意味着，随着时间的推移，Qb 的值仍将由 DICE 通过 Inv1、Inv2 和 Inv3 共同确定，并且由于电流的竞争，Qb 仍将接近正确的值。因此，无论 Q 是否受到 TNU 的影响，Qb 的值都将通过施密特反相器被反转并增强为正确的值，即锁存器的输出仍然是正确的。可以看出，该锁存器能够容忍此情况中的所有代表性 TNU。

对于上述情况②，仍然只需要考虑 DICE1 来进行说明。这种情况类似于情况①，DICE1 中的所有节点都可能发生翻转，但 Qb/Q 不受直接影响。显然，关键的三节点序列只有<N1，N1b，N2>。当发生 TNU 时，DICE1 中保存的错误值将通过 Inv1 驱动 Qb。但是，保留在 DICE2 和 DICE3 中的正确值分别通过 Inv2 和 Inv3 驱动 Qb。因此，无法确定 Qb 的值。幸运的是，由于电流的竞争，Qb 的值仍将接近正确的值，并将通过施密特反相器反转并增强为正确的值，即锁存器的输出仍然是正确的。因此，对于情况②，该锁存器能够容忍所有的 TNU。对于情况③，关键性三节点序列是<N1，N1b，N3>和<N1，N2，N3>。在这种情况下，受 SNU 影响的 DICE 可以首先自恢复。因此，TNU 可以降级为 DNU，使得这种情况类似于情况①。在情况③下，该锁存器仍能容忍所有该类型的 TNU。

对于上述情况④，关键性三节点序列是<N1，N3，N5>。对于情况⑤，关键性三节点序列是<N1，Qb，Q>。对于情况⑥，关键性三节点序列是<N1，N3，Qb>和<N1，N3，Q>。在这些情况下，由于 DICE 中只有单个节点受到影响，DICE 可以首先自恢复，即 DICE 中保留的值仍然是正确的。因此，Qb 和/或 Q 将被 DICE 通过反相器刷新为正确值，并且该锁存器中的所有节点仍将具有正确的值。可以看出，该锁存器能够容忍情况④、⑤和⑥中的所有 TNU。总之，上述讨论验证了该锁存器可以提供完备的 TNU 容忍性。

3.3.3　实验验证与对比分析

上述提出的表决器和锁存器采用 GlobalFoundries 的 22 nm CMOS 技术。HSPICE 仿真采用 0.8 V 电源电压和室温。PMOS 晶体管比优化为 W/L = 90 nm/22 nm，NMOS 晶体管比优化为 W/L = 45 nm/22 nm。上述版图也在如上实验条件下完成。在粒子撞击仿真中，使用了双指数电流源模型来仿真具有足够大能量粒子的撞击（最坏情况下注入的电荷能量高达 25 fC）。故障注入的升降时间常数分别设置为 0.1 ps 和 3.0 ps。我们选择了故障注入的较小上升时间，以便使注入的错误电荷可以立即产生影响。故障波形下降的时间是上升的时间的 30 倍，即 3.0 ps 就足以进行有效故障注入。

提出的 ATMR 和 AQMR 表决器的故障注入仿真结果如图 3.12 所示。图 3.12 中的闪电标记表示注入的 SNU 和 DNU。我们使用两个同时注入的 SNU 来仿真一个 DNU。在图 3.12(a)中，无论 Q 的值(0 或 1)如何，分别向 N1、N2 和 N3 注入一个 SNU，可以看出 Q 仍然是正确的。同样，从图 3.12(b)和图 3.12(c)中可以看出，AQMR 表决器可以容忍注入的任何 DNU(因为 Q 仍然是正确的，并且考虑了所有可能的 DNU)。综上所述，提出的 ATMR 表决器是 SNU 容忍的，提出的 AQMR 表决器是 DNU 容忍的。ATMR-ST 表决器的 SET 过滤能力将在后续内容中得到验证(例如在验证提出的 HITTSFL 锁存器时)。

图 3.13 展示了提出的 HITTSFL 锁存器的仿真结果。图 3.13 中的闪电符号表示注入的软错误，即 TNU。在图 3.13(a)中，当 Q = 0 时，分别在 0.3 ns 和 4.3 ns 将一个 TNU 注入节点序列<N1，N1b，Qb>和<N1，N1b，Q>。无论 Qb 是否受到直接影响，Qb 的值都是不可翻转的，即 Qb 仍然接近其正确值。因此，Q 最终还是正确的。此外，当 Q = 1 时，TNU 被注入相同的节点序列中。该锁存器仍然能够容忍这些 TNU。在图 3.13(b)中，当 Q = 0 时，分别在 0.3 ns 和 4.3 ns 将一个 TNU 注入节点序列<N1，N2，Qb>和<N1，N2，Q>中。Q 节点最终仍然能够保持正确值。此外，当 Q = 1 时，TNU 被注入相同的节点序列中。该锁存器能够容忍这些 TNU。在图 3.13(c)中，当 Q = 0 时，分别在 0.5 ns、0.9 ns、4.1 ns、4.5 ns、4.9 ns、8.2 ns 和 8.9 ns 将一个 TNU 注入节点序列<N1，N3，N5>、<N1，N1b，N2>、<N1，Qb，Q>、<N1，N3，Q>、<N1，N1b，N3>、<N1，N3，Qb>

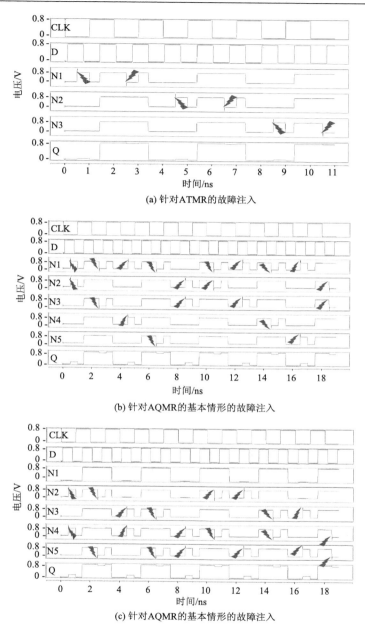

(a) 针对 ATMR 的故障注入

(b) 针对 AQMR 的基本情形的故障注入

(c) 针对 AQMR 的基本情形的故障注入

图 3.12　提出的 ATMR 和 AQMR 表决器的故障注入仿真结果

和<N1，N2，N3>中。Q 节点最终仍然能够保持正确值。此外，当 Q = 1 时，TNU 被注入相同的节点序列中。该锁存器仍然能够容忍这些 TNU。总之，提出的 HITTSFL 锁存器能够实现完备的 TNU 容忍性。

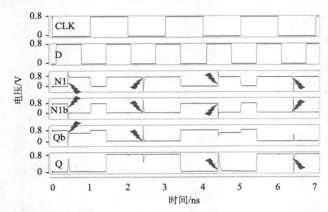

(a) 对情况①中节点序列<N1，N1b，Qb>和<N1，N1b，Q>注入TNU的仿真结果

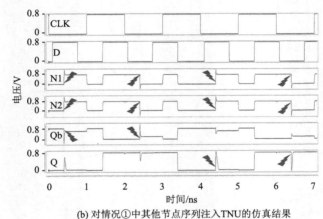

(b) 对情况①中其他节点序列注入TNU的仿真结果

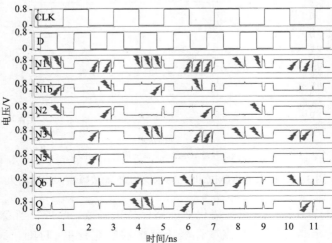

(c) 对其他情况中节点序列注入TNU的仿真结果

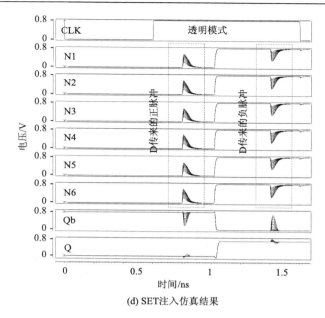

(d) SET注入仿真结果

图 3.13　提出的 HITTSFL 锁存器的仿真结果

在图 3.13 (d) 中，在透明模式下，分别通过对锁存器的输入注入正 SET 和负 SET，并且这些 SET 能够通过传输门到达节点 N1～N6。接下来，这些 SET 通过反相器反转并在 Qb 处汇聚。从图 3.13 (d) 可以看出，Qb 处的脉冲被施密特反相器过滤，对 Q 节点几乎没有任何影响。总之，提出的 HITTSFL 锁存器能够过滤 SET。显然，仿真结果已经证明了提出的 HITTSFL 锁存器的 TNU 容忍性和 SET 可过滤性。

接下来介绍开销对比结果。为了进行公平的比较，将所有表决器和锁存器设计采用以上提及的相同仿真条件进行仿真实验。

表 3.4 展示了传统 TMR 与提出的 ATMR 和 ATMR-ST 表决器的容错能力和开销比较结果。延迟、功耗和面积分别为从表决器输入到 Q 的上升和下降延迟的平均值、平均功耗(动态和静态)和硅面积(用与上一小节相同的方法测量)。ATMR-ST 表决器可以提供 SET 过滤功能。由于使用了最少数量的晶体管，ATMR 表决器具有最小的延迟、面积和功耗。相反，传统的 TMR 表决器具有最大的延迟、面积和功耗，主要是因为它使用了最多数量的晶体管。由于使用了 ST，提出的 ATMR-ST 表决器的开销高于 ATMR 表决器。然而，与传统的需要最多晶体管的 TMR 表决器相比，ATMR-ST 表决器仍然具有成本效益。换言之，ATMR 表决器的开销小于 ATMR-ST 表决器，ATMR-ST 表决器的开销小于 TMR 表决器。

表 3.4　传统表决器与提出的三模冗余表决器的容错能力和开销对比结果

表决器	容错能力	延迟/ps	面积/$\times 10^4$nm^2	功耗/μW
TMR	SNU	17.92	2.67	1.02
ATMR	SNU	5.03	1.19	0.56
ATMR-ST	SNU/SET	16.67	1.78	0.94

表 3.5 显示了传统 QMR 表决器与提出的 AQMR 和 AQMR-ST 表决器之间的容错能力和开销比较结果。由表 3.5 可以看出，AQMR 表决器具有最小的延迟、面积和功耗，而传统的 QMR 表决器具有最大的延迟、面积和功耗。因此，与传统的 QMR 表决器相比，提出的表决器开销较小。换言之，AQMR 表决器的开销小于 AQMR-ST 表决器，AQMR-ST 表决器的开销小于 QMR 表决器。

表 3.5　传统表决器与提出的五模冗余表决器的容错能力和开销对比结果

表决器	容错能力	延迟/ps	面积/10^4nm^2	功耗/μW
QMR	SNU	69.83	5.94	4.95
AQMR	SNU	4.92	1.78	0.81
AQMR-ST	SNU/SET	16.09	2.38	1.18

表 3.6 分别显示了未加固/加固锁存器在 SNU 临界电荷（SNU$_{Q_{\text{crit}}}$）、DNU 临界电荷（DNU$_{Q_{\text{crit}}}$）、TNU 临界电荷（TNU$_{Q_{\text{crit}}}$）、SET 可过滤性（SETF）和 HIS 不敏感性（HISI）方面的可靠性比较结果。诸如 DNU$_{Q_{\text{crit}}}$ 是指可以被 DNU 翻转的所有可能节点对中最小的 Q_{crit}。如果锁存器不能容忍 XNU，只需要测量 XNU$_{Q_{\text{crit}}}$，其中

表 3.6　未加固/加固锁存器的可靠性比较结果

锁存器	临界电荷 Q_{crit}			SETF	HISI
	SNU	DNU	TNU		
未加固的	5.13	—	—	×	√
TMRL	∞	6.42	—	×	√
QMRL	∞	∞	9.51	×	√
DET-SEHP [33]	5.34	—	—	√	√
LSEH [34]	∞	12.78	—	√	√
DNURL [35]	∞	∞	18.75	×	√
THLTCH [36]	∞	∞	25.00	√	√
TNUDICE [37]	∞	∞	∞	×	×
TNUHL [38]	∞	∞	∞	×	×
ATMRL	∞	6.36	—	×	√
ATMRL-ST	∞	6.34	—	√	√

锁存器	临界电荷 Q_{crit}			SETF	HISI
	SNU	DNU	TNU		
AQMRL	∞	∞	9.57	×	√
AQMRL-ST	∞	∞	9.39	√	√
HITTSFL	∞	∞	∞	√	√

"X"在这里的意思是"S"、"D"或"T"。如果一个锁存器是容忍 SNU 的，将它的 $SNU_{Q_{crit}}$ 记作∞，因为无论是撞击粒子的能量有多大，该锁存器都可以容忍或自恢复。因此，表 3.6 中的∞也一样意味着 XNU 容忍性。类似地，如果一个锁存器是容忍 DNU/TNU 的，那么它的 DNU/TNU$_{Q_{crit}}$ 被记作∞，反之亦然。从表 3.6 可以看出，只有 HITTSFL 锁存器才能得到 3 个"∞"和 2 个"√"，即 HITTSFL 锁存器是最鲁棒的。若未使用 C 单元或发生翻转时能自恢复，这样的锁存器通常都是 HIS 不敏感的。

锁存器的延迟、面积、功耗和功耗延迟积(PDP)的开销比较结果如表 3.7 左侧所示。在延迟方面，从表 3.7 中可以看出，QMRL 和 TNUHL 锁存器延迟很大，因为它们从 D 到 Q 使用较多器件；然而，它们不能过滤 SET 脉冲。相反，DNURL 和 TNUDICE 的延迟较小，因为使用了从 D 到 Q 较少的器件；然而，它们也不能过滤 SET 脉冲。为了过滤 SET 脉冲，基于现有技术必须引入额外的延迟。因此，可过滤 SET 脉冲的锁存器通常需要消耗额外的延迟。

表 3.7　锁存器的延迟、面积、功耗和功耗延迟积(PDP)的开销和开销降低率对比结果

(a)开销对比结果

锁存器	开销			
	延迟/ps	面积/$\times 10^4 nm^2$	功耗/μW	PDP
未加固的	12.36	1.49	0.35	4.33
TMRL	45.46	8.32	1.92	87.28
QMRL	99.13	22.57	5.60	555.13
DET-SEHP [33]	61.23	3.56	1.20	73.48
LSEH [34]	46.90	4.16	0.64	30.02
DNURL [35]	3.12	9.80	1.18	3.68
THLTCH [36]	12.38	9.50	1.58	19.56
TNUDICE [37]	1.63	9.21	2.20	3.58
TNUHL [38]	105.79	12.47	1.46	154.45
ATMRL	20.37	5.64	1.29	26.28
ATMRL-ST	31.74	6.24	1.40	44.44

锁存器	开销			
	延迟/ps	面积/$\times 10^4 nm^2$	功耗/μW	PDP
AQMRL	20.08	9.21	2.09	41.97
AQMRL-ST	30.99	9.80	2.20	68.18
HITTSFL	22.37	8.91	1.23	27.52

(b) 开销降低率对比结果

锁存器	开销降低率/%			
	Δ延迟	Δ面积	Δ功耗	ΔPDP
未加固的	−80.99	−497.99	−251.43	−535.57
TMRL	50.79	−7.09	35.94	68.47
QMRL	77.43	60.52	78.04	95.04
DET-SEHP [33]	63.47	−150.28	−2.50	62.55
LSEH [34]	52.30	−114.18	−92.19	8.33
DNURL [35]	−616.99	9.08	−4.24	−647.83
THLTCH [36]	−80.69	6.21	22.15	−40.70
TNUDICE [37]	−1272.39	3.26	44.09	−668.72
TNUHL [38]	78.85	28.55	15.75	82.18
ATMRL	−9.82	−57.98	4.65	−4.72
ATMRL-ST	29.52	−42.79	12.14	38.07
AQMRL	−11.40	3.26	41.15	34.43
AQMRL-ST	27.82	9.08	44.09	59.64
HITTSFL	—	—	—	—

在面积方面，从表 3.7 可以看出，QMRL 锁存器消耗的面积最大，主要是因为它使用了较多的晶体管。基于 RHBD 的锁存器必须使用额外的晶体管，因此未加固的锁存器具有最小的面积。一般而言，一个 TNU 容忍的锁存器必须消耗大面积。然而，与容忍 TNU 的锁存器相比，提出的 HITTSFL 锁存器消耗的面积最小。

对于 PDP 的比较，从表 3.7 可以看出，QMRL 和 TNUHL 锁存器消耗很大的 PDP，因为它们消耗额外的延迟和/或功耗。相反，未加固的、DNURL 和 TNUDICE 消耗的 PDP 比较小，因为它们的延迟和/或功耗很小。总之，上述的比较表明了提出的 HITTSFL 锁存器的成本效益，特别是在与先进的三节点翻转容忍的锁存器相比的情况下。

为了进行定量地比较，基于表 3.7 中的锁存器的延迟，计算了 HITTSFL 锁存器与其他锁存器相比的延迟开销减少的百分比，即开销降低率(POR)。同理，面积和功耗的 POR 可以被类似地测量。从表 3.7 可以看出，在延迟方面，与 TNUDICE 相比，需要额外消耗 1272.39%的延迟，以确保 SET 的可过滤性；与 TNUHL 锁存器相比，HITTSFL 可以减少 78.85%的延迟；然而，这些用来比较的锁存器并不能提供 SET 可过滤性。在面积方面，与容忍 TNU 的 TNUDICE 和 TNUHL 相比，HITTSFL 锁存器可分别减少 3.26%和 28.55%的面积。在功耗方面，与容忍 TNU 的锁存器(即 TNUDICE 和 TNUHL)相比，HITTSFL 锁存器可以分别减少 44.09%和 15.75%的功耗。综上所述，上述的比较表明了 HITTSFL 锁存器的成本效益，特别是在面积和功耗方面。

另外，工艺、电压和温度(PVT)的变化会影响纳米级 CMOS 技术的锁存器的性能[34, 39]。图 3.14 展示了温度和电压对锁存器的延迟和功耗的影响的仿真结果。仿真标准温度设置为 25℃，仿真温度范围为–50～125℃，仿真标准供电电压设置为 0.8 V，仿真供电电压变化范围为 0.65～0.95 V。

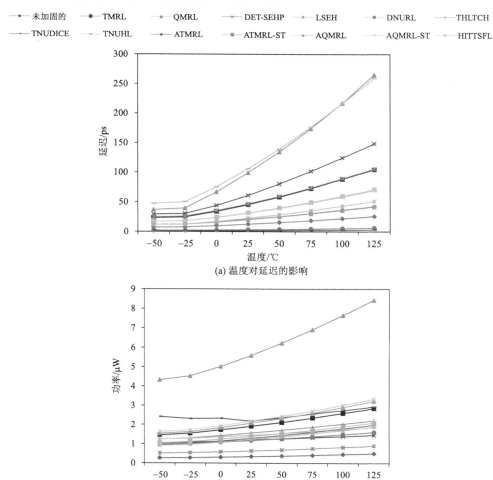

(a) 温度对延迟的影响

(b) 温度对功耗的影响

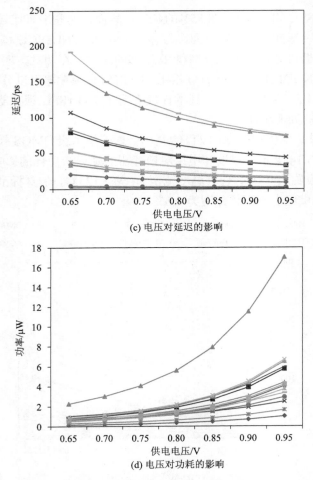

(c) 电压对延迟的影响

(d) 电压对功耗的影响

图 3.14　温度和电压对锁存器延迟和功耗的影响的仿真结果

　　从图 3.14(a) 和 (b) 可以看出，当温度升高时，所对比的锁存器一般需要消耗更多的延迟和功耗，主要是因为当温度升高时，载流子迁移率会降低[39]。从图 3.14(a) 可以看出，QMRL 和 TNUHL 锁存器在延迟方面对温度变化更加敏感，这主要是因为随着温度的升高，载流子迁移率迅速降低。然而，TNUDICE 和 DNURL 锁存器对延迟的温度变化不太敏感。从图 3.14(b) 可以看出，QMRL 锁存器在功耗方面对温度变化最为敏感。然而，未加固的和 LSEH 锁存器在功耗方面对温度变化并不算敏感，主要是因为载流子迁移率在缓慢降低。

　　从图 3.14(c) 和 (d) 可以看出，当电源电压上升时，对比的锁存器的延迟变小而功耗变高，这主要是因为电源电压的增加可以加速晶体管状态转换[39]。从图 3.14(c) 可以看出，电源电压的变化对 TNUHL 锁存器的延迟影响最大，主要是因为它从输入到输出使用了许多器件。然而，电源电压变化对其他锁存器的延迟影响很小，诸如 TNUDICE、DNURL、未加固的和提出的 HITTSFL 锁存器，因为其中一些锁存器使用了从输入到输出的高速路径，而其他的锁存器则从输入到输出使用了较少的器件。从图 3.14(d) 可以看出，QMRL 锁存器对电源电压的变化最敏感，而其他锁存器如未加固的和 LSEH 锁存器对电源电压的变化不太敏感。其原因是，QMRL 锁存器的面积最大，因此，当电源电压增加时，功耗迅速升高。总之，与先进的加固锁存器相比，提出的锁存器对电压和温度的变化具有适度的敏感性。

此外，为了进一步评估工艺变化对锁存器的影响，使用文献[34]中的 PVT 评估方法进行了蒙特卡罗仿真。晶体管的阈值电压和栅氧层厚度采用正态分布随机生成，与原始值的最大偏差为±5%[34]。晶体管有效长度的正态分布曲线上的负变化值(小于原始值)通过 HSPICE 网表文件中的坐标变换映射到正变化值，因为这些负变化值几乎是不可能的[34]。为了得到锁存器的平均偏差(dev)和标准偏差(σ)的参数，进行了 500 次的蒙特卡罗仿真，下面给出了这些参数的计算公式。

$$\mathrm{dev} = \frac{\sum |X_i - \varphi|}{N} \tag{3.3}$$

$$\sigma = \sqrt{\frac{\sum (X_i - \varphi)^2}{N}} \tag{3.4}$$

式中，N、X_i 和 φ 分别表示样本数(即 500)、样本值和标准值(归一化后等于 1)。据此，计算了锁存器的功耗和延迟的归一化平均偏差(dev)和标准偏差(σ)，计算结果如表 3.8 所示。从表 3.8 中可以得出三个结论。首先，与未加固的锁存器相比，所有加固的锁存器的工艺偏差对锁存器的功耗都有较大影响，这主要是由于增加了面积来实现抗辐射加固。其次，QMRL 锁存器对功耗的敏感性最大，主要是因为它的面积最大。最后，与大多数其他加固锁存器相比，DET-SEHP 和 LSEH 锁存器对工艺偏差引起功耗变化的敏感性相似且较低。从表 3.8 中，还可以得出另外三个结论。首先，与未加固锁存器相比，DNUR 和 TNUDICE 锁存器的延迟对工艺变化的敏感性较低，这主要是由于采用了从 D 到 Q 的高速传输路径。其次，QMRL 锁存器的延迟对工艺偏差的敏感度最大，这主要是因为从 D 到 Q 的路径上有很多器件。最后，与大多数其他加固锁存器相比，THLTCH 和 HITTSFL 锁存器的延迟对工艺变化的敏感性较低。总的来说，与大多数先进的抗辐射加固锁存器相比，提出的锁存器对 PVT 变化具有适度的敏感性。

表 3.8　锁存器的功耗和延迟的归一化平均偏差(dev)和标准偏差(σ)计算结果

锁存器	dev		σ	
	功耗	延迟	功耗	延迟
未加固的	1.00	1.00	1.00	1.00
TMRL	3.11	1.89	3.14	1.92
QMRL	4.95	4.19	5.00	4.21
DET-SEHP [33]	1.53	3.08	1.55	3.12
LSEH [34]	1.14	2.17	1.17	2.20
DNURL [35]	3.16	0.97	3.20	0.99
THLTCH [36]	2.97	1.31	3.03	1.33
TNUDICE [37]	3.87	0.93	3.90	0.96
TNUHL [38]	3.21	4.13	3.23	4.07
ATMRL	3.34	2.44	3.36	2.46
ATMRL-ST	3.47	1.72	3.50	1.73
AQMRL	3.26	1.98	3.30	2.01
AQMRL-ST	3.46	1.82	3.47	1.83
HITTSFL	3.20	1.68	3.23	1.71

3.4　本章小结

　　本章首先介绍了传统表决器设计存在的问题，诸如高阻态敏感和开销大。然后提出了基于多级 C 单元的表决器设计，该表决器被广泛应用于现在的加固锁存器设计中，这些锁存器将在下一章节进行具体介绍。接下来，提出了基于电流竞争的表决器，用以减小开销并考虑 SET 脉冲的过滤。这些表决器同样得到有效应用，并具体介绍了这些表决器被应用到锁存器的情形，例如，在国际上首次提出了容忍 TNU、HIS 不敏感且可过滤单粒子瞬态 SET 的 HITTSFL 锁存器，以实现低开销和高可靠。实验结果验证了提出方案的容错能力、开销有效性和 HITTSFL 锁存器适度的 PVT 变化敏感性。

第 4 章　锁存器的抗辐射加固设计技术

本章首先介绍未加固的标准静态锁存器设计和经典的抗辐射加固锁存器设计。经典的抗辐射加固锁存器设计主要回顾抗 SNU/DNU/TNU 和/或可过滤 SET 的锁存器设计。接下来介绍提出的若干种锁存器设计，具体包括单节点翻转自恢复的 RFC 锁存器设计、抗 DNU/TNU/QNU 的锁存器设计和可过滤 SET 的锁存器设计。最后对本章内容进行总结。

4.1　未加固的标准静态锁存器设计

图 4.1 给出了标准静态锁存器的电路结构。由图 4.1 可知，标准静态锁存器包括两个传输门 TG1、TG2 和三个反相器 Inv1、Inv2、Inv3。其中 D 为输入，Q 为输出，CLK 为系统时钟，NCK 为反向系统时钟信号，而 N1 和 N2 为内部节点。

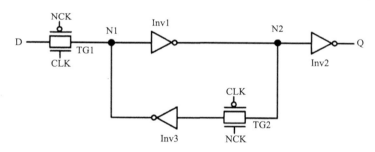

图 4.1　标准静态锁存器

当 CLK = 1，NCK = 0 时，标准静态锁存器工作在透明模式。此时 TG1 打开，TG2 关闭，D 输入信号通过 TG1、Inv1 和 Inv2 直接传输到 Q。此时所有打开的晶体管在透明模式时被有效充电。当 CLK = 0，NCK = 1 时，标准静态锁存器工作在锁存模式。此时 TG1 关闭，TG2 打开。Inv1 的输出通过 TG2 传到 Inv3，并作为 Inv3 的输入，Inv1、Inv3 和 TG2 构成反馈回路，用于存储数据。

标准静态锁存器不能容忍 SNU 也不能过滤 SET 脉冲。在透明模式下，当输入端 D 产生一个 SET 脉冲，该脉冲将被输出到输出端 Q，而不会被过滤。在锁存模式下，当 N1 节点或 N2 节点发生翻转时，由 Inv1 和 Inv2 构成的反馈回路会存储错误的信号值。注意到，由于该锁存器在锁存模式下只有 N1 和 N2 两个敏感节点，因此当 N1 和 N2 同时发生 SNU（相当于一个 DNU），同样会影响到锁存的值。

4.2　经典的抗辐射加固锁存器设计

本节介绍 4 种经典的抗辐射加固锁存器设计，分别是抗 DNU/DNU/TNU 和过滤 SET 脉冲的锁存器设计。每种类型的锁存器都将介绍数款，以回顾它们基于 RHBD 技术的抗辐射加固设计方法。

4.2.1　抗单节点翻转的锁存器设计

本节介绍 5 款抗 SNU 的经典锁存器设计，分别是 BISER、HLR、FERST-EV、ISEHL 和 CLCT 锁存器。

1. BISER 和 HLR 锁存器

为了有效降低电路面积和功耗开销，同时减少输出表决的复杂性，文献[40]提出了 BISER 锁存器结构，具体如图 4.2 所示。由图 4.2 可知，BISER 锁存器相当于只对标准静态锁存器复制出了一份，然后将两个标准静态锁存器接入一个 C 单元，并将 C 单元的输出作为锁存器的输出。同时为了防止 C 单元可能进入高阻抗状态，在 C 单元的输出端加入了一个弱保持器。

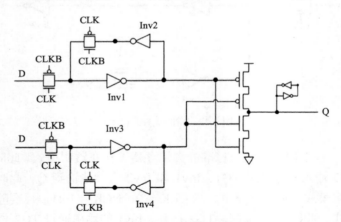

图 4.2　BISER 锁存器

BISER 锁存器的容错原理是双模冗余。在锁存模式下，当某一个标准静态锁存器发生错误，输出级的 C 单元将不会把错误输出到 Q 端，达到容错目的。在透明模式下，D 端数据通过传输门后再分别通过 Inv1 和 Inv3 到达 C 单元的输入，进而产生输出。BISER 锁存器的缺点主要体现在：第一，透明模式下，不能过滤

SET 脉冲。第二，不能容忍 DNU。例如，两个静态锁存器均发生错误，输出级 C 单元将输出错误的值。第三，输出级 C 单元不够可靠，从而导致可能发生错误的表决。

　　为了克服透明模式下数据传输延迟较大的问题并进一步减小功耗，文献[31] 提出了 HLR 锁存器结构，具体如图 4.3 所示。从图 4.3 可以发现，HLR 锁存器与 BISER 锁存器结构非常相似。主要的不同点是：HLR 锁存器加入了一个高速通路，即 D→TG2→Q，因此延迟较小；而且在输出级的 C 单元中还加入了时钟门控模块，即 PMOS 管 M3 和 NMOS 管 M4，因此总体功耗变小。

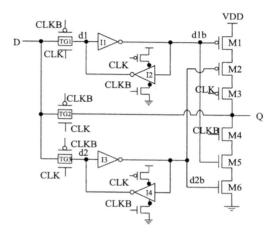

图 4.3　HLR 锁存器

　　HLR 锁存器的容错原理同样是双模冗余(dual modular redundancy, DMR)。在锁存模式下，当某一个标准静态锁存器发生错误，输出级的 C 单元将不会把错误输出到 Q 端，达到容错目的。在透明模式下，M3 和 M4 晶体管被关闭，高速通路 D→TG2→Q 被打开，完成 D 向 Q 的数据传输。HLR 锁存器具有与 BISER 相同的缺点，并且没有考虑到 C 单元会进入高阻抗状态。对于输出端可能会进入高阻态的锁存器，如果读者考虑到该锁存器不够可靠，则可解释为该锁存器适用于高性能应用(因为在该应用下所有的计算通常会很快，使 C 单元输出端来不及于高阻态停留较长时间，即输出端来不及浮动到不定值)。

　　2. FERST-EV 和 ISEHL 锁存器

　　图 4.4 展示的是 FERST-EV 锁存器的电路结构[41]，该锁存器能够实现 SNU 的容忍。FERST-EV 锁存器利用 3 个 2-输入 C 单元构造了冗余的反馈路径来容忍该锁存器被粒子撞击产生的 SNU。与输出端连接的为由两个反相器组成的弱保持器

（晶体管尺寸较小），其用于防止该锁存器的输出处于高阻抗状态。

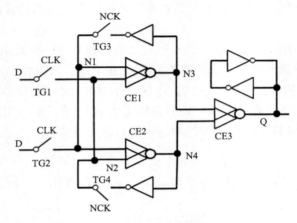

图 4.4　FERST-EV 锁存器电路结构

　　根据 FERST-EV 锁存器的结构特点，选取代表性节点 N1、N3 和 Q 来介绍该锁存器的容错思路。假设节点 N1 发生 SNU，则该节点的值暂时翻转，并试图向 CE1 和 CE2 传输。由于节点 N2 不受粒子撞击的影响，因此 CE1 和 CE2 进入其过滤模式从而其输出其先前的值（即节点 N3 和 N4 的值不受粒子撞击的影响）。另外，由于节点 N3 和 N4 的值不受影响，因此节点 N1 或 N2 的值将通过反相器被节点 N3 或 N4 校正。如果节点 N3 或 N4 发生 SNU，则 CE3 的两个输入为不同的值。因此，该锁存器输出试图进入高阻抗状态。为了在该情况下防止输出节点变为高阻抗状态，在锁存器的输出节点使用了一个弱保持器（晶体管尺寸较小的反馈环），从而有效增强其可靠性。高阻抗状态会随着时间推移而变为不确定值，而通过增加弱保持器或设计为自恢复型可有效避免发生高阻态。

　　另外，当 Q 发生 SNU 时，尽管错误值在弱保持器中试图被保存，但是因 CE3 输入不变，CE3 将输出正确的强值，而该强值能够冲刷弱保持器中试图被保存的弱值，故此 SNU 被消除。

　　值得说明的是，不建议将 C 单元的输出向该 C 单元的输入进行反馈，这是由于 C 单元的输出发生错误时，该错误会反馈给输入，造成错误被锁存。为了显著降低延迟和功耗开销，HPST 锁存器[39]对 FERST（输出端不带反馈环的版本）锁存器中的反馈环和输出级 C 单元使用钟控。但是，由于 HPST 锁存器中的输入级 C 单元的输出向该 C 单元的输入进行反馈，因此其 SNU 容忍能力未被增强。

　　图 4.5 展示了 ISEHL 锁存器结构图[42]。经分析可知，任意 C 单元的输出均未直接反馈给该 C 单元的输入，SNU 容忍能力被显著增强。

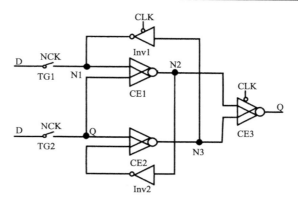

图 4.5　ISEHL 锁存器结构图

现分析 ISEHL 锁存器在锁存模式下的容错原理。根据对该锁存器结构的分析，SNU 可能发生在以下 4 个节点：N1、N2、N3 和 Q。当 N1 节点发生 SNU，由于 C 单元的特性，CE1 能够阻挡 N1 节点错误信号的传输，最终 N1 能够由 N3 通过 Inv1 刷新为正确值。当 N2 节点发生 SNU，CE2 和 CE3 的一个输入发生翻转，由于 C 单元的特性，CE2 和 CE3 依然能够保持之前的正确值，最终 N2 能够由 N1 和 Q 通过 CE1 刷新为正确值。类似地，当 N3 节点发生 SNU，N3 也能被刷新为正确值。当 Q 节点发生 SNU，CE1 和 CE2 的一个输入发生翻转，由于 C 单元的特性，CE1 和 CE2 依然能够保持之前的正确值，那么 CE3 的两个输入依然为正确值，最终 Q 能够由 N2 和 N3 通过 CE3 刷新为正确值。综上所述，ISEHL 锁存器能够实现 SNU 容忍性。仔细分析可知，该锁存器能够实现任意 SNU 的在线自恢复，SNU 容忍能力被显著增强。

3. CLCT 锁存器

图 4.6 展示了 CLCT 锁存器的示意图[43]。由图可知，CLCT 锁存器主要包括一个钟控 DICE 单元，一个 3-输入 C 单元和一个反馈环。其中 N1、N2、N3 和 N4 是 DICE 单元的内部节点，D、Q、CLK 和 NCK 分别是输入、输出、系统时钟和反向系统时钟，电路底部有 3 个开关形状的传输门用来初始化该电路结构。

从电路结构可知，该电路具有 SNU 容忍性和 DNU 部分容忍性。首先分析 SNU 自恢复性，前面已述 DICE 单元具有 SNU 自恢复性，因此任何 DICE 单元内部节点发生单节点翻转都将自恢复。如果 N5 或 N6 发生翻转，根据 C 单元的错误屏蔽功能，输出将不受影响。若输出 Q 发生翻转，则可以通过 DICE 单元和 3-输入 C 单元迅速恢复。下面分析 DNU 容忍性，分为三种情况：情况 1，发生故障的节点都在 DICE 单元内部；情况 2，发生故障的节点只有一个在 DICE 单元内部；情况 3，发生故障的节点都不在 DICE 单元内部。对于情况 1，若发生故障的节点

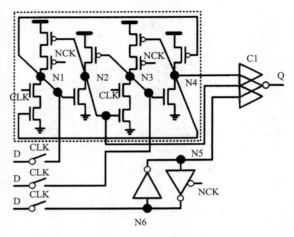

图 4.6　CLCT 锁存器

可以通过其他两个节点自恢复，则输出将不受影响。若发生故障的两个节点不能通过其他两个节点恢复，则 DICE 单元内部将发生逻辑错误。但由于 N5 并没有受到影响，因此 C 单元的输出仍然正确。对于情况 2，由于 DICE 单元具有 SNU 自恢复性，相当于电路中只有除 DICE 外的一个节点发生翻转。对于情况 3，若节点对<N5, N6>发生翻转，由于 C 单元其他两个输入不变，因此输出 Q 不变。若节点对<N5, Q>发生翻转，这种情况下 Q 将不能恢复，因此该锁存器是 DNU 部分容忍的。

4.2.2　抗双节点翻转的锁存器设计

1. DNUSEIL 锁存器

图 4.7 展示的是 DNUSEIL 锁存器的电路结构[44]，该锁存器具有 DNU 容忍性。DNUSEIL 锁存器中的 6 个 2-输入 CE 形成一个大的反馈回路，通过将反馈回路中的节点与 3-输入 C 单元的输入相连接来实现 DNU 容忍性。DNUSEIL 锁存器的容错思路如下：首先，分析 DNUSEIL 锁存器的 SNU 自恢复性。由 C 单元的性质可知，当 SNU 发生在任意一个 2-输入 C 单元或者 3-输入 C 单元的节点上，都不会影响输出信号。注意到，当输出节点 Q 发生 SNU，因为 3-输入 C 单元的输入没有受到影响，输出节点 Q 的值能够很快被校正。

接下来先分析 DNUSEIL 锁存器的 DNU 容忍性。根据 DNUSEIL 锁存器结构特点，分为以下 4 种情况：情况 1，反馈回路中相邻 2-输入 C 单元的输出发生 DNU；情况 2，反馈回路中相隔一个 2-输入 C 单元的输出发生 DNU；情况 3，反馈回路中相隔两个 2-输入 C 单元的输出发生 DNU；情况 4，反馈回路中的一个节点和输

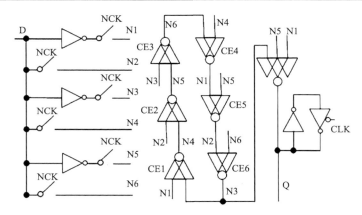

图 4.7　DNUSEIL 锁存器电路结构

出节点 Q 发生 DNU。对于情况 1，选取代表性节点对<N1, N4>介绍 DNU 容忍性。当节点对<N1, N4>受到 DNU 的影响时，节点 N1 和 N4 暂时发生了翻转。但是，由于其他节点未受到影响，根据 2-输入 C 单元的特性，CE2 和 CE5 可拦截错误。最终，节点 N4 通过 CE1 恢复，而节点 N1 通过 CE4 恢复。情况 2、情况 3 和情况 4 的分析过程同上述情况 1 的分析过程类似。

2. LSEDUT 锁存器

图 4.8 展示了 LSEDUT 锁存器结构图[45]。LSEDUT 锁存器充分利用互锁节点来保持数据，C 单元来阻止软错误的传输，弱保持器来防止输出端的高阻抗状态。注意到，下面以 N2 = N4 = N6 = Q = 0，N1 = N3 = N5 = 1 为例，进行 LSEDUT 锁存器的容忍性分析。当该锁存器发生 SNU 时，结构中的 C 单元能够阻挡 SNU 的传输，并且处于正确逻辑状态的节点能够将受影响的节点恢复到原始状态。因此，LSEDUT 锁存器能够实现 SNU 容忍。

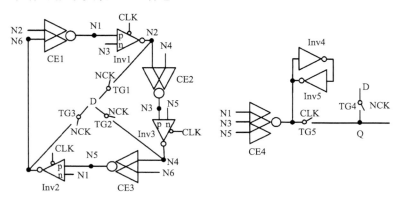

图 4.8　LSEDUT 锁存器结构图

当该锁存器发生 DNU，根据节点的位置分为两种情况：情况 1：节点 N1、N3 和 N5 中任意两个节点发生 DNU。例如，当<N1, N3>节点对发生 DNU，即 N1、N3 都由 1 翻转为 0，这会导致 Inv1 和 Inv3 的 PMOS 管打开，Inv1 和 Inv2 的 NMOS 管关闭，因此 Inv1 的输出 N2 节点也会发生翻转，Inv3 的输出 N4 节点进入不确定状态。但是，CE4 能够阻挡这个错误的传输，使输出节点 Q 保持正确值。情况 2：节点 N1、N3 和 N5 中任意一个节点和节点 N2、N4、N6 和 Q 中任一节点发生 DNU。例如，当<N1, N2>节点对发生 DNU，即 N1 由 1 翻转为 0，N2 节点由 0 翻转为 1，这会导致 Inv1 的 PMOS 管打开，Inv2 的 NMOS 管关闭。由于 N4 节点未受影响和 C 单元的特性，CE2 的输出节点 N3 能够保持正确值。由于其他节点均未受到影响，因此 N1 和 N2 能够分别通过 N6 和 N3 节点实现自恢复。基于以上分析，LSEDUT 锁存器能够实现 DNU 容忍。

3. DIRT 锁存器

图 4.9 展示了 DIRT 锁存器结构图[46]。现分析 DIRT 锁存器在锁存模式下的容错原理。方便起见，下面分析以 Q = N3 = N5 = N7 = N9 = N11 = 0，N2 = N4 = N6 = N8 = N10 = N12 = 1 为例，即第一级输入分离反相器(Inv1～Inv6)中的 PMOS 管导通、NMOS 管关闭，第二级输入分离反相器(Inv7～Inv12)中的 PMOS 管关闭、NMOS 管导通。

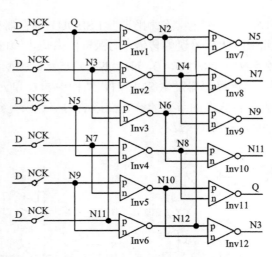

图 4.9 DIRT 锁存器结构图

当该锁存器发生 SNU，根据节点的位置可以分为两种情况：情况 1：第一级的输入发生 SNU。例如，当 Q 节点发生 SNU，即 Q 节点由 0 翻转为 1，Inv1 的 PMOS 管关闭，由于 Inv1 的 NMOS 管也关闭，N2 保持之前的值；Q 的翻转也会导致 Inv2 的 NMOS 管导通，由于 Inv2 的 PMOS 管也导通，N4 节点进入高阻抗状态。但由于节点 N8 和 N10 未受到影响，Q 节点能够通过 Inv11 被刷新为正确值，继而 N4 节点恢复为正确值。情况 2：第二级的输入发生 SNU。例如，当 N2 节点发生 SNU，即 N2 节点由 1 翻转为 0，Inv7 的 PMOS 管导通，由于 Inv7 的 NMOS 管也导通，N5 节点变为高阻抗状态；N2 的翻转也会导致 Inv8 的 NMOS 管关闭，由于 Inv8 的 PMOS 管也关闭，N8 保持之前的值。但由于节点 Q 和 N3 未受到影响，N2 节点能够通过 Inv1 被刷新为正确值，继而 N5 节点恢复为正确值。基于以上分析，DIRT 锁存器能够实现 SNU 容忍。

当该锁存器发生 DNU，根据节点的位置可以分为两种情况：情况 1：第一级的两个输入节点发生 DNU。例如，当<Q, N3>节点对发生 DNU，即 Q 和 N3 节点均由 0 翻转为 1，Inv1 的 PMOS 管关闭，由于 Inv1 的 NMOS 管也关闭，N2 保持之前的值；Q 和 N3 的翻转会导致 Inv2 的输出节点 N4 发生翻转；N3 节点的翻转也会导致 Inv3 的 NMOS 管导通，由于 Inv3 的 PMOS 管也导通，N6 节点进入高阻抗状态。但由于节点 N8 和 N10 未受到影响，Q 节点能够通过 Inv11 被刷新为正确值。又由于节点 N10 和 N12 未受到影响，N3 节点能够通过 Inv12 被刷新为正确值，继而 N4 节点由 N3 和 Q 通过 Inv2 刷新为正确值，并且 N6 节点也能恢复为正确值。情况 2：第一级的一个输入节点和第二级的一个输入节点发生 DNU。例如，当<Q, N2>节点对发生 DNU，即 Q 节点由 0 翻转为 1、N2 节点由 1 翻转为 0。由于 Q 节点的翻转，Inv1 的 PMOS 管关闭，但是 Inv1 的 NMOS 管保持关闭，因此 N2 节点保持错误的值；由前文对 N2 节点发生翻转时的分析可得，N8 节点保持之前的值。又由于节点 N8 和 N10 未受到影响，Q 节点能够通过 Inv11 被刷新为正确值，继而 N2 节点通过 Inv1 被刷新为正确值。基于以上分析，DIRT 锁存器能够实现 DNU 容忍。

4. NTHLTCH 锁存器

图 4.10 展示的是能够实现 DNU 自恢复性的 NTHLTCH 锁存器的电路结构[36]。NTHLTCH 锁存器内部组件可以分为以下几组：第一个 CE 组（CE1、CE2 和 CE3）；第二个 CE 组（CE4、CE5 和 CE6）；第三个 CE 组（CE7、CE8 和 CE9）和反相器组。对于 SNU 自恢复性，由于在任意单个内部节点上的翻转都会连接两个 CE，故阻止了该故障的传输，最后可以通过其前端 CE 恢复翻转的节点。对于 DNU 自恢复性，主要有两种情况：情况 1，同一个 CE 组上的两个节点受到 DNU 影响。根据之前分析的 CE 组的特性，在该情况下，两个故障可以通过其驱动的 CE 组传输，然后被下一个 CE 组阻止，被 CE 消除。情况 2，受到 DNU 影响的两个节点来自不同的 CE 组。在该情况下，三个 CE 组中的两个分别在其输入处只有一个故障，而其余 CE 组的输入都正确。因此，故障无法通过其驱动的 CE 组传输，进而故

障被消除。

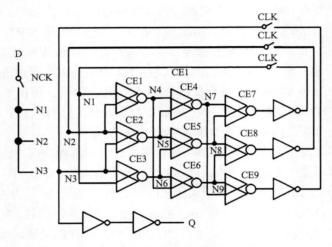

图 4.10　NTHLTCH 锁存器电路结构

5. DeltaDICE 锁存器

图 4.11 展示的是 DeltaDICE 锁存器的电路结构[47]，该锁存器能实现任意节点对的 DNU 自恢复性。DeltaDICE 锁存器内部的 3 个 DICE 单元形成冗余反馈回路以实现 DNU 自恢复性。由于 DeltaDICE 锁存器是由 3 个 DICE 结构组成，该锁存器继承了 DICE 单元的 SNU 自恢复性。因此，DeltaDICE 锁存器能实现 SNU 自恢复。

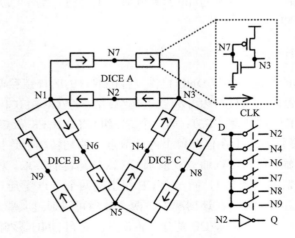

图 4.11　DeltaDICE 锁存器电路结构

接下来对 DeltaDICE 锁存器 DNU 自恢复性进行分析。根据 DeltaDICE 锁存器的结构特点，主要分为以下 5 种情况：①DNU 发生在不同的两个 DICE 上。此时发生翻转的节点均能被其所在的 DICE 单元的 SNU 自恢复能力恢复到原值，不会影响输出节点。因此，在这种情况下 DeltaDICE 锁存器具有 DNU 自恢复能力。②两个 DICE 单元的相连节点和另一个 DICE 单元独立的节点发生 DNU。同样地，被影响的节点可被各自的 DICE 单元恢复正确值，不影响输出节点。③DNU 发生在一个 DICE 单元上，其他两个 DICE 单元没有被影响的节点。当受到 DNU 影响时，根据 DICE 单元的特性可知，最坏情况下，节点 N1 和 N3 也会受到影响。但节点 N1 和 N3 同时也分别是 DICE B 和 DICE C 上的节点，节点 N1 和 N3 通过其他 DICE 能够很快恢复，从而驱动节点 N2 和节点 N7 恢复，错误信号不会被传输。④DNU 发生在一个 DICE 单元上，并且其中一个是与其他 DICE 单元相连的节点。当受到 DNU 影响时，节点 N1 通过 DICE B 恢复。此时 DICE A 中只有节点 N2 发生翻转，节点 N2 将通过 DICE A 恢复。⑤DNU 发生在 DICE 互相相连的节点上。当受到 DNU 影响时，节点 N1 通过 DICE B 恢复，节点 N3 通过 DICE C 恢复。由此可见，DeltaDICE 锁存器能够从任何代表性节点对中自恢复。因此，DeltaDICE 锁存器能实现 DNU 自恢复。

6. DONUT 锁存器

图 4.12 展示了雅典国家技术大学提出的一种 DNU 在线自恢复的锁存器[48]。该锁存器的田型存储部分主要由 4 个同构的并且 SNU 自恢复的双锁单元即 DICE1、DICE2、DICE3 和 DICE4 组成，该 4 个双锁单元被有机地压缩在一起并形成一种多模冗余的互锁结构，从而能够有效地从任何 DNU 中自恢复。D 通过 4 个传输门与节点 N2、N4、N6 和 N8 连接，信号值传输到 N1、N3、N5 和 N7 进

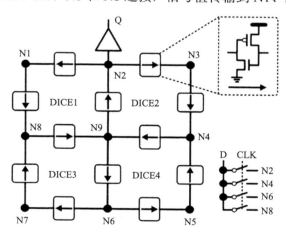

图 4.12　雅典国家技术大学提出的一种 DNU 在线自恢复锁存器电路图

行充电，且 N1、N3、N5 和 N7 的信号值与 N2、N4、N6 和 N8 的信号值相反。以 D = 0 为例，N2、N4、N6 和 N8 的信号值为 0，N1、N3、N5 和 N7 的信号值则为 1。

现分析其容错原理。首先分析其 SNU 自恢复原理。根据前面提到的 DICE 单元的 SNU 自恢复特性，则对于 N1 到 N9，以及 Q 的任意单个节点发生翻转，都可以通过其他节点自恢复。接下来分析一对节点受到影响的情况。以 DICE2 中的 <N2, N3> 节点对为例，根据前面提到的 DICE 单元性质，对于 DICE2 中的节点对，在 D = 0 时，当 <N2, N9> 或 <N3, N4> 发生翻转时，可以自恢复，其他节点对翻转则会导致 DICE2 中全部节点发生错误。因此 <N2, N3> 发生翻转时，导致 DICE2 中所有节点的逻辑值都发生翻转。同时，<N4, N9> 发生翻转，导致 DICE4 中所有节点的逻辑值都发生翻转。对于 DICE1，受影响节点对是与 DICE2 相邻的节点对 <N2, N9>，但 <N1, N8> 节点对未受影响，对于 DICE1，<N2, N9> 是可自恢复的节点对，故 <N2, N9> 可以通过 DICE1 恢复。对于 DICE3，<N7, N8> 未受影响，而 <N6, N9> 是可恢复的节点对，故 <N6, N9> 可以通过 DICE3 恢复。此时，对于 DICE4，<N6, N9> 恢复为正确的信号值，<N4, N5> 信号值仍然发生错误。但对于 DICE4，<N4, N5> 是可恢复的节点对，故 <N4, N5> 可以通过 DICE4 恢复。最终，N3 也恢复会正确的信号值。对于其余的节点对，分析方法与此类似。DONUT 锁存器是一种 DNU 翻转自恢复的锁存器。DONUT 锁存器相当于合并了 4 个 DICE 单元，从而节省了晶体管的数量。然而，该锁存器不能过滤 SET 脉冲，并且很多内部节点存在电流竞争，导致功耗较大。

7. HRCE 锁存器

图 4.13 展示了 HRCE 锁存器结构图[49]。注意到，下面以 N1 = N2 = Q = N3 = 0，N1b = N2b = Qb = N3b = N4 = N5 = 1 为例，进行 HRCE 锁存器的容忍性分析。当该锁存器发生 SNU，根据节点的位置可以分为两种情况：情况 1，节点 N1~N5 和 Q 中任一节点发生 SNU。例如，当 N1 节点发生 SNU，N1b 节点也会发生翻转，由于 C 单元的特性，CE1、CE4 和 CE5 能够拦截这个错误，故其他节点不受影响。N1 节点可由 N2b 和 N5b 通过 CE2 恢复正确值，继而 N1b 也可恢复正确值。情况 2，节点 N1b~N5b 和 Qb 中任一节点发生 SNU。例如，当 Qb 节点发生 SNU，由于 C 单元的特性，CE3 能够拦截这个错误，故其他节点不受影响。Qb 节点可由 Q 节点通过反相器 Inv3 恢复正确值。基于以上分析，HRCE 锁存器能够实现 SNU 容忍。

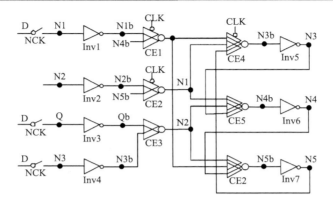

图 4.13　HRCE 锁存器结构图

当该锁存器发生 DNU，根据节点的位置可以分为 3 种情况：情况 1，节点 N1～N5 和 Q 中任意两个节点发生 DNU。例如，当<N1, N2>节点对发生 DNU，N1b 和 N2b 节点也会发生翻转，由于 C 单元的特性，CE1、CE2、CE4、CE5 和 CE6 能够拦截这个错误，故其他节点不受影响。N1 节点可由 N2b 和 N5b 通过 CE2 恢复正确值，N2 节点可由 Qb 和 N3b 通过 CE3 恢复正确值。情况 2：节点 N1b～N5b、Qb 中任意两个节点发生 DNU。例如，当<Qb, N3b>节点发生 DNU，由于 2-输入 C 单元的两个输入节点都发生翻转，CE3 输出节点也会发生翻转，即 N2 节点发生翻转。然而，CE5 和 CE6 能够拦截 N2 节点翻转的错误信号，因此其他节点不受影响。继而 Qb 和 N3b 节点可分别由 Q 和 N3 节点通过反相器恢复正确值。情况 3：节点 N1～N5、Q 中任意一个节点与 N1b～N5b、Qb 中任一节点发生 DNU。例如，当<Q, Qb>节点发生 DNU，由于 C 单元的特性，CE3、CE4 和 CE6 能够拦截这个错误，故其他节点不受影响。Q 节点能够由 N1b 和 N4b 通过 CE1 恢复正确值，继而 Qb 节点可由 Q 节点通过反相器恢复正确值。基于以上分析，HRCE 锁存器能够实现 DNU 容忍。

8. HRDNUT 锁存器

图 4.14 展示的是 HRDNUT 锁存器的电路结构[50]，该锁存器具有 DNU 自恢复性。右上角的虚线框内展示的是输入分离的 3-输入 C 单元的电路结构图，左上角的虚线框内展示的是输入分离的 4-输入 C 单元的电路结构图。输入分离 C 单元具有与普通 C 单元相似的功能。根据 HRDNUT 锁存器的结构特点和 C 单元的特性知，该锁存器是具备 SNU 自恢复性的。下面分析 HRDNUT 锁存器的 DNU 自恢复性。

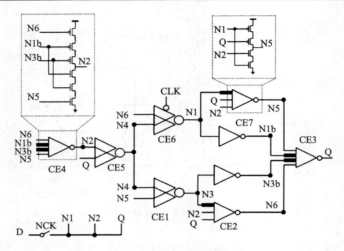

图 4.14　HRDNUT 锁存器

根据 HRDNUT 锁存器的结构特点，主要分为以下 9 种情况：情况 1，发生 DNU 的节点对包含节点 N2，因为 CE5 会过滤节点 N2 的错误值。分析其代表性节点对<N1，N2>。当受到 DNU 影响时，节点 N1 和 N2 发生翻转，节点 N1 错误信号将传输到 CE3 和 CE7。由于节点 N2 处的错误信号被 CE5 阻止，故不会引起其他节点翻转。此外，由于 CE6 和 CE4 的输入未改变，节点 N1 和 N2 将恢复其初始值。情况 2，对情况 1 的补充，其节点对为<N2，Q>。当受到 DNU 影响时，错误信号将通过 CE5 传输。但是，CE1 和 CE6 将阻止该错误。此时，节点 N1、N3、N5 和 N6 将保持其原值，从而将发生错误的节点驱动到正确的状态。情况 3，代表性节点对为<N1，N5>。当受到 DNU 影响时，N1 和 N5 暂时无法自恢复，因为 CE7 输入输出同时出错。由于 CE6 的任何输入未受到错误信号的影响，因此节点 N1 被恢复为正确值。N2 和 Q 未受到影响，继而 CE7 将 N5 驱动至正确状态。情况 4，代表性节点对为<N3，N4>、<N4，N5>和<N4，N6>。情况 5，代表性节点对为<N4，Q>。情况 6，代表性节点对为<N1，N3>。情况 7，代表性节点对为<N1，N6>和<N3，N5>。情况 8，代表性节点对为<N5，Q>和<N6，Q>。情况 9，代表性节点对为<N1，Q>、<N3，Q>和<N5，N6>。以上情况的分析过程与前两种情况的分析过程类似，均通过 C 单元的特性和 HRDNUT 锁存器内部的反馈回路实现 DNU 的自恢复。详细分析过程略。

4.2.3　抗三节点翻转的锁存器设计

1. TNUHL 锁存器

图 4.15 展示的是 TNUHL 锁存器的电路结构[38]，该锁存器能够实现 TNU 容

忍。TNUHL 锁存器通过适当地增加面积(增加钟控)以减少功耗和延迟。TNUHL 锁存器的容错思路如下：只有当 4-输入 C 单元四个输入全错时，输出才会发生错误。对于 TNUHL 锁存器的 DNU 容忍性，当 DNU 发生在该锁存器的左侧，4-输入 C 单元拦截错误。当 DNU 发生在该锁存器的右侧 CE6 或 CE7 中时，左侧正确值将冲刷该 DNU。当 DNU 发生在 CE8 时，同理。TNUHL 锁存器具有 DNU 容忍性，因此该锁存器实现抗任意节点的 SNU。对于 TNUHL 锁存器的 TNU 容忍性，根据该锁存器的结构特点，主要分为以下 6 种情况：情况 1，发生 TNU 的三个节点在任意 4-输入 C 单元(CE1、CE2、CE3、CE4 和 CE5)的输出上；情况 2，发生 TNU 的三个节点其中有两个位于 4-输入 C 单元的输出中，另一个是输出节点 Q；情况 3，发生 TNU 的三个节点分别是 I6、I7 和一个 4-输入 C 单元的输出；情况 4，发生 TNU 的三个节点分别是 I6 或 I7 和两个 4-输入 C 单元的输出；情况 5，发生 TNU 的三个节点分别是 I6 或 I7，输出节点 Q 和一个 4-输入 C 单元的输出；情况 6，发生 TNU 的 3 个节点分别是节点 I6、I7 和 Q。由于 C 单元的特性，以上 6 种情况均能恢复发生 TNU 的 3 个节点。以情况 6 为例介绍，当发生 TNU 时，因为节点 I1b、I2b、I3b、I4b 和 I5b 未改变，这些节点分别通过 CE6 和 CE7 恢复节点 I6 和 I7 的值，输出节点 Q 的值再通过 CE8 恢复。

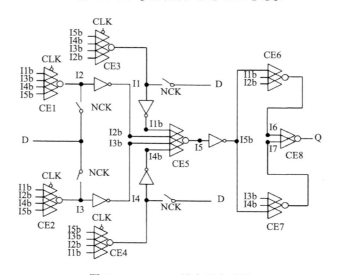

图 4.15　TNUHL 锁存器电路图

2. TNUDICE 锁存器

图 4.16 展示了 TNUDICE 锁存器结构图[37]。现分析 TNUDICE 锁存器在锁存模式下的容错原理。下面以 N1 = N3 = N5 = N7 = Q = 0，N2 = N4 = N6 = N8 = N9

= N10 = N11 = N12 = 1 为例，进行 TNUDICE 锁存器的容忍性分析。当该锁存器发生 SNU 时，如果是非 Q 节点发生 SNU，DICE 结构本身有 SNU 自恢复功能，因此能够将翻转节点恢复为正确值，从而保证锁存器输出正确值；如果是 Q 节点发生 SNU，Q 节点可由节点 N2、N4、N6 和 N8 通过基于钟控的 C 单元恢复为正确值。因此，TNUDICE 锁存器能够实现 SNU 容忍。

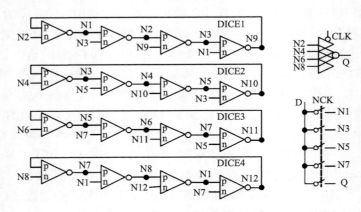

图 4.16 TNUDICE 锁存器电路图

当该锁存器发生 DNU，根据节点的位置可以分为三种情况：情况 1，DNU 发生在一个 DICE 中。例如，当<N2, N9>节点对发生 DNU，此时 DICE 无法使 N1 和 N2 恢复原值，并且 N1 和 N3 节点也发生翻转。然而 N1 和 N3 分别是 DICE4 和 DICE2 中的一个节点，这等同于 DICE2 和 DICE4 发生了 SNU，因此 DICE2 和 DICE4 能够分别使 N3 和 N1 恢复原值。最终 N2 和 N9 能够由 N1 和 N3 通过 DICE1 恢复原值。情况 2，DNU 发生在两个 DICE 中。例如，当<N2, N4>节点对发生 DNU，N2 和 N4 分别是 DICE1 和 DICE2 中的一个节点，这等同于 DICE1 和 DICE2 发生了 SNU，因此 DICE1 和 DICE2 能够分别使 N2 和 N4 恢复原值。情形 3，DICE 中任意一个节点和 Q 同时发生 DNU。例如，当<N1, Q>节点对发生 DNU，N1 是 DICE1 中的一个节点，这等同于 DICE1 发生了 SNU，因此 DICE1 能够使 N1 恢复原值。Q 节点能够由 N2、N4、N6 和 N8 通过 C 单元恢复原值。基于以上分析，TNUDICE 锁存器能够实现 DNU 容忍。

当该锁存器发生 TNU，根据节点的位置可以分为四种情况：情况 1，TNU 发生在一个 DICE 中。例如，当<N1, N2, N9>节点序列发生 TNU，然而 N1 是 DICE4 中的一个节点，这等同于 DICE4 发生了 SNU，因此 DICE4 能够使 N1 恢复原值，这时就可以看作是 N2 和 N9 发生了 DNU，因此由 DNU 部分的分析可以得出 N2 和 N9 都能恢复正确值。情况 2，TNU 发生在两个 DICE 中。例如，当<N1, N2, N4>节点序列发生 TNU。N1 是 DICE4 中的一个节点，这等同于 DICE4 发生了 SNU，因此 DICE4 能够使 N1 恢复原值；N2 可由 N1 和 N3 通过 DICE1 恢复原值。N4 是 DICE2 中的一个节点，这等同于 DICE2 发生了 SNU，因此 DICE2 能够使 N4 恢复原值。情况 3，TNU 发生在三个 DICE 中。例如，当<N2, N4, N6>节点序列发生 TNU。N2、N4 和 N6 分别是 DICE1、DICE2 和 DICE3 中的一个节点，DICE 有 SNU 自恢复性，因此 N2、N4 和 N6 能够通过 DICE 实现自恢复。情况 4，TNU 发生在 DICE 的两个节点和 Q 节点。例如，当<N1, N2, Q>节点序列发生 TNU。N1 是 DICE4 中的一个节点，这等同于 DICE4 发生了 SNU，因此 DICE4 能够使 N1 恢复原值；N2 可由 N1 和 N3 通过 DICE1 恢复原值；Q 节点能够由 N2、N4、N6 和 N8 通过 C 单元恢复原值。基于以上分析，TNUDICE 锁存器能够实现 TNU 容忍。

3. TNUTL 锁存器

图 4.17 展示了 TNUTL 锁存器的电器图[51]。当该锁存器发生 SNU 时，如果是输入节点(D1～D4)发生 SNU，C 单元能够阻挡该错误的传输，输出节点 Q 保持原值；如果是非输入节点(N1～N6，Q)发生 SNU，该翻转节点可由其左侧一级的节点刷新为正确值。因此，TNUTL 锁存器能够实现 SNU 容忍。

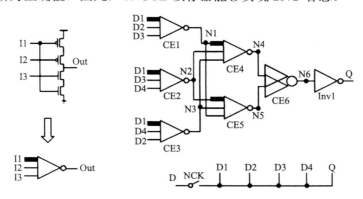

图 4.17　TNUTL 锁存器的电器图

当该锁存器发生 DNU，根据节点的位置可以分为三种情况：情况 1，两个非输入节点发生翻转，此时未受影响的输入节点(D1～D4)能够刷新翻转节点，使其恢复正确值。情况 2，一个非输入节点和一个输入节点发生翻转，一个输入节点发生翻转不会影响节点 N1～N6。当非输入翻转节点是 N6 或 Q 时，该翻转节点能够由其左侧节点刷新为正确值；当非输入翻转节点是 N1、N2、N3、N4 或 N5 时，该翻转节点不会影响节点 N6 和 Q。情况 3，两个输入节点发生翻转，此时所可能导致的最大影响是 N1～N3 节点中的一个节点发生翻转，但是不会对 Q 节点产生影响。因此，TNUTL 锁存器能够实现 DNU 容忍。

该锁存器发生 TNU，根据节点的位置可以分为四种情况：情况 1，三个输入节点同时发生翻转，结构中输入分离的 3-输入 C 单元能够过滤错误，使得 Q 节点的值保持正确值。情况 2，两个输入节点和一个非输入节点同时发生翻转。例如，当<D1, D2, N1> 发生 TNU，由于 D1 和 D2 节点发生翻转，无法通过 CE1 将 N1 节点刷新，因此 N1 节点保持错误值；D1 和 D2 也是 CE3 的输入节点，会使 CE3 输出错误值；其他节点保持原值。情况 3，一个输入节点和两个非输入节点同时发生翻转。例如，当<D1, N1, N4>发生 TNU，由于 CE1 和 CE4 的输入和输出同时被影响，因此 D1，N1 和 N4 将保持其错误值。然而其他节点不受影响（例如 Q 节点），保持原值。情况 4，三个非输入节点同时发生翻转。由于输入节点 D1～D4 未受影响，因此翻转的节点能够由输入节点刷新为正确值。基于以上分析，TNUTL 锁存器能够实现 TNU 容忍。但是，该锁存器具有一个致命缺点：它不存在反馈环，从而使数据不能被长时间保存。

4.2.4　过滤 SET 脉冲的锁存器设计

下面介绍几款具备过滤 SET 瞬态脉冲能力的锁存器，它们同时也具备节点翻转容忍能力。

1. ST 锁存器

图 4.18 给出了 ST 锁存器的电路图[52]。由图 4.18 可知，该锁存器只是将图 4.1 中标准静态锁存器的 Inv1 替换为施密特反相器。因为施密特反相器具有 SET 脉冲过滤功能，并且它处于透明模式下的数据通路上，因此该锁存器在透明模式下能够过滤 SET 脉冲。此外，因为施密特反相器的各个节点临界电荷比较大，比普通的反相器更具备一定的抗 SEU 能力，因此该锁存器在锁存模式下具备一定的 SEU 容忍能力。

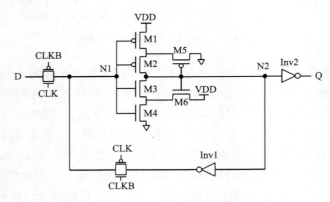

图 4.18　ST 锁存器的电路图

2. HRLC 锁存器

图 4.19 展示了 HRLC 锁存器结构图[53]。该锁存器的连接方式使其能够过滤/屏蔽 SET 脉冲，即利用 C 单元输入产生的延迟差实现(参考"时间冗余技术"和"C 单元"章节)。其中，左侧开关符号为传输门，ST-Inv 为施密特反相器，节点 D 为输入，节点 Q 为输出，CLK 为系统时钟，而 NCK 为反向系统时钟。

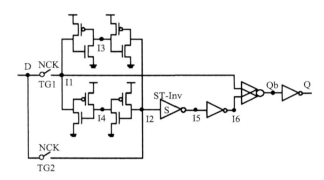

图 4.19　HRLC 锁存器结构图

现分析 HRLC 锁存器在锁存模式下的容错原理。根据对该锁存器结构的分析，发生 SNU 可能存在以下两种情况：情况 1：只影响左侧互锁结构的内部节点(I1～I4)。互锁部分采用 8 个晶体管构成反馈回路。如果一个节点被翻转，可以通过其他 3 个节点快速地自恢复，并且输出 Q 不会受到影响。情况 2：只影响左侧互锁结构的外部节点(I5、I6、Qb、Q)。如果一个高能粒子撞击 I5 或 I6，由于 C 单元的性质，Qb 将保持正确的值，并暂时处于高阻抗状态。I5 或 I6 将通过互锁结构恢复为之前的值，故 Qb 上的高阻抗状态将消失。如果一个高能粒子撞击 Qb 或 Q，它将通过 C 单元由 I1 和 I6 驱动从而恢复到正确值。

综上所述，HRLC 锁存器采用施密特反相器的 SET 脉冲过滤技术和具有输入延迟差的 C 单元实现在透明模式下的 SET 过滤能力，并且通过左侧输入分离反相器结合输出级 C 单元实现 SNU 的容忍。

3. DET-SEHP 锁存器

DET-SEHP 锁存器是一种基于时间冗余且带有双反馈环路的锁存器[33]。图 4.20 展示的是 DET-SEHP 锁存器的电路结构，该锁存器能够实现抗 SNU 并可过滤 SET。在锁存模式下，该锁存器右侧的反馈环路能够实现抗 SNU，但是 Q 节点发生 SNU 时错误会反馈到 C 单元的输入从而不能有效容忍该 SNU(因此该锁存器只是 SNU 加固/缓解的，而不是 SNU 完全容忍的)。在透明模式下，该锁存器左下方的施密特反相器能够过滤由 D 传来的 SET 脉冲。

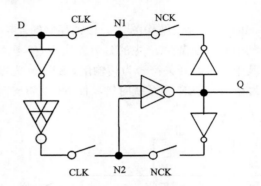

图 4.20　DET-SEHP 锁存器的电路图

　　DET-SEHP 锁存器的具体容错思路如下：根据 DET-SEHP 锁存器的结构特点，选取代表性节点 N1 和 Q 来介绍该锁存器的容错过程。当高能粒子撞击节点 N1 时，根据 2-输入 C 单元的特性可知，2-输入 C 单元的输出不受影响，该锁存器的输出端信号值不会发生变化，实现 SNU 容忍。当高能粒子撞击节点 Q 时，节点 Q 的值暂时发生翻转，节点 Q 的值通过反相器传输到节点 N1 和节点 N2，节点 N1 和节点 N2 同时翻转，由此造成输出 Q 翻转。因此，节点 Q 的值不会恢复，即该锁存储仅能实现部分单节点的抗 SNU。

4. LSEH 锁存器

　　图 4.21 展示了 LSEH 锁存器的电路图[34]。由该图可知，LSEH 锁存器结构包含 3 个反馈环，分别是：反馈环 1 即 N1-Inv1-Inv2-N1；反馈环 2 即 N2-Inv4-N3-Inv5-N2；反馈环 3 即 Qb-Inv6-Q-Inv7-Qb，每个反馈环均由一个反相器和一个基于钟

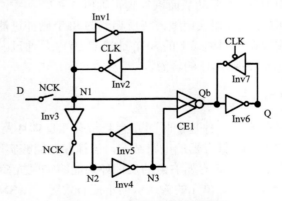

图 4.21　LSEH 锁存器的电路图

控的反相器组成。其中，与 C 单元输出端相连的反馈环 3 可以使该锁存器实现对高阻抗状态的不敏感。

根据对该锁存器结构的分析，发生 SNU 的节点的位置可以分为两种情况：情况 1：反馈环 1 或反馈环 2 中的节点发生 SNU，由于 C 单元的特性，能够阻挡该错误的传输，使锁存器的输出不受影响；情况 2：反馈环 3 中的节点发生 SNU，由于 CE1 的输入没有被影响，因此反馈环 3 中的翻转节点能够通过 CE1 刷新为正确值。综上所述，LSEH 锁存器能够实现 SNU 容忍。

5. LCHR 锁存器

图 4.22 展示了 LCHR 锁存器的电路图[54]，该锁存器能够实现抗 SNU。LCHR 锁存器利用施密特反相器（见电路图右下角所示元件）的滞后特性实现对 SET 脉冲的过滤。LCHR 锁存器的容错思路如下：在锁存模式下，part1、part2 和 part3 的三个反馈环路锁存值。如果节点 N1（或 N2）受到 SNU 的影响，则 part1 中的信号值会由于 part1 的正反馈结构而发生错误。但是由于 part2 保存了其原始值，该错误无法通过 C 单元传输。换言之，输出节点 Q 将不会受到影响并且 part3 使输出不会处于高阻抗状态；同理，如果节点 N3（或 N4）受到 SNU 的影响，则输出节点 Q 也不会受到影响；

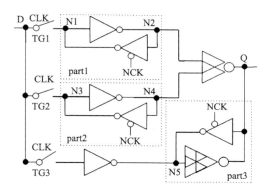

图 4.22　LCHR 锁存器的电路图

另外，如果节点 N5 受到 SNU 影响，part3 将向输出 Q 反馈错误值。由于此时 part1 和 part2 通过 C 单元向输出 Q 反馈正确值，因此输出 Q 会产生电流竞争（因正确值和错误值被同时反馈至 Q）从而导致 Q 节点的值异常。但是，当 part3 的晶体管尺寸较小时，输出 Q 能够竞争为正确值。

6. THLTCH 锁存器

图 4.23 展示了 THLTCH 锁存器结构图[36]。其中，标记为 τ 的延迟单元即左

侧圈出的电路结构由两个反相器串联并在内部节点增加电容负载构造而成，以调整其延迟到用户定义值 τ，从而使 C 单元的输入产生延迟差，实现对 SET 脉冲的过滤。

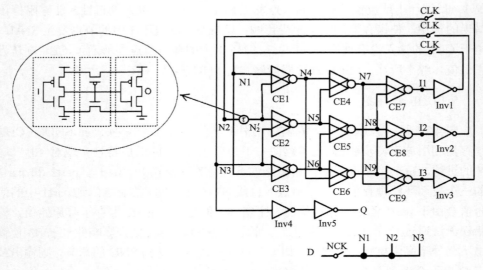

图 4.23　THLTCH 锁存器结构图

现分析 THLTCH 锁存器的 SET 脉冲过滤能力。当 CLK = 1（透明模式）且在节点 D 出现一个 SET 脉冲时，该脉冲会通过传输门传输至节点 N1～N3，但延迟单元会使 CE1（含 CE2）输入端产生不一致的输入数据，因此 CE1 和 CE2 能够过滤该 SET 脉冲（宽度应小于 τ，大于 τ 时不能完全过滤），故 N4 和 N5 暂时保持正确值。然而这个脉冲会通过 CE3 到达 N6，从而使 CE5（含 CE6）的输入端产生不一致的输入数据，因此 CE5 和 CE6 能够过滤该 SET 脉冲，故 N8 和 N9 暂时保持正确值。最终，N7～N9 的值全部正确，脉冲被过滤。

根据对该锁存器结构的分析，每一列有三个输入和三个输出，其中每一个输入信号连接该列的两个 C 单元，每列的输出均为其右侧列的输入。因此当某列的一个输入节点发生 SNU 时（该节点也可能是其他列的输出节点），由于 C 单元的特性，该翻转能够被其右侧的 C 单元过滤。例如：当 N1 节点发生 SNU，N1 节点是 CE1 和 CE3 的一个输入，由于 C 单元的特性，CE1 和 CE3 的输出能够保持之前的值。其他节点均未受到影响，依然保持之前的值。由于 I1 节点保持正确值，最终 N1 节点能够由 I1 通过 Inv1 实现恢复原值。基于以上分析，THLTCH 锁存器能够实现 SNU 自恢复。

当该锁存器发生 DNU 时，根据节点的位置可以分为两种情况：情况 1：当某列的两个输入节点发生 DNU 时，该列以这两个输入节点作为输入的 C 单元会输出错误的值，但这个错误的输出值会被其后方的 C 单元过滤。C 单元是逆时针循环反馈的，因此第三级 C 单元的后方 C 单元则为第一级 C 单元。情况 2：当某列的一个输入节点和该 C 单元的输出节点同时发生 DNU 时，该输入节点会被其前方的 C 单元或反相器刷新为正确值，继而该 C 单元的输出节点能够通过正确的输入刷新为正确值。基于以上分析，THLTCH 锁存器能够实现 DNU 自恢复性。综上所述，THLTCH 锁存器通过使用一个标有 τ 的延时元件来形成 C 单元输入端的延时差用以过滤 SET，并且它使用九联互锁 C 单元来实现 SNU 和 DNU 的自恢复。

4.3　单节点翻转自恢复的 RFC 锁存器设计

RFC 锁存器具有内部互补的三重反馈机制[55]。它的 SEU 恢复原理依赖于三重反馈的 CE。由于一个 CE 的输出或其反向逻辑反馈给其他两个 CE 的输入，因此不管撞击粒子的能量如何，RFC 锁存器的内部节点以及输出节点都可以实现 SEU 的在线自恢复。接下来介绍其他电路结构、工作原理、实验验证与对比分析。

4.3.1　电路结构与工作原理

图 4.24 给出了提出的 RFC 锁存器的电路结构。它由 3 个 CE 组成，包括 CE1、CE2 和 CE3，其中 CE1 和 CE2 基于 CG，以减少功耗，也避免在透明模式下工作

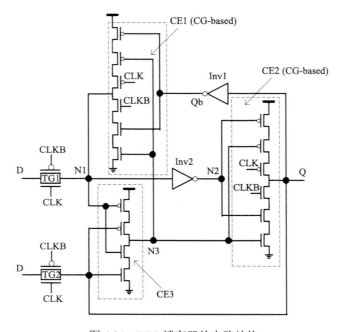

图 4.24　RFC 锁存器的电路结构

时可能出现的电流竞争。它还包括两个反相器和两个传输门。在 RFC 锁存器中，D 是输入，CLK 和 CLKB 分别是系统时钟和反向系统时钟，Q 是输出。

当 CLK = 1 时，传输门 TG1 和 TG2 打开，锁存器在透明模式下工作。D 通过 TG2 传输到 Q，并且通过 TG1 传输到内部节点 N1。内部节点 N2、N3 和 Qb 分别由通过 Inv2 的 N1、通过 CE3 的 N1 和 N2 以及通过 Inv1 的 Q 驱动。CE1 和 CE2 由于时钟信号关闭，避免了 Q 和 N1 上可能的电流争用，降低了功耗。在透明模式下，包括 N1、N2、N3、Qb 和 Q 在内的所有节点都被输入 D 正确偏置。如图 4.24 所示，D 仅通过 TG2 传输到 Q，因此它明显减少了 D 至 Q 的传输延迟。

当 CLK = 0 时，TG1 和 TG2 关闭，锁存器工作在锁存模式下。N1 和 Q 与 D 断开，CE1 和 CE2 的钟控管导通。CE1、Inv2、CE2 和 Inv1 充当保持器，以保持正确的逻辑值。如图 4.24 所示，N3 由 CE1 和 CE2 的输出进行反馈，N1 由 CE2 和 CE3 的输出进行反馈，Q 由 CE1 和 CE3 的输出进行反馈。因此，如果 SNU 影响 RFC 锁存器的任何节点，存在两种情况。

情况 1： 只影响一个 CE(称为 Ced-seu)的一个输入(例如 N2、Qb)。根据反馈规则，这个输入也由另外两个 CE 中的一个通过反相器的不变输出来驱动。因此，Ced-seu 的输入能够从 SEU 中恢复。

情况 2： 仅影响一个 CE(称为 Ceq-seu)的输出(例如 N1、N3 或 Q)。由于反馈规则，这种情况也会影响其他两个 CE 的输入。因此，由于 CE 的错误过滤特性，其他两个 CE 的输出将分别保留其原来的逻辑值。由于其他两个 CE 的不变输出会反馈给 Ceq-seu 的输入，因此 Ceq-seu 的输出能够从 SEU 中恢复。

总之，RFC 锁存器的所有节点都可以从 SEU 自恢复，而 SEU 只会在内部节点或输出 Q 上产生微小的毛刺(故障脉冲)。

4.3.2　实验验证与对比分析

在此使用了早期的实验验证条件，即 Synopsys SPICE 工具；45 nm PTM 工艺库[56]；1 V 电源电压；室温；1GHz 时钟频率，即 1 ns 时钟周期；TG2 的晶体管长宽比(W/L)为 8:4；其他晶体管的长宽比为 2:1；SEU 注入使用了双指数电流源模型。

图 4.25 和图 4.26 分别给出了提出的 RFC 锁存器的情况 1 和情况 2 节点的 SEU 注入仿真结果。从图 4.25 可以得出以下两个结论：①无论是在内部节点 N2 或 Qb 为正确值 "1" 时注入，还是其正确值 "0" 时注入，注入的 SEU 都会迅速消失。SEU 注入只会分别在 N2 和 Qb 上产生微小的毛刺。②SEU 注入对其他节点没有影响，因为在 N2 或 Qb 上注入的 SEU 已被 CE2 和 CE1 阻断。由于 N2 和 Qb 由 N1 和 Q 分别通过 Inv2 和 Inv1 驱动，并且 SEU 注入对 N1 和 Q 没有干扰，因此 N2 和 Qb 可以由 N1 和 Q 快速恢复。

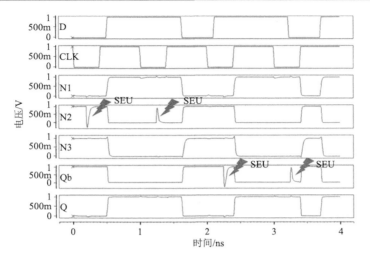

图 4.25　提出的 RFC 锁存器中情况 1 节点的 SEU 注入仿真结果

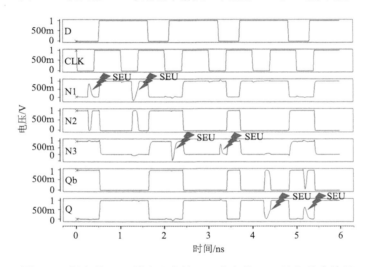

图 4.26　提出的 RFC 锁存器中情况 2 节点的 SEU 注入仿真结果

综上所述，RFC 锁存器的内部节点 N2 和 Qb 是能够从 SEU 中自恢复的。同样，从图 4.26 可以得出如下三个结论：①无论内部节点 N1、N3 或输出 Q 为正确值 "1" 时注入，还是其为正确值 "0" 时注入，注入的 SEU 都会迅速消失。在 SEU 注入后，分别会在 N1、N3 和 Q 上出现微小的毛刺。②N3 上的 SEU 注入对其他节点没有影响，因为 N3 上注入的 SEU 被 CE1 和 CE2 阻塞，而 N3 由 N1 和 Q 通过 CE3 驱动。值得注意的是，N1 和 Q 分别是 CE1 和 CE2 的输出，而 N1 和 Q 由于 CE 的特性没有发生改变。这意味着，CE3 的输入不会发生变化，因此 N3

能够自恢复。③N1 上的 SEU 注入对 N2 有影响，而 Q 对 Qb 有影响。因为 N2 和 Qb 分别由 N1 和 Q 通过 Inv2 和 Inv1 驱动，因此 N1 和 N2、Qb 和 Q 在情况中是等价节点。若要恢复 N1 或 Q，就需要恢复 N2 或 Qb。以 N1 为例，N1 上的 SEU 导致 CE2 和 CE3 输出暂时进入高阻抗状态。因此，N3 和 Q 保持其以前的正确值。这意味着 CE1 的输入不会发生变化，因此 N1 通过 CE1 由 N3 和 Qb 恢复，而 CE2 和 CE3 的高阻抗状态立即消失。综上所述，提出的 RFC 锁存器的内部节点和输出节点都是 SEU 自恢复的，因此 RFC 锁存器是 SEU 自恢复的。

图 4.27 显示了提出的 RFC 锁存器在 5MHz 时钟频率下的 SEU 注入仿真结果。由于高效的自恢复能力，RFC 锁存器不受任何一个 CE 高阻抗状态的影响，也几乎不受泄漏电流的影响。总之，RFC 锁存器可以在较低的时钟频率下稳定工作，使其可以应用于基于 CG 的电路和系统中，以降低功耗。

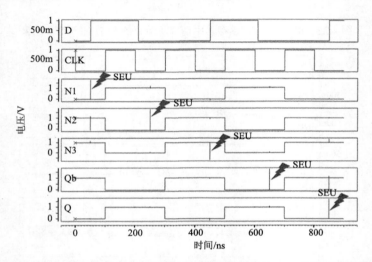

图 4.27　提出的 RFC 锁存器在 5MHz 时钟频率下的 SEU 注入仿真结果

　　另外，对提出的 RFC 锁存器在更高时钟频率下进行了 SEU 注入仿真，以验证其鲁棒性。从图像上显示(图 4.28)，缩短了时钟周期，即相当于放大了 SEU 脉冲宽度。RFC 锁存器在 5GHz 时钟频率下的 SEU 注入仿真结果如图 4.28 所示。从图 4.28 可以看出，即使在很短的时钟周期内，RFC 锁存器在锁存模式下工作时也可以从 SEU 自恢复，无论是内部节点还是输出节点。综上所述，提出的 RFC 锁存器不仅可以在较低的时钟频率下稳健工作，也可以在较高的时钟频率下稳健工作，因此 RFC 锁存器有较大的频率适用范围。

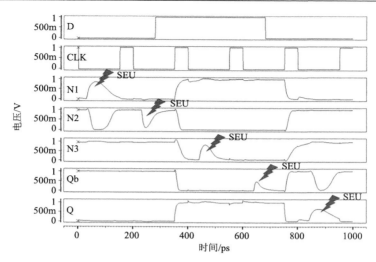

图 4.28　提出的 RFC 锁存器在 5GHz 时钟频率下的 SEU 注入仿真结果

接下来进行锁存器可靠性和开销的对比分析。相应加固锁存器的仿真条件与 RFC 锁存器正常工作时的仿真条件相同，评估和比较结果详见表 4.1 和表 4.2。注意到，为了公平地对比，在 LR 锁存器透明路径上的传输门的 PMOS/NMOS 晶体管长宽比也为 8∶4。

表 4.1 列出了与其他加固锁存器的可靠性比较结果，其中第一列数据是锁存器名称，第二列和第三列数据是锁存器的最小和最大临界电荷，第四列、第五列和第六列数据是 SEU 容忍性、自恢复性和频率适用范围是否宽广。

表 4.1　与其他加固锁存器的可靠性比较结果

锁存器	Q_{crit} (fC)		SEU 容忍	SEU 自恢复	频率适用范围宽广
	Min	Max			
Iso-DICE [57]	0.39	∞	×	×	√
Cascade-ST [52]	1.24	∞	×	×	√
FERST [41]	0.97	∞	√	×	×
LR [58]	1.16	∞	√	×	×
TMR	1.83	∞	√	×	√
提出的	∞	∞	√	√	√

表 4.1 中的最小 Q_{crit} 表示锁存器中最弱节点的临界电荷。值得注意的是，如果无论粒子的电荷量是多少，SEU 都不会对节点造成扰动或者该节点是自恢复的，那么将最小 Q_{crit} 表示为∞。表 4.1 中的最大 Q_{crit} 表示锁存器中最强节点（可能是一个或多个）的临界电荷，最大 Q_{crit} 的∞与最小 Q_{crit} 的∞意义相同。

从表 4.1 中可以看到，Iso-DICE 的最小 Q_{crit} 为 0.39fC。相应的节点就是输出 Q，如果向 Q 注入 0.39fC 电荷量的 SEU，Q 将被翻转。因此，Iso-DICE 并不是 SEU 容忍/免疫的。同时，它也不能从 SEU 中自恢复。由于 Iso-Dice 中无 CE 和高阻抗状态，因此其具有较大的频率适用范围。这些情况可以很容易地通过 SPICE 仿真来验证。

Cascade-ST 的最小 Qcrit 为 1.24fC，所对应的节点为该锁存器内反相器即 Inv2 的输出。同时 SEU 免疫节点为输出节点 Q，因为 Q 由 Qb 通过 Inv1 驱动，因此我们将输出的最大 Qcrit 表示为∞。由此可见，Cascade-ST 的可靠性与 Iso-DICE 的相当。

对于 FERST 和 LR，其最小 Q_{crit} 的对应节点为在输出级 CE 的输入，而最大 Q_{crit} 的对应节点之一为在输出级 CE 的输出。这两个锁存器对高阻抗状态敏感，因此它们的频率适用范围小。由此可见，它们的可靠性也是相当的。

TMR 的最小 Qcrit 的相应节点是三个对称保持器内反相器的输出，TMR 的最大 Qcrit 的相应节点是输出节点 Q。注意到，TMR 对高阻抗状态不敏感，因此它的频率适应范围大。

表 4.1 中所有其他加固锁存器的最大 Qcrit 为∞。这意味着，无论 SEU 对应的粒子能量有多大，至少有一个节点发生的 SEU 不会导致该节点的扰动或者至少有一个节点是 SEU 自恢复的。

最终，从表 4.1 中可知，提出的 RFC 锁存器不仅是 SEU 免疫的，而且是 SEU 自恢复的。同时，RFC 锁存器的频率适应范围也宽广。因此，与参考的其他加固锁存器相比，提出的 RFC 锁存器是最鲁棒的。

表 4.2 给出了与其他加固锁存器的开销比较。第 2 列表示其他加固锁存器的晶体管数量。第 3 列表示功耗，其中不包括用于生成 CLK 和 CLKB 的外部时钟驱动电路的功耗。第 4 列表示锁存器在透明模式下工作时从 D 到 Q 的传输延迟。最后一列中的 TPD 表示成本的综合评估指标。TPD 分别是第 2 列、第 3 列和第 4 列中晶体管数、功耗和传输延迟的乘积。

表 4.2　与其他加固锁存器的开销比较

锁存器	晶体管数量	功耗/μW	延迟/ps	TPD 指标
Iso-DICE	26	0.66	67.34	1155.55
Cascade-ST	14	0.64	51.24	459.11
FERST	24	0.66	46.32	733.71
LR	28	1.07	3.98	119.24
TMR	48	1.83	56.22	4938.36
提出的	24	0.57	6.69	91.52

从表 4.2 中我们可以看出，提出的 RFC 锁存器的功耗是最小的。同时，尽管提出的 RFC 锁存器的晶体管数量和延迟不是最小的，但是提出的 RFC 锁存器的 TPD 指标达到最小，从而在功耗、延迟和面积之间实现了更好的权衡。

为了进行更详细的比较，计算了在晶体管数量(Δ#晶体管)、功耗(Δ 功耗)、传输延迟(Δ 延迟)方面的相对开销，表 4.3 中列出了其他加固锁存器和提出的 RFC 锁存器之间的 TPD 指标(ΔTPD)。标有 Δ 符号的开销即为相对开销，表示的是提出 RFC 锁存器的开销增加率百分比(相比于对比锁存器)。因此，负数的百分比表示对比的锁存器的相应开销高于 RFC 锁存器的；否则，则得出相反的结论。

表 4.3　与其他加固锁存器的相对开销比较

锁存器	Δ 晶体管数量	Δ 功耗/μW	Δ 延迟/ps	ΔTPD 指标
Iso-DICE	−7.69%	−13.64%	−90.07%	−92.08%
Cascade-ST	71.43%	−10.94%	−86.94%	−80.07%
FERST	−0.00%	−13.64%	−85.56%	−87.53%
LR	−14.29%	−46.73%	68.09%	−23.25%
TMR	−50.00%	−68.85%	−88.10%	−98.15%
平均	−0.11%	−30.76%	−56.52%	−76.21%

从表 4.3 中可以看到，只有两个正百分比，即共源共栅 ST 的 Δ 晶体管数量和 LR 的 Δ 延迟，这与表 4.2 中给出的数据恰好一致。然而，所有其他百分比均为负值。因此，提出的 RFC 锁存器的开销要小于大多数其他加固锁存器的开销，这也与表 4.2 所示一致。此外，Δ 晶体管数量、Δ 功耗和 Δ 延迟的平均百分比也为负值，因此可以得出结论，即我们的锁存器平均节省了 0.11% 的晶体管数量、30.76% 的功耗、56.52% 的传输延迟和 76.21% 的 TPD。因此，与其他加固锁存器相比，提出的 RFC 锁存器具有成本效益。

综上所述，提出的 RFC 锁存器具有较高的临界电荷，以及突出的 SEU 容忍能力和自恢复能力，并且具有较大的频率适用范围，因此其鲁棒性更好；而在平均开销方面，与其他加固锁存器相比，提出的锁存器平均开销更低，因此其具备成本效益。

4.4　抗双/三节点翻转的锁存器设计

本节将介绍几种 DNU/TNU 容忍/自恢复的锁存器，具体从锁存器结构、正常工作原理、容错能力、开销等方面对提出的锁存器进行全面分析，并通过仿真实验及对比分析证明提出锁存器的 DNU/TNU 容忍能力及开销的合理性。

4.4.1　HSMUF 双容锁存器

1. 电路结构与工作原理

提出的新型 DNU 完全容忍的 HSMUF 锁存器[59]如图 4.29 所示，它由一个基于 CG 的 TPDICE、一个 CE 和 5 个 TG 组成，其主要原理是构建一个基于时钟门控(CG)的 TPDICE 单元来保存数据，以及一个多输入 C 单元来阻止错误传输到输出。如图 4.29 所示，HSMUF 锁存器设计采用一条高速通路，即输入 D 仅通过一个传输门(TG)来驱动输出 Q 以减少传输延迟，使用 CG 技术避免电流竞争以节省功耗，并使用更少的晶体管来保存数据。在 HSMUF 内部，无论粒子撞击任何单节点，至少存在另一个保持稳定的节点从而将受影响的节点恢复成正确的值。当粒子撞击 TPDICE 内部的任意一对节点(由于电荷共享)时，部分节点可以自恢复，其他节点错误可以被 CE 阻挡。当粒子同时撞击 TPDICE 内部的节点和节点 Q 时，TPDICE 如 DICE 一样会恢复为正确值，Q 随后通过 CE 恢复。

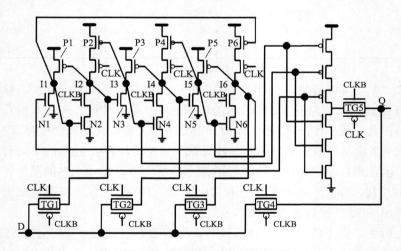

图 4.29　提出的 HSMUF 锁存器

首先考虑锁存器正常工作时的情况。当时钟信号 CLK 为高，反向时钟信号 CLKB(在本书中 CLKB = NCK)为低时，锁存器工作在透明模式下。TPDICE 的输入节点由 D 通过 TG1、TG2 和 TG3 驱动，CE 的输入节点由 TPDICE 的输出节点驱动。利用 CG 技术，避免了由 CE 来驱动 Q，直接由 TG4 驱动 Q，从而避免了 Q 点电流竞争，降低了功耗，减少了 D-Q 传输时延。最终，所有的晶体管都正确偏置。当 CLK 变低而 CLKB 变高时，锁存器工作在锁存模式下并保持正确的数据(除了 TG5 其他 TG 均断开,TPDICE 中的钟控晶体管导通,而 Q 则由 TPDICE

通过 CE 来驱动)，CE 输出 Q 的值。

当发生 SEU 时，锁存器的容错原理如下：首先，如果 TPDICE 中的单个节点受到 SEU 的影响，TPDICE 会像 DICE 一样恢复为正确值。当 Q 受到影响时，TPDICE 内部节点值会通过 CE 将 Q 的值恢复为正确值。总之，该锁存器是完全 SEU 自恢复的。

一对节点受 DNU 影响存在两种可能的情况：①TPDICE 内部的节点对受到影响；②TPDICE 内部的单个节点和 Q 都受到影响。下面对上述情况进行分析。

在情况①下，TPDICE 内的任何一对节点都会受到影响(有 15 个不同的节点对)，讨论了 D = 1 和 D = 0 的两种操作。

当 D = 1(即 I2 = I4 = I6 = 1)时，晶体管 N1、N3、N5 导通，因此 I1 = I3 = I5 = 0，晶体管 P2、P4、P6 导通。如果 I1 和 I2 受到影响(即分别变成 1 和 0)，P6 和 N3 断开，因此除 I1 和 I2 外的节点不受影响(故障阻拦模式)，因此 I1 和 I2 分别从 I6 和 I3 通过 N1 和 P2 自恢复。对节点对< I3、I4 >和< I5、I6 >的分析与以上相同。如果 I2 和 I3 受到影响(即分别变成 0 和 1)，P1 和 N4 导通。由于 I5 和 I6 不受影响，故 N1 和 P4 导通，则 I1 和 I4 处于不稳定状态(故障暂存模式)，且 I2 和 I3 无法自恢复。对节点对< I1、I3 >、< I2、I4 >和< I1、I4 >的分析与以上相同。然而，由于输出端的 CE，故障被拦截即错误不会通过 Q 进行传输，因此锁存器仍然保存正确的数据。

当 D = 0(即 I2 = I4 = I6 = 0)时，P1、P3 和 P5 三个晶体管导通，因此 I1 = I3 = I5 = 1，N2、N4 和 N6 三个晶体管导通。如果 I2 和 I3 受到影响(即分别变成 1 和 0)，P1 和 N4 断开，则除 I2 和 I3 外的节点不受影响(故障阻拦模式)，则 I2 和 I3 分别从 I1 和 I4 通过 N2 和 P3 自恢复。该分析与对节点对< I4、I5 >和< I6、I1 > 的分析相同。如果 I1 和 I2 受到影响(即分别变成 0 和 1)，则 P6 和 N3 导通。由于 I4 和 I5 不受影响，故 N6 和 P3 导通，则 I3、I6 不稳定(故障暂存模式)，且 I1 和 I2 无法自恢复。该分析与对其他节点对(如< I1、I3 >、< I2、I4 >和< I1、I4 >) 的分析相同。然而，由于输出端的 CE，故障被拦截即不会通过 Q 进行传输，因此锁存器仍然保存正确的数据。

情况②与情况①类似，由于篇幅有限，不再赘述。

2. 实验验证与对比分析

提出的 DNU 完全容忍的锁存器通过 SMIC 的 65 nm CMOS 技术实现(VDD = 1.2 V)。通过 Cadence 平台(Virtuoso)绘制版图，并使用 HSPICE 进行相关仿真。锁存器的晶体管尺寸如下：① 对于用于驱动 TPDICE 的 TG1、TG2 和 TG3，PMOS 的 W/L = 290 nm/60 nm，而 NMOS 的 W/L = 80 nm/60 nm；② 对于位于高速通路的 TG4，PMOS 的 W/L = 320 nm/60 nm，而 NMOS 的 W/L = 80 nm/60 nm；③ 对

于 TPDICE 内部的其他晶体管，PMOS 的 $W/L = 290$ nm/60 nm，而 NMOS 的 W/L = 80 nm/60 nm；④ 对于 CE，PMOS 的 $W/L = 320$ nm/60 nm，而 NMOS 的 W/L = 240 nm/60 nm。仿真结果表明，该锁存器在正常模式下的工作情况与传统锁存器完全相同。

图 4.30 给出了该锁存器的 SEU/DNU 故障注入仿真结果。在 0.3 ns 时，对 I5 注入一个 SEU，但节点 I5 能从 SEU 中自恢复，对 Q 点没有产生任何影响。在 0.6 ns 时，向节点对<I6, Q>注入 SEDU，但 I6 和 Q 能够从 DNU 中自恢复，Q 的波形只是出现毛刺。在 2.2 ns、2.5 ns、4.1 ns 和 4.35 ns 时，分别将 DNU 注入节点对< I1, I2 >、< I3, I4>、< I2, I3 >和< I4, I5 >，但它们都从 DNU 中自恢复，对 Q 没有影响。在 4.65 ns 时，对节点< I5, I6 >注入 DNU，由于 TPDICE 工作在故障暂存模式，这对节点无法通过其他节点自恢复。然而，位于输出端的 CE 拦截了故障值，Q 没有受到影响。

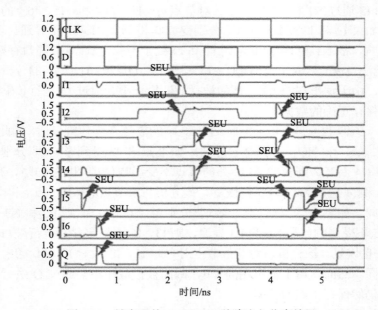

图 4.30　锁存器的 SEU/DNU 故障注入仿真结果

以上仿真结果验证了该锁存器的 SEU/DNU 容忍能力。在实验中，使用可控的双指数电流源来仿真 SEU/DNU 注入。对于单个节点，最坏情况下的注入电荷为 110fC，这是相当大的，因为目标是验证电路在极端 SEU/DNU 干扰下能否有效容忍。电流脉冲上升和下降的时间常数分别设置为 1 ps 和 30 ps。

公平起见，对 FERST[41]、HRPU[60]和 DNUSEIL[44]锁存器采用相同的参数进行设计。关于 SEU/DNU 是否完全免疫、硅面积、D-Q 传输延迟、动态与静态功耗的平均值和 APDP 的详细比较见表 4.4。类似地,这些锁存器的面积也使用文献[44]中的等效单位尺寸晶体管(UST)来测量,而 APDP 则通过乘以面积、功耗和延迟来计算。显然,针对同类型锁存器(如 DNU 完全免疫锁存器),APDP 越小越好。

表 4.4　锁存器对比结果

锁存器	SEU 是否完全容忍	DNU 是否完全容忍	面积/UST	功耗/μW	延迟/ps	$10^{-4}\times$APDP
FERST [41]	√	×	13.5	6.09	109.16	8.97
HRPU [60]	√	×	96	4.37	19.52	0.82
DNUSEIL [44]	√	√	178	19.72	98.41	34.54
提出的	√	√	115	4.75	1.71	0.09

从表 4.4 可以看出,对于提出的锁存器,DNU 加固带来的面积或功耗开销比仅仅 SEU 完全容忍的锁存器要高,但提出锁存器的延迟和 APDP 是全部锁存器中最小的。与 DNUSEIL 锁存器相比,该锁存器完全容忍 SEU/DNU,并且节省了35.39%的面积、75.91%的功耗、98.26%的传输延迟和 99.73%的 APDP 指标。

4.4.2　基于浮空点的双容锁存器

1. 电路结构与工作原理

为进一步降低使用的晶体管数量,提出了图 4.31 所示的 DCTELC 锁存器[61]。DCTELC 锁存器由 5 个开关即传输门(TG)、1 个基于 CG 的 DICE 单元(参见图中的虚线矩形部分)、1 个 2-输入 CE(即 CE1)以及 1 个基于 CG 的 2-输入 CE(即 CE2)组成。在 DCTELC 锁存器中,D 是输入,Q 是输出,CLK 和 NCK 分别是系统时钟和反向系统时钟信号。DCTELC 锁存器同样有两种工作模式,即透明模式和保持模式。在 CLK 为高电平 NCK 为低电平时,其工作在透明模式,因此 N1、N2、N3、N4 和 Q 由 D 通过 TG 直接驱动。

在 D = 0 的情况下,N1 = N2 = 0,这意味着 DICE 单元有确定的输入,因此 N1b 和 N2b 也具有值(它们由 N1 和 N2 预先充电)。然而,由于 DICE 单元中存在基于 CG 的晶体管,DICE 单元中的反馈环无法在透明模式下构建,从而减少了内部节点上的电流竞争以节省功耗。同时,N3 = N4 = 0,这使得 CE1 输出为 1,即 N5 = 1。由于 CE2 使用 CG 技术,CE2 不会输出值。相反地,Q 只能由 D 通过 TG 驱动,因此可以减少 D 至 Q 的传输延迟和 Q 上的电流竞争。显然,由于消除了 Q 上的电流竞争,功耗可以进一步降低。总之,锁存器的所有节点在透明模式下被正确预充电。对于 D = 1 的情况,可以观察到类似的情况。

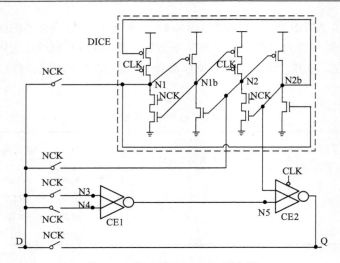

图 4.31　提出的 DCTELC 锁存器

当 NCK = 0 时，开关导通，DICE 中的反馈环路无法形成，Q 仅由 D 通过底部 TG 驱动；当 NCK = 1 时，TG 关闭，
DICE 中的反馈环路可以形成以保持值，Q 仅由 DICE 通过 CE2 驱动

　　当 CLK 为低电平而 NCK 为高电平时，锁存器在锁存模式下工作。在这种情况下，TG 中的所有晶体管关闭，DICE 单元和 CE2 中所有基于 CG 的晶体管打开，因此 Q 只能由 CE2 驱动。由于 N1 和 N2 已经预充电，因此可以确定 N1b 和 N2b 的值（因为 DICE 单元中基于 CG 的晶体管打开，并且构建了反馈环）。N3 和 N4 仍然具有其先前的值，因此 N5 仍具有其先前的正确值。因此，Q 只能通过 CE2 确定，因为 CE2 的输入是确定的。换言之，锁存器可在锁存模式下正常工作。

　　下面将讨论锁存模式下锁存器的容错机制。这里考虑锁存器保持 0 值的情况（即 Q = N1 = N2 = N3 = N4 = 0）。

　　首先，讨论锁存器的 SNU 容错能力。DICE 可以从任何 SNU 中自恢复。因此，在 DICE 中的任何单个节点（例如单个节点 N2 和 N2b）遭受 SNU 的情况下，提出的锁存器可以自恢复。此外，当 CE 的单个输入之一（例如，单节点 N3 和 N5）受到 SNU 的影响时，CE1 和 CE2 的输出可以暂时保持其先前的值。在 Q 由于 SNU 而暂时翻转的情况下，由于锁存器的内部节点不受影响，锁存器仍然可以输出正确的值（即 Q 可从 SNU 中自恢复）。因此，该 DCTELC 锁存器可以容忍任何可能的 SNU。在 Q = N1 = N2 = N3 = N4 = 1 的情况下，可以观察到类似的情况。

　　其次，讨论锁存器的 DNU 容错能力，分为三种不同的情况，下面将详细讨论。

　　情况 1：最坏情况是 DICE 中的任何节点对被翻转。代表性节点对为 <N1、N1b>和 <N1、N2>。注意到，当<N1，N1b>发生 DNU，DICE 单元在最坏的情况下无法提供 DNU 自恢复能力，但 N3 和 N4 不受影响，因此 N5 仍然具有正确的状态。因此，由于 CE2 的错误过滤性质，Q 仍然可以具有正确值。至于<N1，N2>，可以得出类似的结论。因此，提出的锁存器对于上述所有节点对都是 DNU 容忍的。

　　情况 2：DICE 内的一个节点和 DICE 外部的另一个节点被 DNU 影响。代表性节点对为 <N1、N3>、<N1、N5> 和 <N1、Q>。当<N1，N3>受 DNU 影响时，DICE 单元内的单个节点 N1 可以自恢复到正确状态。当 N3 受到影响时，这意味着 CE1 的输入变得不同，由于 CE1 的错误过滤性质，CE1 仍然可以在 N5 上具有先前正确值。因此，由于 CE2 的错误过滤性质，Q 仍然可以具有正确值。当<N1，N5>发生 DNU，DICE 单元内的单节点 N1 可以首先自恢复到正确的状态。注意到，N5 仍然具有正确值，因为 CE1 的输入不受影响。因此，由于 CE2 的错误过滤性质，Q 仍然可以保持正确值。当<N1，Q>发生 DNU，DICE 内部的单节点首先可以自恢复到正确的状态，这意味着 CE2 的输入仍然正确。因此，CE2 仍然可以向 Q 输出正确值。因此，提出的锁存器对于上述所有节点对都是 DNU 容忍的。

　　情况 3：DNU 会影响 DICE 单元外部的任何节点对。代表性节点对为 <N3、N4>、<N3、N5>、<N5、Q> 和<N3、Q>。对于<N3，N4>遭受 DNU 影响的情况，错误可以传输到 N5，从而使 CE2 的单个输入变得不同。因此，CE2 的输出（即 Q）仍然可以具有先前的正确值。对于<N3，N5>遭受 DNU 影响情况，CE2 的一个输入（即 N2b）不受影响，因此 Q 仍然可以具有原始的正确值。对于<N5，Q>遭受 DNU 影响的情况，N5 可以首先恢复到正确值，因为 N3 和 N4 不受影响。因此，Q 可以恢复到正确值，因为 CE2 的输入（即 N2b 和 N5）仍然具有正确值。对于<N3，Q>遭受 DNU 影响的情况，CE1 的一个输入（即 N4）不受影响，因此由于 CE1 的错误过滤性质，N5 仍然可以具有正确值。因此，CE2 仍然可以向 Q 输出正确值，因为输入（即 N2b 和 N5）不受影响。总的来说，该 DCTELC 锁存器可以完全容忍所有可能的 DNU。

　　2. 实验验证与对比分析

　　提出的 DCTELC 锁存器采用 22 nm CMOS 工艺实现，电源电压为 0.8 V，工作温度为室温。使用 Synopsys HSPICE 工具进行仿真。PMOS 晶体管的宽长比 $W/L = 90$ nm/22 nm，而 NMOS 晶体管的宽长比 $W/L = 45$ nm/22 nm。

　　图 4.32 显示了提出的 DCTELC 锁存器在无故障注入时的仿真结果。仿真结果显示，该锁存器可以在透明模式和锁存模式下正常工作。换言之，提出的 DCTELC 锁存器的正常工作状况类似于未加固标准锁存器的正常工作状况，验证了其正常工作能力。

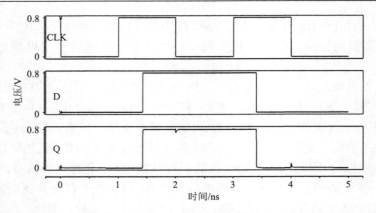

图 4.32　提出的 DCTELC 锁存器在无故障注入时的仿真结果

　　为了验证提出的 DCTELC 锁存器的 SNU 和 DNU 容忍能力，同样使用双指数电流源模型进行故障注入仿真。注入故障波形的上升和下降时间常数分别设置为 0.1 ps 和 3.0 ps。最坏情况下注入的电荷量高达 25 fC，足以满足 22 nm CMOS 工艺下容错验证实验的需求。图 4.33 显示了提出的 DCTELC 锁存器的关键 SNU 和 DNU 注入的仿真结果。图 4.33 中的闪电标记同样表示注入的错误，而两个同时注入的 SNU 则用于表示一个 DNU。表 4.5 显示了根据图 4.33 的 DCTELC 锁存器的关键 SNU 和 DNU 注入的统计结果。

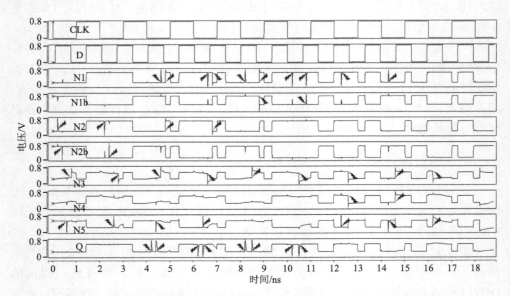

图 4.33　DCTELC 锁存器中关键 SNU 和 DNU 的注入仿真结果

表 4.5　根据图 4.33 的 DCTELC 锁存器关键 SNU 和 DNU 注入的统计结果

时间/ns	SNU	状态	时间/ns	SNU/DNU	状态
0.2	N2	Q = 0	2.8	N3	Q = 1
0.4	N2b	Q = 0	4.2	Q	Q = 0
0.6	N5	Q = 0	4.4	N5, Q	Q = 0
0.8	N3	Q = 0	4.6	N1, N3	Q = 0
2.2	N2	Q = 1	4.8	N1, N2	Q = 0
2.4	N2b	Q = 1	6.2	Q	Q = 1
2.6	N5	Q = 1	6.4	N5, Q	Q = 1
6.6	N1, N3	Q = 1	10.8	N1, N1b	Q = 1
6.8	N1, N2	Q = 1	12.3	N1, N5	Q = 1
8.2	N1, Q	Q = 0	12.6	N3, N4	Q = 1
8.5	N3, Q	Q = 0	14.3	N1, N5	Q = 0
8.8	N1, N1b	Q = 0	14.6	N3, N4	Q = 0
10.2	N1, Q	Q = 1	16.2	N3, N5	Q = 1
10.5	N3, Q	Q = 1	18.2	N3, N5	Q = 0

　　为了确保在每个节点上注入错误，无论其原始正确值为高或为低，在 2.2 ns、2.4 ns、2.6 ns、2.8 ns 和 6.2 ns 处，对这些节同样进行相反状态的故障注入。从图 4.33 可以看出，提出的 DCTLEC 锁存器的单个节点可以从任何注入的 SNU 中自恢复。

　　根据前面的论述 DNU 的注入仿真结果分为三种情况：情况 1 包括两个代表性节点对<N1、N1b>和<N1、N2>。它们分别在 4.8 ns 和 8.8 ns 时被注入 DNU。为了确保每个节点对的原始正确值无论为高或为低都注入 DNU，在 6.8 ns 和 10.8 ns 时，分别对这些节点进行反向故障注入。从图 4.33 可以看出，这些节点对无法从注入的关键 DNU 中自恢复，但是错误可以被基于 CG 的 CE 阻止，导致对 Q 几乎没有任何影响。因此，提出的 DCTELC 锁存器可以容忍情况 1 中的任何 DNU。

　　在考虑 DICE 单元内的一个节点与 DICE 单元外的一个节点发生 DNU 时，对情况 2 进行仿真，选择了所述三个代表性节点对即<N1、N3>、<N1、N5>和<N1、Q>完成 DNU 错误注入。如图 4.33 所示，在 4.6 ns、8.3 ns 和 12.3 ns 时，分别对这些节点对注入 DNU。为了确保每个节点对无论其原始正确值为高或为低都进行故障注入，分别在 6.6 ns、10.3 ns 和 14.3 ns 对这些节点对完成补充故障注入。从图 4.33 可以看出，提出的 DCTELC 锁存器在 Q 处仍能具有正确值，或者从这些注入的关键 DNU 中自恢复。因此，在情况 2 中，提出的 DCTELC 锁存器可以容忍任何 DNU。

　　如上所述，情况 3 包括代表性节点对<N3、N4>、<N3、N5>、<N5、Q>和

<N3、Q>。如图 4.33 所示，在 4.4 ns、8.5 ns、12.6 ns 和 16.2 ns 时，分别对这些节点对注入 DNU。为了确保每个节点对都注入了错误，无论其原始正确值为高还是为低，在 6.4 ns、10.5 ns、14.6 ns 和 18.2 ns，对这些节点对进行补充 DNU 注入。从图 4.33 可以看出，提出的 DCTELC 锁存器在 Q 上仍然具有其先前的值或者从这些注入的关键 DNU 中自恢复。因此，对于情况 3，提出的 DCTELC 锁存器可以容忍任何关键的 DNU。总之，提出的 DCTELC 锁存器可以容忍所有可能的 DNU。

接下来介绍开销对比分析。为了比较公平，未加固的标准锁存器和现有的抗辐射加固锁存器(包括 LPHS[62]、HRDNUT[50]、RDTL[63]、CLCT[43]、DNCSST[64]、DeltaDICE[47]、DNURL[35] 和 HLDTL[65] 以及我们提出的 DCTELC 锁存器) 都使用了相同参数进行实现。上述这些锁存器的详细比较结果如表 4.6 所示。在表 4.6 中，功耗为动态和静态功耗的平均值、面积为使用文献[30]的方法测量的硅面积、延迟为 D 到 Q 传输延迟(即从 D 到 Q 的上升和下降延迟的平均值)，而 power-area-delay product(PADP) 为功耗、面积与延迟相乘得到的综合评价指标。显然，在对比相同类型的锁存器(例如 DNU 容错锁存器)时，拥有较小的 PADP 则更好。

表 4.6　面向 SNU/DNU 抗辐射加固锁存器的对比结果

锁存器	文献	SNU 容忍	DNU 容忍	功耗/μW	面积/$\times 10^{-4}$nm^2	延迟/ps	$10^{-5}\times$PADP
未加固的	—	×	×	0.30	1.49	11.91	0.53
LPHS	[62]	√	×	0.35	3.56	1.63	0.20
CLCT	[43]	√	×	0.50	4.46	23.97	5.35
HRDNUT	[50]	√	√	0.70	6.53	4.40	2.01
RDTL	[63]	√	√	1.43	7.43	12.93	13.73
DNCSST	[64]	√	√	0.76	5.64	28.56	12.24
DeltaDICE	[47]	√	√	0.80	7.43	8.32	4.95
DNURL	[35]	√	√	1.18	9.80	3.12	3.61
HLDTL1	[65]	√	√	0.75	6.53	1.63	0.80
HLDTL2	[65]	√	√	0.74	6.83	1.63	0.82
DCTELC	提出的	√	√	0.36	4.75	1.63	0.28

从表 4.6 可以看出，许多锁存器同时具有 SNU 和 DNU 容忍能力，但它们的开销大。面对这种情况，提出了开销很低的 SNU/DNU 容错锁存器(即 DCTELC)。接下来讨论锁存器的开销。在面积方面，从表 4.6 可以看出，DNU 加固锁存器的面积大于 DNU 未加固锁存器的面积，主要是由于 DNU 加固锁存器使用了冗余晶体管以确保高可靠性。DNURL 锁存器的面积最大，主要是由于它使用了最多的

晶体管,而未加固锁存器的面积最小,主要是因为它的结构最简单。在功耗方面,从表 4.6 可以看出,大多数 DNU 加固锁存器功耗大,主要是因为它们的面积大(或者它们未使用时钟门控技术)。RDTL 锁存器功耗最大,主要是因为它的面积很大并且它没有使用时钟门控技术,而未加固锁存器的功耗最低主要是因为它的面积最小。在延迟方面,从表 4.6 可以看出,LPHS、HLDTL1、HLDTL2 和提出的 DCTELC 具有较小的延迟,因为它们都具有从 D 到 Q 的高速路径,因此适用于高性能应用。DNCSST 锁存器的延迟最大,主要是因为从 D 到 Q 有许多器件。就 PADP 而言,从表 4.6 可以看出,LPHS 锁存器具有最小的 PADP,主要是因为它的功耗、面积和延迟非常小,但它不能容忍 DNU。与其他 DNU 加固锁存器相比,RDTL 锁存器具有最大的 PADP,主要是因为它的功耗最大,并且其面积和延迟也很大。然而,与其他 DNU 加固锁存器相比,提出的 DCTELC 具有最小的 PADP,这主要是因为它的功耗和延迟最小,并且其面积也很小。综上所述,提出的 DCTELC 锁存器能够完全容忍 DNU,并且开销极低。

接下来计算了提出的 DCTELC 锁存器在功耗(即 Δpower)方面与表 4.6 中的 DNU 加固锁存器相比的相对开销。同样,可以计算出面积(即 Δ 面积)和延迟(即 Δ 延迟)方面的相对开销。表 4.7 显示了相对的开销比较结果。表 4.7 中的正数意味着提出的 DCTELC 的开销小于比较的锁存器的开销,负数意味着提出的 DCTELC 的开销大于比较的锁存器的开销。尽管各个章节对相对开销的定义有出入,但通过实际开销即可计算相对开销(降低率)。

表 4.7　DNU 加固锁存器与提出锁存器相比的相对开销

锁存器	Δ 功耗/%	Δ 面积/%	Δ 延迟/%	ΔPADP/%
HRDNUT	48.57	27.26	62.95	86.17
RDTL	74.83	36.70	87.39	97.96
DNCSST	52.63	15.78	94.29	97.71
DeltaDICE	55.00	36.07	80.41	94.34
DNURL	69.49	51.53	47.76	92.24
HLDTL1	52.00	27.26	0.00	65.00
HLDTL2	51.35	30.45	0.00	65.85
平均值	53.98	27.32	58.25	86.76

从表 4.7 可以看出,所有数字都是正数。这意味着,与所有 DNU 容忍锁存器相比,提出的 DCTELC 锁存器的开销最小。此外,从表 4.7 还可以推断,提出的 DCTELC 锁存器平均可节省 57.70% 的功耗、32.15% 的硅面积、53.26% 的 D-Q 传输延迟和 85.61% 的 PADP。总之,提出的 DCTELC 锁存器具有很低的开销和完备

的 DNU 容错能力。

4.4.3 超低开销的 LCDNUT/LCTNUT 锁存器

1. 电路结构与工作原理

图 4.34 中左图展示了提出的低开销的 DNU 完全容忍(LCDNUT)的锁存器设计结构图[66]。由图 4.34 中可知,该锁存器主要由左侧的存储模块(SM)和右侧的基于时钟门控(CG)的具有错误拦截能力的 4-输入 C 单元构成。所述存储模块由 4 个输入分离反相器(IINV1、IINV2、IINV3 和 IINV4),4 个基于 CG 的输入分离反相器(CG-IINV1、CG-IINV2、CG-IINV3 和 CG-IINV4)和 4 个 TG(TG1、TG2、TG3 和 TG4)组成。在提出的锁存器中,I1~I8 是用于保存数据的内部节点。D、Q、CLK 和 NCK 分别为其输入、输出、系统时钟和反向系统时钟。

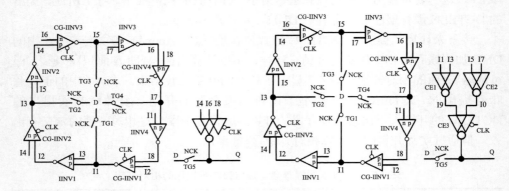

图 4.34　提出的 LCDNUT(左)和 LCTNUT(右)锁存器

当 CLK=0 且 NCK=1 时,锁存器工作在锁存模式。所有传输门都关闭,因此内部节点 I2、I4、I6 和 I8 保存其先前的值。同时,基于钟控的输入分离反相器中的基于钟控的晶体管是导通的,因此节点 I1、I3、I5 和 I7 的信号只能由节点 I2、I4、I6 和 I8 通过基于钟控的输入分离反相器确定。随后,节点 I1、I3、I5 和 I7 的信号反馈到 I2、I4、I6 和 I8。因此,可以在锁存器中形成若干反馈回路用以可靠地锁存数据。另外,Q 只能由内部节点 I4、I6 和 I8 通过 C 单元确定。亦即,锁存器可以在锁存模式下保持并输出正确的值。

图 4.34 中右图展示了提出的低开销的 TNU 完全容忍(LCTNUT)的锁存器结构图。其主要原理是试图拦截存储模块中累积的错误。由图 4.34 可知,该锁存器主要通过用基于 CG 的 2-输入 C 单元(即 CE3)替换 LCDNUT 锁存器中基于 CG 的 3-输入 C 单元来构造的,即其输入(即 I9 和 I0)分别连接到两个 2-输入 C 单元(即 CE1 和 CE2)的输出。其他细节与 LCDNUT 锁存器设计是相同的。

接下来讨论锁存器的容错原理(以存储 1 即 Q=1 为例)。首先讨论存储模块 SM 的 DNU 容忍原理。当其一对节点受到 DNU 的影响时，由于存储模块的对称性，仅需考虑两种可能的情况。

情况 1：节点对由节点 I2，I4，I6 和 I8 中的两个构成，因此显然总共有 6 个节点对。节点对<I4，I8>与<I2，I6>，<I8，I2>与<I4，I6>，以及<I2，I4>与<I6，I8>是对称的。因此，只需考虑节点对<I8，I2>，<I4，I8>和<I6，I8>。此外，由于节点对<I8，I2>和<I6，I8>也是对称的，因此只需对节点对<I4，I8>和<I4，I6>进行 DNU 容忍讨论。

在节点对<I4，I8>发生 DNU 之前，I4=I8=0 并且 CG-IINV1 和 CG-IINV3 中的 PMOS 晶体管导通。因此，I1 和 I5 都输出正确的值。当节点对<I4，I8>发生 DNU，即 I4 和 I8 暂时从 0 翻转到 1 时，CG-IINV1 和 CG-IINV3 中的 PMOS 晶体管暂时关闭。因此，I1 和 I5 都可以保存它们先前的值(I1=I5=1)。在节点对<I4，I8>发生 DNU 之前，I2=I6=0 并且 CG-IINV2 和 CG-IINV4 中的 PMOS 晶体管导通。因此，I3 和 I7 输出 1(强 1)。当节点对<I4，I8>发生 DNU，即 I4 和 I8 暂时从 0 翻转到 1 时，CG-IINV2 和 CGIINV4 中的 NMOS 晶体管暂时导通。因此，I3 和 I7 都输出 0(弱 0)。然而，对于 I3 和 I7，其强 1 将抵消它们的弱 0。它们仍将保持正确的值。综上所述，I1 和 I5 也是正确的。I4 和 I8 可以分别通过 IINV2 和 IINV4 从 DNU 中自恢复。类似地，当 DNU 出现在节点对<I4，I6>时，该节点对也可以完全从 DNU 中自恢复。

情况 2：节点对由节点 I1、I3、I5 和 I7 中的两个构成，并且显然共有 6 个节点对。根据情况 1，最终需要验证的节点对为<I3，I7>和<I3，I5>。由于分析流程类似于情况 1，因此除了结论之外，这里省略详细讨论。即节点对<I3，I7>无论存储何值(1 或 0)，都可以从 DNU 中自恢复；节点对<I3，I5>无法从 DNU 中自恢复，因为 I3 和 I6 进入不确定状态，I4 和 I5 在存储 1 的情况下被翻转，I2 和 I5 进入不确定状态，并且 I3 和 I4 在存储 0 的情况下被翻转。接下来讨论存储模块的 TNU 容错原理。由于存储模块的对称性，考虑两种可能的情况，如下所述。

情况 1：存储模块的相邻三节点受 TNU 影响(例如<I1，I2，I3>和<I2，I3，I4>)。当<I1，I2，I3>翻转时，IINV1(其 NMOS 关闭)的输入和输出翻转。此时，由于 I5 不受影响，因此 IINV2 中的晶体管导通，I4 进入不确定状态。同时，CG-IINV2 不能输出正确的值，因为 CG-IINV2 中的所有晶体管都是关闭状态。因此，I3 保持错误值 0 并且 I2 不能通过 I3 自恢复到其正确值 0。同时，IINV1 中 I2 的错误值 1 通过 CG-IINV1 反馈到 I1(由于正确的 I8，其 PMOS 仍然导通)，I1 进入不确定状态，因为 CG-IINV1 中的所有晶体管都导通。由于 IINV4 中的所有晶体管都处于关闭状态，I8 保存其先前的值。因此，<I1，I2，I3>发生的 TNU 仅导致 I1 和 I4 进入错误状态并且 I2 和 I3 被翻转。类似地，当 TNU 出现在<I2，I3，

I4>时，I1 和 I4 进入不确定状态并且 I2 和 I3 被翻转。

情况 2：存储模块的间隔的三节点受 TNU 影响（例如<I1，I3，I5>，<I1，I4，I6>和<I1，I5，I7>）。当<I1，I3，I5>翻转时，由于 I7 不会立即受影响（I7=1）且 I1 从 1 翻转为 0，因此 IINV4 中的晶体管为关闭状态，因此 I8 保持其正确值（I8=0）。同时，由于 I5 从 1 翻转到 0 并且 I7=1，因此 IINV3 中的晶体管导通，因此 I6 进入不确定状态。此时，由于 CG-IINV4 中的所有晶体管都处于关闭状态，因此 I7 仍保持正确的值。另外，I2 从 0 到 1 的翻转导致 CG-IINV1 中的 NMOS 晶体管导通（由于正确的 I8，CG-IINV1 中的 PMOS 晶体管也导通），因此 I1 进入不确定状态，IINV1 中的 PMOS 晶体管变为关闭状态。同时，I3 从 1 到 0 的翻转导致 IINV1 中的 NMOS 晶体管变为关闭状态，因为 IINV1 中的所有晶体管都截止，因此 I2 保持翻转值（I2=1）。由于 I2 从 0 翻转到 1，I3 不能通过 CG-IINV2 从 I2 由翻转值 0 到自恢复到 1，即 I3 保持错误值（I3=0）并且 IINV2 中的 PMOS 晶体管变为导通状态。此外，I5 从 1 到 0 的翻转导致 IINV2 中的 NMOS 晶体管变为关闭状态，因此 IINV2 输出错误值，即 I4=1。因此，CG-IINV3 中的 PMOS 晶体管变为关闭状态。综上所述，I6 已进入不确定状态，因此 I5 保存了翻转值，因为 CG-IINV3 中的所有晶体管都处于关闭状态。因此，<I1，I3，I5>处的 TNU 导致 I1 和 I6 进入错误状态并且 I2~I5 被翻转。类似地，当 TNU 出现在<I1，I4，I6>时，可以发现完全可从 TNU 中自恢复。当 TNU 出现在<I1，I5，I7>时，可以发现 I2 和 I5 进入错误状态，I1 和 I6~I8 被翻转。

从上面的讨论中可以得出所述存储模块的三个重要结论，如下所述：①存储模块都可以从任何 SNU 中自恢复。②存储模块可以完全自恢复，或部分自恢复，或无法从 DNU 中自恢复。但是，对于任何 DNU，内部节点 I1、I3、I5 和 I7 中的两个（更不用说三个和四个）不可能同时翻转为错误的值，而且另外两个节点是正确的。对于内部节点 I2、I4、I6 和 I8，也是如此。③存储模块可以完全自恢复，或部分自恢复，或无法从 TNU 中自恢复。但是，对于任何 TNU（更不用说 DNU），内部节点 I1、I3、I5 和 I7 中的三个（更不用说四个）不可能同时翻转到错误的值。对于内部节点 I2、I4、I6 和 I8，也是如此。

显然，结合先前章节介绍的内容可知，提出的 LCDNUT 锁存器能够实现任意 DNU 容忍，即 SM 内部双点发生错误时能够被输出级 CE 拦截而当 SM 内部单点及输出级 CE 的输出同时发生错误时能够自恢复。提出的 LCTNUT 锁存器能够实现任意 TNU 容忍，即 SM 内部三点发生错误时能够被输出级 CE 拦截；SM 内部双点发生错误时能够被双级输出级 CE 拦截；而当 SM 内部单点及输出级 CE 的任意双点同时发生错误时能够自恢复。

2. 实验验证与对比分析

为了验证所提出锁存器的 SNU/DNU/TNU 容忍能力，采用 22 nm CMOS 工艺和文献[56]中的预测技术模型(PTM)进行设计。电源电压 Vdd 为 0.8 V；晶体管尺寸为：所有 TG 中的 PMOS 晶体管的 W/L 为 100 nm/22 nm，而 NMOS 晶体管的 W/L 为 28 nm/22 nm。

首先验证其正常波形。由实验结果可知，提出的锁存器都能够像标准锁存器一样正常工作。接下来验证提出锁存器的 DNU/TNU 容忍性。图 4.35 展示了 LCDNUT 锁存器的示范性 SNU 和 DNU 注入的仿真结果。从图 4.35 中可以看出，LCDNUT 锁存器可以完全容忍任何 SNU 和 DNU，因为 Q 总是保持正确的值。图 4.36 展示了 LCTNUT 锁存器的 TNU 注入仿真实验结果。从图 4.36 中可以看出，LCTNUT 锁存器可以完全容忍任何 TNU，因为 Q 总是保持正确的值或如该图右下角所示 Q 能在线自恢复。因此 LCTNUT 锁存器也可以容忍任意 SNU 和 DNU。

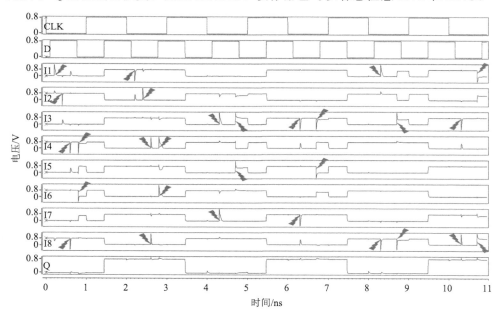

图 4.35　对 LCDNUT 注入 DNU 的实验结果

为了公平地对提出的锁存器和典型的加固锁存器，将 FERST[41]、RFC[55]、HRPU[60]，DNUSEIL[44]、DNUR[35]、NTHLTCH[36]和 TNUHL[38]进行对比，同样采用 22 nm CMOS 工艺和文献[56]中的预测技术模型(PTM)进行设计。电源电压 Vdd 为 0.8 V。这些锁存器设计中晶体管尺寸是可比较的。例如，所有 TG 中的 PMOS 晶体管的 W/L 为 100 nm/22 nm，而 NMOS 晶体管的 W/L 为 28 nm/22 nm。

此外,未加固的锁存器即传统的标准锁存器也是使用上述相同的条件进行设计的,以便公平对比。

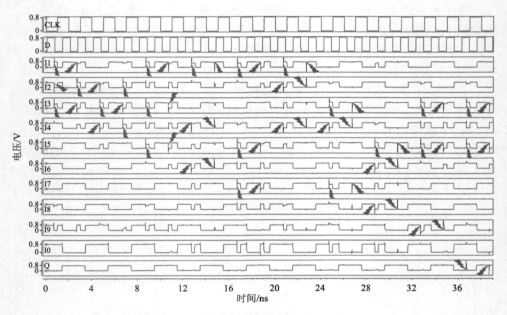

图 4.36　对 LCTNUT 注入 TNU 的实验结果

第一,为了进行定性的比较,表 4.8 中展示了 SNU、DNU 和/或 TNU 加固锁存器的可靠性对比结果。从表 4.8 可知,未加固的锁存器不能完全容忍任何错误,因此它对软错误具有很大的敏感性。FERST 锁存器是一个容忍 SNU 的锁存器,但它不能从 SNU 中完全自恢复,因为至少有一个 C 单元的输出反馈到其中一个输入。此外,FERST 锁存器不能完全容忍任何 DNU(更不用说 TNU),因为输出级 C 单元的输入可以完全翻转。我们可以看到,像 RFC 和 HRPU 这样的锁存器实现了 SNU 容忍。但是,它们不能完全容忍第 2 节(典型锁存器设计)中提到的任意 DNU(更不用说 TNU)。诸如 DNUSEIL,DNUR,NTHLTCH 的锁存器实现了 DNU 的容忍,但不能完全容忍任意 TNU。此外,从表 4.8 可知,存在与本章提出的相同类型的锁存器,但是本章提出的锁存器开销更低。

表 4.8　现有锁存器与提出锁存器的可靠性对比结果

锁存器	文献	SNU 容忍	SNU 自恢复	DNU 容忍	TNU 容忍
未加固的	—	×	×	×	×
FERST	[41]	√	×	×	×
RFC	[55]	√	√	×	×

续表

锁存器	文献	SNU 容忍	SNU 自恢复	DNU 容忍	TNU 容忍
HRPU	[60]	√	√	×	×
DNUSEIL	[44]	√	√	√	×
DNUR	[35]	√	√	√	×
NTHLTCH	[36]	√	√	√	×
TNUHL	[38]	√	√	√	√
LCDNUT	提出的	√	√	√	×
LCTNUT	提出的	√	√	√	√

第二，为了进行定量比较，表 4.9 中展示了加固锁存器的开销对比结果。注意到，使用了上面提到的仿真条件并通过 HSPICE 工具提取了比较的数据。在表 4.9 中，"延迟"表示 D 到 Q 的传输延迟，即 D 到 Q 的上升延迟和下降延迟的平均值。"功耗"表示动态功耗和静态功耗的平均值。"面积"是指用式 4.1 测量的硅面积[30]。

表 4.9　现有锁存器与提出锁存器的各类开销对比结果

锁存器	延迟/ps	功耗/μW	面积/×10⁻⁴nm²	DPAP/10⁶
未加固的	13.95	0.38	1.41	0.07
FERST	54.81	1.23	5.04	3.40
RFC	3.74	0.49	3.86	0.07
HRPU	13.06	0.86	4.68	0.53
DNUSEIL	67.38	2.15	7.86	11.39
DNUR	4.61	1.52	12.52	0.88
NTHLTCH	14.95	2.03	8.56	2.60
TNUHL	70.32	2.69	12.93	24.46
LCDNUT	3.89	0.61	5.58	0.13
LCTNUT	3.95	0.66	5.59	0.15

$$面积 = \sum_{i=1}^{n1} L_{NMOS}(i) \times W_{NMOS}(i) + \sum_{i=1}^{n2} L_{PMOS}(i) \times W_{PMOS}(i) \tag{4.1}$$

式中，$n1$ 表示 NMOS 的个数，$L_{NMOS}(i)$ 和 $W_{NMOS}(i)$ 分别表示每个 NMOS 的有效长度和宽度。类似地，$n2$ 表示 PMOS 的个数，$L_{PMOS}(i)$ 和 $W_{PMOS}(i)$ 分别表示每个 PMOS 的有效长度和宽度。"DPAP"表示延迟功耗和面积的乘积，以全面评估锁存器的开销。

由表 4.9 可知，由于从 D 到 Q 的高速传输路径被采用，对于提出的锁存器设计，包括先前提出的 RFC 和 DNUR 设计，它们的延迟是可比的并且较小。对于功耗，由于硅面积较小，包括提出的在内的前 4 个锁存器的功耗更小。然而，FERST 锁存器的功耗大，因为即使在透明模式下，该锁存器中 Q 处的反馈环也在工作。为了实现对 DNU/TNU 的容忍，需要使用更大的硅面积，以确保足够的冗余节点和反馈环。亦即，第 5～8 个锁存器的硅面积很大。因此，它们的功耗也很大。由于采用时钟门控技术，DNUR 锁存器的功耗较小。此外，由于仅使用少量输入分离反相器来保存数据，使用一个或三个 C 单元来拦截上游存储模块中累积的错误，提出锁存器的晶体管数量和硅面积很小，从而使功耗更低。一方面，在表 4.9 比较的 DNU 和/或 TNU 容忍的锁存器中，由于我们提出的锁存器低延迟、低功耗和低硅面积，因此，DPAP 很小，开销很低。

　　表 4.9 中可以得出定量结论，即与相同类型的最先进的 TNU 容忍的 TNUHL 锁存器设计相比，提出的 LCTNUT 设计将延迟减少了约 94.38%，功耗减少了约 75.46%，硅面积减少了约 56.77%，DPAP 平均减少了约 99.39%。TNUHL 锁存器包含了 82 个晶体管，比我们提出的仅具有 48 个晶体管的 LCTNUT 锁存器几乎多了 (82－48)/48×100%=70.83%。因此，TNUHL 锁存器的硅面积很大、功耗很高。此外，TNUHL 锁存器从 D 到 Q 有三个 C 单元和两个反相器，导致传输延迟很大，最终导致 TNUHL 锁存器的 DPAP 也很大。换言之，尽管相同类型的 TNUHL 锁存器设计也可以高可靠地工作，但是它引入了非常大的延迟、功耗、面积和 DPAP。

4.4.4　恢复能力增强的 DNUCT/TNUCT 锁存器

1. 电路结构与工作原理

　　图 4.37 展示了本章提出的 DNU 完全容忍的锁存器结构[67]。它主要包括 4 个依次连接的带有钟控的 DICE 单元（亦即 DICE A、DICE B、DICE C 和 DICE D），DICE A 和 DICE B 组成相互连接的模块，与 DICE C 和 DICE D 组成的相互连接的模块相连接。这些连接的 DICE 单元形成了一个环形的结构。一个基于钟控的 DICE 单元有 4 个端口，左侧的两个端口和右侧的两个端口分别有着相同的逻辑值，且左侧端口的逻辑值和右侧端口的逻辑值不同。在本章提出的锁存器中，I1 至 I8、I1b、I3b、I5b、I7b 和 I2a 是内部节点。D、Q、CLK 和 NCK 分别是输入、输出、系统时钟和反向系统时钟。图 4.37 底部的反相器和 6 个传输门主要用来初始化上述 4 个 DICE 单元构成的存储模块。

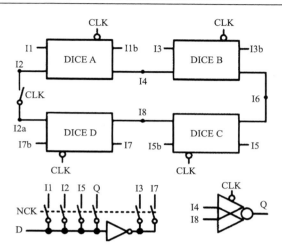

图 4.37　提出的 DNUCT 锁存器结构

　　当 CLK=1、NCK=0 时，上述锁存器工作在透明模式下。图 4.37 底部的传输门打开，且 I2 和 I2a 之间的传输门关闭。此时，I1b 和 I4 的值可以由 I1 和 I2 通过 DICE A 决定，I3b 和 I6 的值可以由 I3 和 I4 通过 DICE B 决定，以此类推其他的内部节点的值。因此，所有的内部节点的值都可以确定。在透明模式时，由于使用了时钟门控技术，DICE 单元内部没有反馈环形成。而且，由于 I2 和 I2a 之间的传输门是关闭的，整个电路中没有反馈环形成。由于不存在需要通过两个以上的节点来共同预充电的节点，提出的锁存器不存在电流竞争。因此，可降低锁存器的功耗。另外，Q 通过一个传输门与 D 直接相连，减少了从 D 到 Q 的传输延迟。

　　当 CLK=0、NCK=1 时，上述锁存器工作在锁存模式下。图 4.37 底部的传输门关闭。因此，电路内部的节点保持原有的信号值不变。由于所有 DICE 单元中的钟控晶体管打开，因此 DICE 单元内部形成反馈环用来保存信号值。由于 I2 和 I2a 之间的传输门打开，因此整个电路形成大的反馈环用来保存信号值。此时，Q 不再由 D 通过传输门直接驱动，而是由 I4 和 I8 通过一个 2-输入钟控 C 单元驱动。简言之，整个电路有效形成了若干反馈环并能正确地存储信号值。

　　接下来讨论提出锁存器的 SNU/DNU 容忍性。一般而言，只讨论电路在锁存模式下的容错原理。由于 I2 和 I2a 在锁存模式下是等价的，因此省略讨论 I2a。当任意节点发生 SNU 时，由于每个 DICE 单元都可以从 SNU 中自恢复，因此受到 SNU 影响的节点可以有效恢复为正确的信号值。且如果输出 Q 发生 SNU，则可以通过 DICE 模块和钟控 C 单元恢复。下面讨论所有双节点受到影响的情况，一共分为 5 种。

　　情况 1：节点 Q 和锁存器内部的一个节点受到 DNU 影响(例如，节点对<I3, Q>

和<I4, Q>）。注意到，在后续情况中，不再讨论节点 Q 直接发生翻转的情况。假设节点对<I3, Q>发生 DNU，由于 I3 处于 DICE B 单元中，而 DICE B 可以从 SNU 中自恢复。因此 I3 可以通过 DICE B 自恢复。由于 I4 和 I8 未发生 DNU，输出 Q 保持原来的信号值不变。类似地假设节点对<I4, Q>发生 DNU，由于 I4 是 DICE A 单元和 DICE B 单元的公共节点，而 DICE A 单元和 DICE B 单元可以从 SNU 中自恢复，亦即 I4 可以通过 DICE A 或 DICE B 自恢复。由于 I4 可以自恢复，并且 I8 未发生 SNU，因此输出 Q 将存储正确的信号值。

情况 2：所有的 DICE 单元都受到 DNU 影响，只有节点对<I4, I8>满足情况。满足条件的节点 I4 和 I8 是相邻 DICE 单元间的公共节点，且 I4 和 I8 不相邻。下面考虑这种情况，假设<I4, I8>节点对发生了 DNU。注意到 I4 是 DICE A 和 DICE B 的公共节点，I8 是 DICE C 和 DICE D 的公共节点，且 DICE 单元可以从 SNU 中自恢复，亦即 I4 和 I8 可以自恢复。最终，Q 节点的值仍然是正确的。

情况 3：只有 3 个 DICE 单元受到影响，有两种可能的节点对情况。显然，节点对中至少有一个节点是 DICE 单元中的公共节点（例如，节点对<I4, I5>和<I4, I6>）。下面考虑这种情况，假设<I4, I5>发生了 DNU，注意到 I4 是 DICE A 和 DICE B 的公共节点，I5 是 DICE C 中的一个节点，且 DICE 单元可以从 SNU 中自恢复，亦即 I4 和 I5 可以自恢复。由于 I4 最终是正确的，I8 没有受到影响，因此 Q 仍然是正确的。

DICE 单元可以从 DNU 中部分自恢复。调查表明，当 I1=1 时，相邻的节点对（如图 2.7 中的<I1, I1b>或<I2, I2b>）可以从 DNU 中自恢复。然而，当 I1=0 时，上述节点对却不能自恢复。这种结论对于图 4.37 中的相邻节点对（例如<I3, I3b>和<I4, I6>）仍然适用。当 I1=1 时，假设节点对<I4, I6>发生翻转，显然，I4 和 I6 不能够自恢复，亦即 I4 和 I6 在 DICE B 中是错误的。然而，由于 DICE 单元的单节点自恢复特性，因此 I4 在 DICE A 中是正确的，I6 在 DICE C 中是正确的。由于电流竞争，I4 和 I6 进入不确定状态。此时，I8 并没有受到影响，因此 C 单元输出端仍然保持原来正确的信号值，亦即 Q 值保持正确。当 I1=0 时，假设节点对<I4, I6>发生翻转，根据上面的分析，I4 和 I6 可以自恢复。

情况 4：只有两个 DICE 单元受到影响。考虑到公共节点，有两种可能的情况。第一种，受到影响的节点对中没有公共节点（例如，节点对<I1, I3>）。第二种，有且只有一个公共节点受到影响，另一个受到影响的节点在它附近（例如，节点对<I1, I4>）。假设节点对<I1, I3>发生了翻转，由于 I1 和 I3 分别是 DICE A 和 DICE B 中的节点，并且 DICE 单元具有 SNU 自恢复的特点，因此 I1 和 I3 可以从翻转中恢复。由于 I4 和 I8 并未受到影响，因此输出 Q 仍然保持正确性。

调查显示，当 I1=0 时，图 2.7 中的节点对<I1, I2b>或者<I2, I1b>可以从 DNU 中自恢复。然而，当 I1=1 时却不能恢复。对于节点对<I1, I4>，无论 I1=0 或 I1=1，由于 I4 在 DICEB 中可以自恢复，I2 也可以通过 DICED 保证正确。因此，<I1, I4>仍然可以自恢复。由于 I4 的值是正确的，I8 未受到影响，因此输出 Q 仍然保持正确。

情况 5：只有一个 DICE 单元受到影响。这种情况下仅有一种节点对，即所有的节点都是公共节点(例如，节点对<I1, I1b>)。下面讨论这种情况。如上面所述，对于图 2.7 中的临近节点对<I1, I1b>，当 I1=1 时，它可以从 DNU 中自恢复，当 I1=0 时，不能自恢复。当 I1=0 时，假设节点对<I1, I1b>发生双节点翻转，显然 I1 和 I1b 不能自恢复。因此，I2 和 I4 在 DICE A 中错误，然而，由于 DICE D 和 DICE B 中仅有一个节点发生翻转，因此 I2 在 DICE D 中仍是有效的，I4 在 DICE B 中仍是有效的。最终，由于电流竞争，I2 进入一种不确定状态，I4 同理。但此时 I8 仍然保持正确值，因此输出端的 C 单元仍然可以保持正确的信号值，亦即，输出 Q 仍然正确。另外，当 I1=1 时，假设节点对<I1, I1b>发生了双节点翻转。显然，I1 和 I1b 可以自恢复。最终，锁存器电路中所有的节点都可以保持正确的信号值，亦即，输出 Q 仍然正确。

图 4.38 展示了提出的 TNUCT 锁存器的结构图，该设计方案与 DNUCT 锁存器的设计类似，不同之处在于，通过在该 DNUCT 锁存器的 2-输入 C 单元的两个输入端分别连接一个 2-输入 C 单元，从而可以使得该电路结构具有很好的三节点翻转容忍性。其主要思想是利用输出端 C 单元组成的二级错误屏蔽模型，拦截来自上游基于 DICE 单元的存储模块内由于节点翻转产生的错误信号值。TNUCT 锁存器的容错原理可参见上一节。

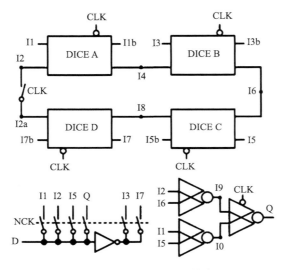

图 4.38　提出的 TNUCT 锁存器

2. 实验验证与对比分析

为了公平地对比和评估，本章提出的锁存器设计方案和现存的典型的 ST、FERST、RFC、CLCT、DNUSEIL、DONUT、DNUR 和 TNUHL 锁存器设计方案使用相同的来自 GlobalFoundries 公司的 22 nm CMOS 技术。这些锁存器中的晶体管被设置为可比较的，例如，对于传输门，PMOS 晶体管的宽长比为 W/L=100 nm/22 nm，NMOS 晶体管的宽长比为 W/L=28 nm/22 nm。电源电压 Vdd 设置为 0.8 V，仿真温度设置为 25℃，工作频率为 500 MHz。在每个奇(偶)数时钟周期中，分别向每个锁存器输入 0101(1010)位序列。但在每个时钟周期中，锁存器在透明模式下只接收最后一个数据位。在标准仿真条件(TT、25℃和标准 Vdd)下进行相关仿真，从而提取对比数据。

图 4.39 展示了对关键节点对注入 DNU 的仿真结果。在同一时刻注入两个 SNU 用来表示 DNU，在同一时刻注入三个 SNU 用来表示 TNU。这种规则对于中所用到的所有 DNU/TNU 故障注入都适用。为了清晰起见，图 4.39 中省略了若干不相关的节点。如图 4.39 所示，在输出 Q 存储 0 信号时，在 0.10 ns、0.35 ns、0.60 ns、0.85 ns、4.05 ns、4.25 ns、4.45 ns 和 4.65 ns 时刻，对节点对<I3, Q>、<I4, Q>、<I4, I8>、<I4, I5>、<I1, I3>、<I1, I4>、<I1, I1b>和<I4, I6>分别进行仿真故障注入。

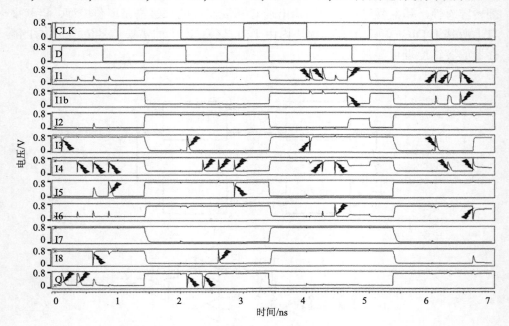

图 4.39　DNUCT 锁存器的 DNU 故障注入的仿真结果

从图 4.39 中可以看到，除了<I1, I1b>(情况 5)，这些节点对都可以从 DNU 中自恢复。在输出 Q 存储 1 信号时，从图 4.39 中可以看到，除了节点对<I4, I6>(情况 3)，其他节点对都能从 DNU 中自恢复。然而，在上述情况中，输出 Q 的信号值最终都是正确的，亦即，提出的 DNUCT 锁存器是 DNU 容忍的。

综上所述，所有的节点对在情况 1、情况 2 和情况 4 中都能自恢复。对于情况 3，在最坏情况下，有 4 个节点对<I2, I4>、<I4, I6>、<I6, I8>和<I8, I2>不能从 DNU 中自恢复。同样地，对于情况 5，在最坏情况下，有 4 个节点对<I1, I1b>、<I3, I3b>、<I5, I5b> 和<I7, I7b>不能从 DNU 中自恢复。然而，在好的情况下，上述 DNUCT 锁存器的所有节点对都能从 DNU 中实现自恢复。亦即，该锁存器电路有 8 种状态(对应 8 个最坏情况下的节点对)不能从 DNU 中自恢复。由于输出 Q 的信号值不同，这些节点对的自恢复能力也不相同。

另外，文献[38]中提及的典型的 TNU 容忍的锁存器 TNUHL 有 10 个节点对，亦即<I1, I2>、<I1, I3>、<I1, I4>、<I2, I3>、<I2, I4>、<I3, I4>、<I1, I5>、<I2, I5>、<I3, I5>和<I4, I5>。无论当 Q 为 0 或 1 时，上述 10 个节点对都不能从 DNU 中自恢复。TNUHL 锁存器有 13 个节点，与提出的 DNUCT 锁存器节点数目相同。这意味着提出的 DNUCT 锁存器在自恢复能力方面较 TNUHL 锁存器提升了(20－8)/20×100%=60%。

图 4.40 展示了 TNUCT 锁存器设计的所有关键 TNU 节点故障注入的仿真结果。在所有的仿真结果中，同时使用了可控的双指数电流源模型来仿真 SNU/DNU/

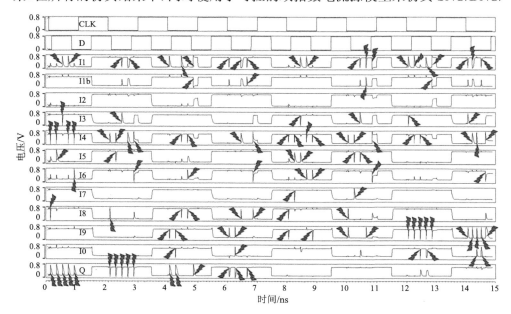

图 4.40　TNUCT 锁存器的 TNU 故障注入仿真结果

TNU 的故障注入。单个节点最大的注入电荷是 45 fC，该数值足够证明设计的电路在极端 SNU、DNU 和 TNU 条件下的翻转情况。电流脉冲上升和下降的时间常数分别设置为 0.1 ps 和 3 ps。

　　基于图 4.40 的仿真结果，表 4.10 展示了 TNUCT 锁存器 TNU 故障注入关键节点的统计结果。在表 4.10 中，结果 A、B、C 和 D 分别表示完全自恢复、部分自恢复和容忍、翻转但容忍以及不容忍。从表中可知，不存在结果为 "D" 的关键 TNU。表明该 TNUCT 锁存器是完全 TNU 容忍的。注意到，由于锁存器是 TNU 容忍的，并没有考虑版图技术来提高它的健壮性。由于该锁存器是完全 TNU 容忍的，故该锁存器也是完全 DNU/SNU 容忍的，因此图 4.40 中省略了 DNU/SNU

表 4.10　根据图 4.40 得出的 TNUCT 锁存器设计的 TNU 故障注入的统计结果

时间/ns	TNUs	状态	结果	时间/ns	TNUs	状态	结果
0.05	I4, I8, Q	Q = 0	A	8.05	I4, I8, I9	Q = 0	A
0.25	I4, I5, Q	Q = 0	A	8.25	I4, I5, I7	Q = 0	A
0.45	I1, I3, Q	Q = 0	A	8.45	I1, I3, I5	Q = 0	A
0.65	I1, I4, Q	Q = 0	A	8.65	I1, I4, I6	Q = 0	A
0.85	I4, I6, Q	Q = 0	A	8.85	I4, I6, I9	Q = 0	A
2.05	I4, I8, Q	Q = 1	A	10.05	I4, I8, I9	Q = 1	A
2.25	I4, I5, Q	Q = 1	A	10.45	I1, I3, I5	Q = 1	A
2.45	I1, I3, Q	Q = 1	A	10.65	I1, I1b, I9	Q = 1	A
2.65	I1, I4, Q	Q = 1	A	10.85	I1, I4, I6	Q = 1	C
2.85	I4, I6, Q	Q = 1	B	10.25	I4, I5, I7	Q = 1	A
4.05	I1, I9, Q	Q = 0	A	12.05	I1, I3, I9	Q = 0	A
4.25	I9, I0, Q	Q = 0	A	12.25	I1, I4, I9	Q = 0	A
4.45	I1, I4, I8	Q = 0	A	12.45	I4, I9, I0	Q = 0	A
4.65	I4, I6, I8	Q = 0	A	12.65	I1, I9, I0	Q = 0	A
4.85	I1, I1b, Q	Q = 0	B	12.85	I1, I1b, I9	Q = 0	B
6.05	I1, I9, Q	Q = 1	A	14.05	I1, I3, I9	Q = 1	A
6.25	I9, I0, Q	Q = 1	A	14.20	I1, I4, I9	Q = 1	A
6.45	I1, I4, I8	Q = 1	A	14.35	I4, I9, I0	Q = 1	A
6.65	I1, I1b, Q	Q = 1	A	14.50	I1, I9, I0	Q = 1	A
6.85	I4, I6, I8	Q = 1	B	14.65	I4, I6, I9	Q = 1	B

的故障注入结果。此外，在表 4.10 的 40 个"结果"中，其中有 34 个为"A"，说明提出的 TNUCT 锁存器具备较强的自恢复能力。注意到，在 6 个关键 TNU 中，只有 3 个 TNU 可以得到"A"，这表明 TNUHL 锁存器设计中针对关键 TNU 的自恢复性仅为 50%。总之，与典型的 TNUHL 锁存器相比，提出的 TNUCT 锁存器提高了 (85%−50%)/50%×100%=70%（针对关键 TNU）的自恢复性。

提出的锁存器与现有加固锁存器的 SNU 和 DNU 容忍性对比结果如表 4.11 所示。

表 4.11　提出的锁存器与现有加固锁存器的 SNU 和 DNU 容忍性对比结果

锁存器	文献	SNU 容忍	SNU 自恢复	DNU 容忍	DNU 自恢复	TNU 容忍
ST	[52]	×	×	×	×	×
TMR	—	√	×	×	×	×
FERST	[41]	√	×	×	×	×
RFC	[55]	√	√	×	×	×
CLCT	[43]	√	×	×	×	×
5-MR	—	√	×	√	×	×
DNUSEIL	[64]	√	√	√	×	×
DONUT	[48]	√	√	√	√	×
DNUR	[35]	√	√	√	√	×
DNUCT	提出的	√	√	√	×	×
TNUHL	[38]	√	√	√	×	√
TNURL	[68]	√	√	√	×	√
TNUCT	提出的	√	√	√	×	√

表 4.12 中展示了抗 SNU 和抗 DNU 加固设计锁存器之间的开销对比。在表 4.12 中，"延迟"表示 D 到 Q 的传输延迟，即 D 到 Q 的上升延迟和下降延迟的平均值；"功耗"表示动态和静态功耗的平均值；"面积"表示使用文献[30] 的方法测量的硅面积；"DPAP"是开销延迟功耗面积之积，用来对锁存器设计进行综合评估。显然，在相同类型的锁存器设计中，较小的 DPAP 更好。

从表 4.12 可以看出，DNUCT 锁存器、RFC 锁存器和 DNUR 锁存器延迟很小，这是由于使用了从 D 到 Q 的高速传输路径。在功耗方面，表 4.12 中的前 5 个锁存器设计（除了 TMR）由于采用了较小的硅面积和/或使用时钟门控技术，因此具有更小的功耗。可以看到，DNUR 锁存器和提出的 DNUCT 锁存器的 DPAP 较小，这是由于它们具有较小的延迟和功耗。综上所述，与大多数抗 DNU 加固设计的锁存器相比，提出的锁存器设计具有更高的性价比，特别是在延迟、功耗和 DPAP 方面。

表 4.12　DNUCT 与现有加固锁存器的开销对比结果

锁存器	文献	延迟/ps	功耗/μW	面积/μm²	DPAP/10⁻²
ST	[52]	35.62	0.52	3.22	0.60
TMR	—	47.66	1.69	8.90	7.17
FERST	[41]	52.06	1.17	6.65	4.05
RFC	[55]	3.09	0.44	5.09	0.07
CLCT	[43]	29.13	0.97	5.80	1.64
5-MR	—	222.45	4.37	24.01	233.40
DNUSEIL	[64]	65.41	2.35	10.35	15.91
DONUT	[48]	19.23	2.23	9.65	4.14
DNUR	[35]	4.02	1.48	16.49	0.98
TNUHL	[38]	106.14	2.59	17.03	46.82
TNURL	[68]	6.10	1.46	23.74	2.11
DNUCT	提出的	3.07	1.66	11.02	0.56
TNUCT	提出的	3.08	1.80	12.91	0.72

从表 4.12 还可以得出一个定量的结论，与最新的 TNU 容忍的 TNUHL 锁存器相比，TNUCT 锁存器平均节省了约 95.28% 的延迟、30.50% 的功耗、24.19% 的硅面积和 98.47% 的 DPAP 综合指标。亦即，虽然 TNUHL 锁存器设计与 TNUCT 锁存器设计属于同一类型，也具有很高的运行可靠性，但会带来很大的成本开销（尤其是在延迟、功耗和 DPAP 方面）。在 TNUCT 锁存器设计中，与 DNUCT 锁存器设计相比，TNUCT 锁存器设计消耗了更大的面积、功耗和相对的 DPAP，以确保可以完全容忍 TNU。

4.4.5　完全三恢的锁存器

图 4.41 展示了先进的三恢锁存器[70]。其先进性主要体现在其更低的开销。该锁存器仅使用 14 个 2-输入 C 单元的相互反馈即实现了任意 TNU 的在线自恢复，因此其面积开销和现有方案相比大幅降低。即使是低功耗的钟控版本（所有 C 单元都插入钟控晶体管），其面积开销也较低。为节省篇幅，该锁存器的详细介绍在此从略。感兴趣的读者可自行完成原理分析、实验验证和对比评估。此外，编者

还提出了一系列抗四节点翻转甚至四节点翻转在线自恢复的锁存器[71-73]，由于本书字数限制，在此不做详细介绍。

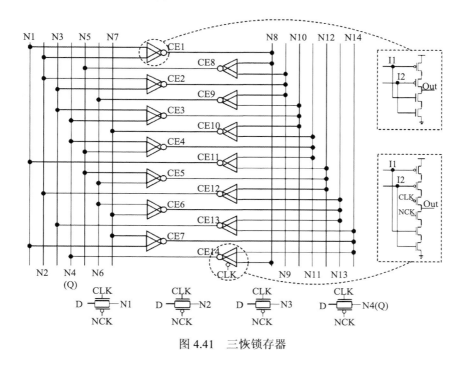

图 4.41　三恢锁存器

4.5　过滤 SET 脉冲的锁存器设计

4.5.1　PDFSR 锁存器

1. 电路结构与工作原理

图 4.42 展示了提出的 PDFSR 锁存器[74]，其中 D 是输入，Q 是输出，CLK 和 CLKB 是系统时钟和反向系统时钟，TG1、TG2 和 TG3 是传输门，而 CG-INV 是基于时钟门控的反相器。

当 CLK ＝ 1 和 CLKB ＝ 0 时，锁存器工作在透明模式下。TG1 和 TG2 打开，TG3 和 cg-inv 关闭。N3 由 N1 和 N2 通过 CE1 驱动，N3b 由 N3 通过 ST-inv 驱动，N4 由 N2 和 N3b 通过 CE2 驱动，Q 由 N3 和 N4 通过 CE3 驱动，因此 D 数据成功传输到 Q。值得注意的是，关闭 TG3 和 cg-inv 可以避免 N2 和 N1 上的电流竞争，从而节省功耗。CE1 的输出同时反馈给 CE3 和 CE2 的其中一个输入。同时，CE2 的输出反馈给 CE3 的一个输入。显然，CE2 和 CE3 的输入分别有时延差 $d1$

和 $d2$，并且

$$di = \tau_i + \tau_{\text{ST-inv}}, i = 1, 2 \tag{4.2}$$

式中，τ_i 为 CE1（当 $I = 1$）和 CE2（当 $I = 2$）从其输入到输出的平均传输时延，$\tau_{\text{ST-inv}}$ 为 ST-inv 从其输入到输出的平均传输时延。假设一个宽度为 τ_0 的正向 SET 脉冲通过 TG1 和 TG2 传输到 N1 和 N2，该脉冲将通过 CE1 反向传输到 N3（记为 τ'_0），在此有两种情况可供讨论。

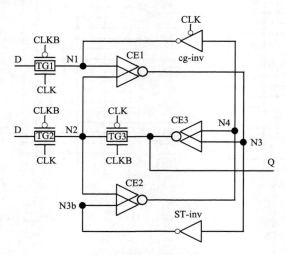

图 4.42　提出的 PDFSR 锁存器

　　(1)如果 τ'_0 被 ST-inv 完全过滤，N3b 等同于修正后的 D 信号。根据 CE 的软错误屏蔽特性，从 N2 传输到 CE2 输入的 SET τ_0 被屏蔽，N4 等同于 D 信号的翻转。类似地，从 N3 传输到 CE3 输入的 SET τ'_0 被屏蔽，Q 等同于 D 信号。这种情况如图 4.43(a)所示。

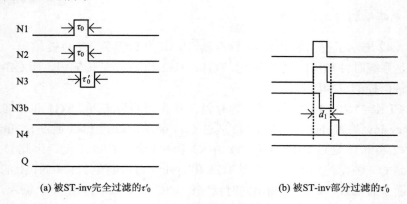

(a) 被ST-inv完全过滤的τ'_0　　　　　　　　(b) 被ST-inv部分过滤的τ'_0

图 4.43　一个正向 SET 脉冲被过滤的情形

(2) 如果 τ'_0 被 ST-inv 部分地过滤，可以在 N3b 上检测到一个宽度小于 τ'_0 的 SET。当 $\tau_0 \leqslant d1$ 时，根据 CE 的软错误屏蔽特性，从 N2 和 N3b 传输到 CE2 输入的 SET 将被屏蔽。类似地，从 N3 传输到 CE3 输入的 SET 也会被屏蔽。本情况如图 4.43(b) 所示。注意，如果 SET 的宽度非常大，特别是在 $\tau_0 > d1$ 时，SET 不能被有效屏蔽。对于负向 SET 情况，我们也可以得出类似的结论。

综上所述，ST-inv 用来支持 SET 一级过滤，也用于延迟 N3b 上的脉冲，而 CE2 则用于实际的 SET 一级过滤，CE3 则用于实际的 SET 二级过滤。因此，提出的锁存器可以对 SET 进行双重过滤，从而提高过滤 SET 能力。

当 CLK = 0 且 CLKB = 1 时，锁存器工作在锁存工作模式。TG1 和 TG2 处于关闭状态，TG3 和 cg-inv 处于打开状态。通过 CE 的三重互馈，构造了鲁棒反馈回路来保留数据。CE 的反馈规则是，第一个 CE 的输出反馈给第二个 CE 的一个输入，同时也反馈给第三个 CE 的一个输入。在锁存模式下，ST-inv 和 cg-inv 主要用于保证正确的反馈逻辑，N2 = Q。

在锁存模式下，有 5 个对 SEU 敏感的节点即 N1、N2(Q)、N3、N3b 和 N4。其中，N1 和 N3b 是反相器的输出，它们被定义为第一种节点；其他节点是 CE 的输出，被定义为二类节点。当第一类节点受到 SEU 的影响时，由于反相器的输入不受影响，因此第一类节点可以通过反相器在线自恢复。当第二类节点受到 SEU 的影响时，表示 CE 的输出受到影响。根据 CE 的反馈规则，这种情况也意味着另外两个 CE 的一个输入同时受到影响。根据 CE 的软错误屏蔽特性，另外两个 CE 会暂时进入高阻抗状态 HIS，故它们的输出会暂时保持正确的数据。但是，根据 CE 的反馈规则，将这些暂时保持正确的输出反馈给输出受到影响的 CE 的输入会使受影响的 CE 在线自恢复。综上所述，锁存器可从 SEU 中在线自恢复。此外，锁存器对 HIS 并不敏感，因为该锁存器是完全自恢复的。

2. 实验验证与对比分析

本节使用了早期的实验验证条件对 PDFSR 锁存器的抗 SET 能力和在线自恢复能力进行了验证，具体条件为：32 nm 工艺，PTM 模型[56]；0.9 V 电源电压和室温；0.5 GHz 工作时钟频率；SET 和 SEU 注入同样使用了双指数电流源模型。

图 4.44 为定性分析的抗 SET 能力仿真结果。对于具有一定宽度的 SET 可以进行有效的过滤，即无论 SET 为负 (nSET) 还是 SET 为正 (pSET)，SET 对 Q 几乎没有任何影响。在 SET 注入时，使用了 HSPICE 的 sweep 语句。关于可以过滤的 SET 的最大宽度，将在后续使用定量分析来讨论 SET 的过滤能力 (SET 宽度很大时则不能被过滤)。

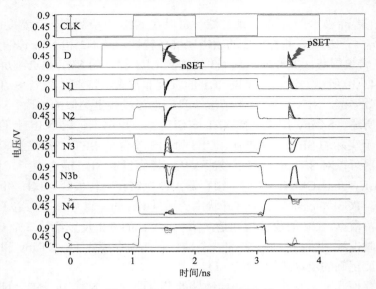

图 4.44 SET 过滤能力验证结果

图 4.45 和图 4.46 分别为第一类节点和第二类节点的抗 SEU 仿真结果。任何节点都可以从 SEU 中自恢复,无论为哪种类型的 SEU,也无论注入 SEU 时的正确值是 1 还是 0。由于在锁存模式下 N2 = Q,因此省略了在 N2 上的 SEU 注入。综上所述,该锁存器可从 SEU 中在线自恢复。

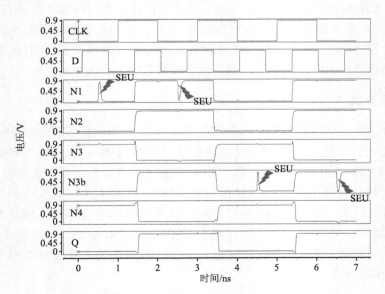

图 4.45 第一类节点的 SEU 自恢复性验证仿真结果

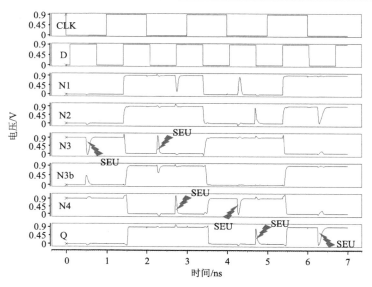

图 4.46　第二类节点的 SEU 自恢复性验证仿真结果

为了定量分析 PDFSR 锁存器的开销，并与前面提及的加固锁存器进行比较，使用相同的仿真条件对这些锁存器进行仿真。表 4.13 给出了不同锁存器之间的比较结果。

表 4.13　锁存器的可靠性和开销对比结果

锁存器	RFC[55]	HLR[31]	LSEH1[34]	LSEH2[34]	LCHR[54]	本节方案
SET 可过滤	√	×	√	√	√	√
SEU 容忍	×	√	√	√	√	√
SEU 自恢复	×	×	×	×	×	√
HIS 不敏感	√	×	√	√	√	√
面积/UST	135.8	121.4	100.4	97.2	149.1	138.2
功耗/μW	3.26	1.03	1.81	2.13	2.39	1.87
延迟/ps	130.9	2.1	98.2	91.5	101.3	99.6
最大 SET/ps	105.1	—	74.2	64.5	80.7	82.4
SFA/%	80.3	—	75.6	70.5	79.7	82.7
APDWP	551.38	—	240.5	293.7	447.31	312.38

类似地，如同在文献[44]中，使用每个锁存器所需的等效单位尺寸晶体管（UST）测量了硅面积；通过将可过滤 SET 的最大脉冲宽度除以 D 到 Q 传输延迟

来计算 SFA；通过乘以面积、功耗、延时并除以可过滤 SET 的最大脉宽来计算 APDWP。显然，在相同类型的锁存器中(如 SEU 免疫锁存器)，APDWP 越小越好。

　　从表 4.13 可以看到，只有我们的锁存器获得 4 个"√"。对于 SFA，由于 SET 的多重滤波特性，我们的锁存器是最好的。在面积、功耗和延迟开销方面，我们的锁存器比 LSEH1 和 LSEH2 的锁存器开销大，比文献[54]设计的锁存器小，但这些锁存器根本不具备完备的 SEU 恢复能力。至于 APDWP，与文献[54]的设计相比，我们的锁存器节省了 30.2%，与 SEU 免疫和 SET 可过滤的锁存器相比，平均只增加了 2.0%。总之，提出的锁存器在可靠性和开销方面均具备优越性。

4.5.2　RFEL 锁存器

1. 电路结构与工作原理

　　图 4.47 展示了提出的 RFEL 锁存器的电路结构[75]。可以看出，该结构是水平对称的。该锁存器由输入分离施密特反相器(以下简称 ISST)、CE1、CE2、两个用于保证正确反馈逻辑的反相器(Inv1 和 Inv2)和四个传输门(TG1、TG2、TG3 和 TG4)组成。在锁存器中，D 是输入，Q 是输出，CLK/CLKB 分别为系统时钟/反向系统时钟。ISST 和 ST 之间的区别在于输入是否被分离。将 ST 修改为 ISST，旨在使其在锁存模式下作为 CE 进行工作,而在透明模式下作为 ST 和延迟元件工作。图 4.47(b)展示了该锁存器的版图。

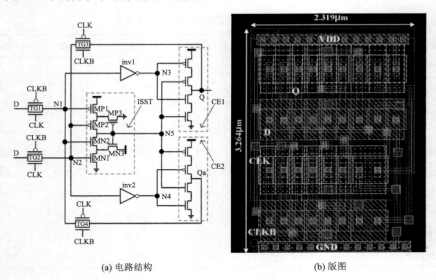

(a) 电路结构　　　　　　　　　　　　　　(b) 版图

图 4.47　提出的 RFEL 锁存器

　　当 CLK = 0 且 CLKB = 1 时，锁存器工作在锁存模式。TG1 和 TG2 关闭，N1

和 N2 与 D 断开。TG3 和 TG4 开启，N1 和 N2 分别连接到 Qa 和 Q。此时，ISST、CE1（CE2）和 TG3（TG4）充当反馈回路来保留数据。如图 4.47 所示，锁存器具有内部反馈规则，即 N5 通过 ISST 由 CE1 和 CE2 的输出反馈，Qa 通过 CE2 由 CE1 和 ISST 的输出反馈，Q 通过 CE1 由 CE2 和 ISST 的输出反馈，构建三重互反馈的鲁棒锁存器。此时，如果锁存器发生了 SNU，可以归结为以下两种情况：

情况 1：仅影响一个 CMOS 结构（这里指 CE1、CE2 和 ISST）的一个输入（称为 CSd-seu）例如 N1 或 N4。该错误不会传输到该 CMOS 结构的输出。另由已述的反馈规则可知，受影响的节点由另一个 CMOS 结构的未改变的输入驱动。因此，CSd-seu 能够有效地从 SEU 中自恢复。

情况 2：仅影响一个 CMOS 结构的输出（记为 CSq-seu），例如 N5 或 Q。由已述的反馈规则，这种情况等于影响其他两个 CMOS 结构的任一组输入，即 CSd-seus，然而，由于 CE 具备错误过滤能力，这些 CSd-seus 将保留其先前正确的输出数据。此外，由于这些 CSd-seu 保留的输出数据被反馈给 CSq-seu 的分组输入，因此 CSq-seu 也能够有效地从 SEU 中自恢复。

当 CLK = 1 和 CLKB = 0 时，锁存器工作在透明模式。TG1 和 TG2 开启；TG3 和 TG4 关闭。D 通过 TG1、TG2 和 ISST 传输到 N5，通过 TG1 和 inv1 传输到 N3，分别通过 TG2 和 inv2 传输到 N4。因此，除 TG3 和 TG4 中的晶体管外，所有晶体管都由输入 D 适当偏置，Q 由 N3 和 N4 通过 CE1 确定。即在透明模式期间 D 可以正确地传输到 Q。此处的 TG3 和 TG4 用于避免 N2 和 N1 上的潜在电流竞争，以降低功耗。

在 SET 过滤方面，如果从上游组合逻辑门单元传输而来的 SET 到达 D，则该 SET 可以被双级过滤，解释如下：①第一级：首先由 ISST 过滤。以正脉冲（0-1-0）为例，图 4.47 中的三极管 MP1、MP2、MN3 被预充电并适当偏置，因此当 D 从 0 变为 1（上升阶段）时，ISST 的输出直到 MN1 的漏极从 1 放电到 0 才会改变，这需要一段时间，尤其是当 MN1 和 MN3 的宽长比的值较大时。在这段时间内，D 可能会从 1 变为 0（下降阶段）。显然，ISST 的输出来不及改变。亦即 SET 被屏蔽了。②第二级：由 CE1 进一步过滤。如果一个 SET 足够大，它不能被 ISST 过滤太多，但可以有效地延迟到分组输入之一，即 CE1 的 N5，如图 4.48 所示，其中将负向 SET 脉冲（1-0-1）表示为 τ_{set}，其到达 D。因此，由于 CE 的错误过滤特性，τ_{set} 被 CE1 过滤。

锁存器的 SEU 自恢复能力依赖于三重互反馈 CMOS 结构。锁存器的 SET 过滤能力依赖于 ISST 的滞后特性和 CE1 的两个分组输入的时间冗余。此外，锁存器的 HIS 不敏感性依赖于 SEU 的自恢复性。这些特性将在以下小节中通过 HSPICE 仿真进一步进行验证和对比分析。

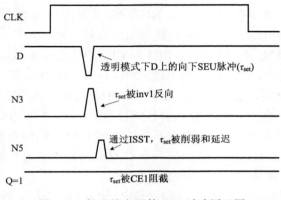

图 4.48　提出锁存器的 SET 过滤原理图

2. 实验验证与对比分析

本节使用了早期的实验验证条件，具体条件为 45 nm CMOS 工艺；25℃仿真温度、1 V 电源电压；0.5GHz 时钟频率，即 2 ns 时钟周期；50%信号占空比；用于 SEU 注入的双指数电流源模型。模型中，最坏情况下的注入电荷 Qinj、电荷收集时间常数分别设定为 0.11 pC、1 ps 和 30 ps。

图 4.49 和图 4.50 显示了锁存器的第一种第二种节点的 SEU 注入仿真结果。从图 4.49 可以得出以下结论。无论第一种节点(N3 或 N4)的正确值是"1"还是"0"，注入的 SEU 都会迅速消失，仅在相应节点上分别产生微小的毛刺脉冲。

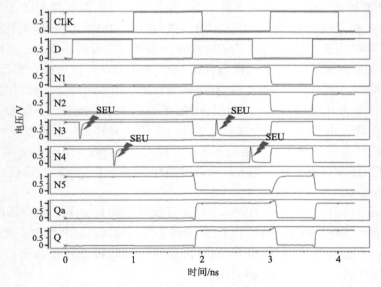

图 4.49　所提出锁存器的第一种节点的 SEU 注入仿真结果

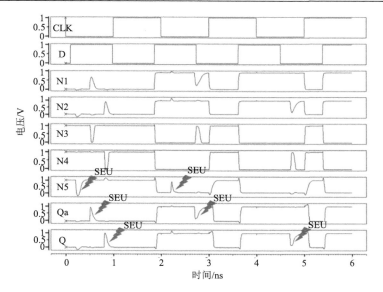

图 4.50　所提出锁存器的第二种节点的 SEU 注入仿真结果

第一种节点上的 SEU 注入对其他节点并没有影响，因为注入的 SEU 已被 CE1 或 CE2 阻止。注意到，N3 和 N4 由 N1 和 N2 通过 Inv1 和 Inv2 驱动，N1 和 N2 分别由 Qa 和 Q 通过 TG4 和 TG3 驱动，因此 N3 和 N4 可以从不变的 Qa 和 Q 中自恢复。

正如上面所讨论的，锁存器的任一情况节点都可以从 SEU 中自恢复。从图 4.50 可以得出以下结论：

（1）无论第二种节点（N5、Qa/N1 或 Q/N2）的正确值是"1"还是"0"，注入的 SEU 都会迅速消失，并且只会在相应的节点上产生微小的毛刺脉冲。注意到，由于 N1 通过 TG4 由 Qa 驱动，因此 N1 等效于 Qa。类似地，N2 等价于 Q，因此省略了对 N1 或 N2 的 SEU 注入。

（2）N5 上的 SEU 注入对其他节点没有影响，注入的 SEU 已被 CE1 或 CE2 阻塞。N5 通过 ISST 由 N1 和 N2 驱动（N1 等于 Qa，N2 等于 Q），并且由于 CE 的属性，Qa 和 Q 都没有改变。这意味着，ISST 的所有分组输入都没有改变，因此 N5 可以从 SEU 注入中自恢复。

（3）Qa 上的 SEU 注入对 N1 和 N3 有影响，因为 Qa 等于 N1，而 N3 由 N1 通过反相器驱动。如果 Qa 被恢复，N1/N3 被恢复。类似地，对 Q 的 SEU 注入对 N2 和 N4 也有影响，此处分析从略。

以 N1 为例，假设一个粒子撞击 CE2 或 TG4 的输出节点，则 ISST 和 CE1 暂时保持 HIS，但 N5 和 Q 也可以保持它们之前的正确数据。根据反馈规则，N5 和

Q 反馈到 CE2 的一组输入，这意味着 CE2 的所有输入都未改变，因此 N1 通过 CE2 从未改变的 Qa 中恢复，最后 HIS 消失。

接下来使用以下附加仿真条件验证锁存器的 SET 过滤能力：1GHz 时钟频率，即 1ns 时钟周期；10%的信号占空比，即一个时钟周期内的高电平占用较多（只是为了更好地呈现仿真结果）。

图 4.51 展示了锁存器的一级过滤 SET 的仿真结果。SET 是通过使用 HSPICE 的"扫描"语句仿真的。从图 4.51 可以得出以下结论：①无论对 D 注入"0"或"1"，所有注入的 SET 对 Q 几乎没有任何影响，即这些脉冲被锁存器屏蔽。②所有注入的 SET 都直接传输到 N1 和 N2，然后被 Inv1 和 Inv2 反转，到达 N3 和 N4，由于 ISST 的滞后特性，在 N5 处被阻塞。因此，这些 SET 都在第一级过滤时处被完全过滤。类似地，锁存器的第二级过滤的 SET 注入仿真非常容易，细节略。

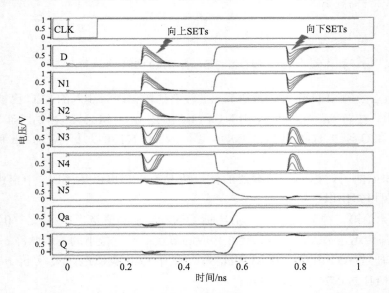

图 4.51　在透明模式下工作时提出的锁存器的 SET 注入仿真结果

综上所述，到达 D 的正向 SET 和负向 SET 都被锁存器过滤，因此该锁存器是 SET 可过滤的。可以有效屏蔽的 SET 的最大宽度将在后续定量讨论。为了避免电流竞争并降低功耗，钟控技术 CG 近年来被广泛使用，因此时钟周期很可能固定为常数，例如待机模式或长时间间隔以节省功耗。同时，工艺缩放导致漏电流随着阈值电压和节点电容的降低呈指数增长[76]。CE 的 HIS 会导致输出的电压可能会因漏电流或另一个新的 SEU 而发生充放电，这可能会导致软错误，此即 HIS 的主要影响。总之，对 HIS 敏感的锁存器并不鲁棒。

接下来使用以下附加仿真条件验证锁存器的 HIS 不敏感性：5MHz 时钟频率

即 200ns 时钟周期；50%的信号占空比（只是为了更好地呈现仿真结果）。

图 4.52 显示了由漏电流导致的 HIS 对 NAN1 锁存器的影响。从图 4.52 可以看出，N2 被 SEU 翻转，无法自恢复，导致 CE1 和 CE2 都出现 HIS，因为 N2 是这两个 CE 的一个输入。因此两个 CE 的输出即 N1 和 Q 会随着时间的推移慢慢地从"1"放电到"0"，最后变为"0"。由于 N4 是通过 inv2 由 N1 驱动的，因此 N4 在 N1 正在放电时也会受到影响。虽然 N4 没有立即改变，但是当 N1 变为"0"时，N4 立即变为"1"。总而言之，NAN1 锁存器对 HIS 很敏感，因此不鲁棒。同样地，HLR/NAN2 锁存器在仿真分析后对 HIS 也很敏感。

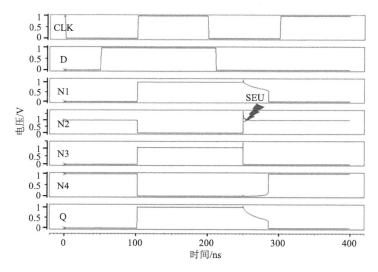

图 4.52　HIS 对 NAN1 锁存器造成实质影响的仿真结果

图 4.53 展示了锁存器的两种节点在 5MHz 时钟频率下工作时的 SEU 注入仿真结果。N1 等于 Qa，N2 等于 Q，因此在这里也忽略了 N1 和 N2 上的 SEU 注入。由于 SEU 的高效恢复性，HIS 对锁存器几乎没有任何影响，如图 4.53 所示。总之，提出的锁存器对 HIS 不敏感，并且可以在较低的时钟频率下稳健地工作，因此可以将该锁存器嵌入到基于 CG 的电路和系统中，以降低功耗。总之，提出的锁存器具有 SEU 可恢复性、SET 可过滤性且对 HIS 不敏感。

为了进行公平地比较，使用了相同的仿真条件对所有相关锁存器进行实现，它们的可靠性和开销的比较结果如表 4.14 所示。在表 4.14 中，第一列数据是锁存器名称，第二、第三、第四列数据是关于面积、功耗和延迟（即 D 到 Q 延迟，DQ 延迟）的开销，后续四列数据是关于 SEU 是否完全容忍、SEU 是否可恢复、HISQ 是否不敏感和 SET 是否可过滤。接下来的三列数据是可过滤的正、负和最大 SET

脉冲宽度,最后两列数据分别是 SET 滤波能力(AOSF)和面积功耗延迟脉冲积指标(APDPP)。

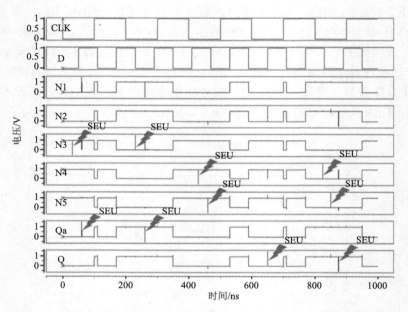

图 4.53　提出的锁存器在 5MHz 时钟频率下工作时的 SEU 注入仿真结果

表 4.14　与其他抗辐射加固锁存器的可靠性和开销比较

(a)可靠性比较

锁存器	SEU 容忍	SEU 自恢复	HIS 不敏感	SET 可过滤	可过滤脉冲宽度/ps			AOSF/%
					正向	负向	最大	
参考锁存器	×	×	√	×	—	—	—	—
DET-SEHP[33]	×	×	√	√	124	104	124	81.36
HLR[31]	√	×	×	×	—	—	—	—
NAN1[58]	√	×	×	×	—	—	—	—
NAN2[69]	√	×	×	×	—	—	—	—
LSEH1[34]	√	×	√	√	58	51	58	73.51
LSEH2[34]	√	×	√	√	71	76	76	69.53
LCHR[54]	√	×	√	√	75	85	85	71.61
FERST[41]	√	×	√	√	69	57	69	74.27
提出的 RFEL	√	√	√	√	85	104	104	87.84

(b) 开销比较

锁存器	开销			APDPP
	面积/μm^2	功耗/μW	延迟/ps	
参考锁存器	3.14	0.70	20.1	—
DET-SEHP[33]	8.46	12.17	152.4	126.54
HLR[31]	7.06	1.15	2.9	—
NAN1[58]	6.73	2.21	4.0	—
NAN2[69]	7.52	2.84	4.9	—
LSEH1[34]	7.79	3.25	78.9	34.44
LSEH2[34]	7.37	9.01	109.3	95.50
LCHR[54]	8.96	4.88	118.7	61.06
FERST[41]	10.04	6.09	92.9	82.32
提出的 RFEL	7.57	2.63	118.4	22.67

从对 SEU、HIS 和 SET 的评估可以看出,前两个锁存器并不是完全不受 SEU 影响的。HLR、NAN1 和 NAN2 锁存器对 SEU 完全容忍,但对 HIS 敏感,且不能过滤 SET。最后 5 个锁存器是相同类型。由于当任何节点受到 SEU 影响时所有节点都恢复为正确值,因此提出的锁存器具有 SEU 可恢复性,但其他锁存器则达不到这种自恢复能力。

将图 4.54 所示的传统静态 D 锁存器作为参考锁存器。这个锁存器很简单,它的面积和功耗在表 4.14 中最小的。但是,它的延迟比 HLR、NAN1 和 NAN2 锁存器的延迟要大,因为这些锁存器的 Q 只通过一个传输门由 D 驱动。但参考的锁存器中 D 通过传输门和两个反相器来驱动。其他锁存器的所有开销都大于参考锁存器的开销,这是由抗辐射加固冗余设计引起的。

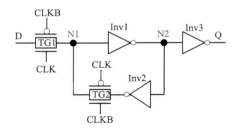

图 4.54 参考锁存器(等价于 4.1 节标准静态锁存器)

通常,SET 加固锁存器也是 SEU 加固的,但反之则不然。与其他锁存器相比,SET 容忍锁存器的开销更大。这是合理的,因为需要额外的晶体管来确保 SET 过滤能力甚至 SEU 完全免疫力、SEU 可过滤和 HIS 的不敏感能力。与同类型的锁存器相比，提出的锁存器功耗最小，甚至比 NAN2 锁存器的功耗开销还要小，而后者只是一款 SEU 加固的锁存器。注意到，文献[41]中的 FERST 锁存器已被增强以过滤 SET，其原始版本可参考文献[77]。

可过滤的 SET 脉冲宽度与 D-Q 延迟有关，可过滤 SET 脉冲宽度越大，D-Q 延迟越大。AOSF 是评价 SET 过滤能力的一个很好的指标[54]，计算公式如下。

$$AOSF = T_{pw\_max} / T_{Delay} \times 100\% \qquad (4.3)$$

在公式中，T_{pw_max} 是最大可过滤的 SET 脉冲宽度，T_{Delay} 是 DQ 延迟。因此，在表 4.14 存在有关 AOSF 的数据。对于锁存器的 AOSF，提出的锁存器优于其他所有锁存器，延迟甚至比 SET 可过滤锁存器的延迟更小，例如 DET-SEHP 和 LCHR。

最后一列的 APDPP 表示 SET 可过滤锁存器的综合评价指标，计算公式如下。

$$APDPP = Area \times Power \times Delay / T_{pw\_max} \qquad (4.4)$$

从表 4.14 可以看出，与其他 SET 可过滤的锁存器相比，提出的锁存器的 APDPP 是最小的，从而体现出提出锁存器在面积、功耗、延迟和可过滤 SET 脉冲宽度之间达到了更好的折中。

为了进行更详细的比较，在面积(Δ 面积)、功耗(Δ 功耗)、延迟(Δ 延迟)和 APDPP(ΔAPDPP)方面，对可过滤 SET 的锁存器进行了相对开销的对比，对比结果详见表 4.15。Δ 表示各个锁存器与提出锁存器相比的开销减少量。

表 4.15　SET 容忍锁存器之间的相对开销的比较

锁存器	Δ 面积/%	Δ 功耗/%	Δ 延迟/%	ΔAPDPP/%
DET-SEHP	−10.52	−78.39	−22.31	−82.09
LSEH1	−2.82	−19.08	50.06	−34.19
LSEH2	2.71	−70.81	8.33	−76.27
LCHR	−15.51	−46.11	−0.25	−62.88
FERST	−24.60	−56.81	27.45	−72.47
平均值	−10.15	−54.24	12.66	−65.58

从表 4.15 可以看出，锁存器的 Δ 面积(Δ 延迟)只有一个正百分比，Δ 延迟的平均值也是正的，这反映了提出锁存器的面积(延迟)不是最小的。然而，所有其他的百分比，尤其是关于 Δ 面积、Δ 功耗和 ΔAPDPP 的百分比都是负的，这反映了与其他 SET 可容忍锁存器相比时，提出的锁存器实现了最小的功耗和 APDPP。这些结论也刚好符合表 4.15 中的内容。

更进一步地，针对平均百分比，可以得出结论，即提出的锁存器节省了 10.15% 的面积和 54.24% 的功耗。为了过滤更宽的 SET 脉冲，锁存器的延迟开销稍多即平均 12.66%的延迟开销，但也实现了最小的 APDPP，即相比于其他可比较的加固锁存器，节省了 65.58%的 APDPP，此即验证了所提出锁存器在成本效益方面的优越性。

工艺水平的不断提升导致由多节点电荷收集导致的单粒子多翻转(MNU)变得更加值得人重视。与对比的加固锁存器一样，提出的锁存器也有一个缺点，即这些锁存器均不能完全容忍 MNU。为了比较 MNUP 容忍能力，进行了进一步调查，对比结果如表 4.16 所示。其中，第一列数据是锁存器名称，第二列是关键节点，第三列是总节点对的数量，第四列是 MNU 容忍节点对的数量，最后一列是 MNU 容忍节点对的百分比。只有在锁存模式下，才应考虑 MNU 容忍。由于在锁存模式下，一些传输门打开，一些节点是等价的(例如，提出的锁存器中 N1 = Qa 且 N2 = Q)。为方便起见，以 LSEH1 的锁存器为例，它有 7 个关键节点，因此节点对总数为 21。在 LSEH1 中，N3 和 N6 是 MNU 敏感节点，因为如果它们中的任何一个受高能粒子撞击影响，CE3 会进入高阻抗状态，如果 Q 同时受到影响，Q 将保存错误数据。如果两者都受到高能粒子撞击的影响，CE3 会输出不正确的数据，即 Q 无法保留有效数据。在考虑 SEMU 的任何其他情况下，Q 保持正确的数据。综上所述，LSEH1 锁存器的 MNU 敏感节点对为<N3, Q>，<N6, Q>和<N3, N6>，因此，MNU 容错百分比为(21 − 3)/ 21 = 85.7%。然而，虽然 LSEH1 锁存器的 MNU 容错百分比居所有百分比之首，但它也有很多缺点，例如它不能过滤 SET，并且对高阻抗状态很敏感。因此，我们提出的锁存器在 MNU 容错、SET 过滤和高阻抗状态避免之间取得了更好的折中。

表 4.16　提出的锁存器与其他锁存器 SEMU 容忍性对比

锁存器	关键节点	节点对数量		百分比/%
		总计	DNU 容忍	
标准锁存器	N1, N2, Q	3	0	0.0
DET-SEHP	N1, N2, Q	3	0	0.0
HLR	N1, N2, N3, N4, Q	10	5	50.0
NAN1	N1, N2, N3, N4, Q	10	4	40.0
NAN2	N1, N3, N4, N6, Q	10	2	20.0
LSEH1	N1, N2, N3, N4, N5, N6, Q	21	18	85.7
LSEH2	N1, N2, N3, N4, Q, Qb	15	5	33.3
LCHR	N1, N3, N4, N5, N6, Q	15	3	20.0
FERST	N1, N2, N3, N4, N5, Q	15	4	26.7
提出的	N1 (Qa), N2 (Q), N3, N4, N5	10	7	70.0

图 4.55 展示了提出的双节点翻转容忍且过滤 SET 脉冲的锁存器[78]。它由

HSMUF 双容锁存器改造而来，主要是在输出端加入钟控反馈环并且反馈环中的一个反相器被复用，复用的反相器在透明模式下通过施密特反相器进行 SET 脉冲过滤时，能够保持锁存器的正确输出逻辑。为节省篇幅，该锁存器的详细介绍在此从略。感兴趣的读者可自行完成原理分析、实验验证和对比评估。

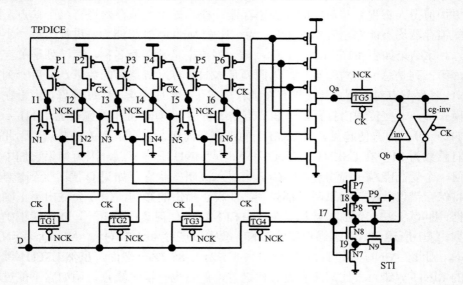

图 4.55 提出的双节点翻转容忍且过滤 SET 脉冲的锁存器

4.6 本 章 小 结

本章介绍了若干款锁存器。首先介绍了未加固的标准静态锁存器，然后介绍了抗单双三节点翻转和/或过滤 SET 的锁存器。接下来介绍了提出的抗单双三四节点翻转和/或过滤 SET 的若干款创新型锁存器。最后对本章内容进行了总结。

第 5 章 主从触发器的抗辐射加固设计技术

本章将介绍未加固的主从触发器设计、经典的抗辐射加固主从触发器设计和提出的抗双节点翻转的主从触发器设计。针对主从触发器抗辐射加固设计的研究起步较晚，本章将要介绍的内容均比较凝练。

5.1 未加固的主从触发器设计

图 5.1 展示了未加固的标准静态触发器的电路结构。由图 5.1 可知，标准静态触发器包括主锁存器和从锁存器。其中主/从锁存器都分别包括 2 个传输门和 3 个反相器。其中 D 为输入，Q 为输出，CLK 为系统时钟，而 NCK 为反向系统时钟。

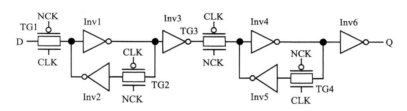

图 5.1 未加固的标准静态触发器的电路结构

当 CLK = 1，NCK = 0 时，主级工作于透明模式，从级工作于锁存模式。此时，主级的传输门 TG1 导通，从级的传输门 TG3 断开，所有主级中的节点由 D 通过传输门 TG1 初始化。由于主级和从级之间的数据路径被从级中的传输门 TG3 阻塞，因此未初始化的从级没有任何值。当 CLK = 1→0，NCK = 0→1 时，主级切换为锁存模式，从级切换为透明模式。此时，主级的值通过反馈回路存储，并且该值为 D 的值。同时，从级的传输门 TG3 导通，并使得主级中存储的值可以传输到从级。因此 Q 可以接收主级中存储的 D 值。

当 CLK = 0，NCK = 1 时，主级工作于锁存模式，从级工作于透明模式。此时，主级的传输门 TG1 断开，从级的传输门 TG3 导通，该触发器的主级存储值，从级接收主级的存储值。当 CLK = 0→1，NCK = 1→0 时，主级切换为透明模式，从级切换为锁存模式。此时，主级的传输门 TG1 导通，从级的传输门 TG3 断开，所有主级中的节点接收新的 D 值。由于主级和从级之间的数据路径被从级中传输门 TG3 阻塞，因此从级存储并输出存储的 D 值。

标准的静态触发器既不能容忍 SNU，也不能过滤 SET 脉冲。主锁存器和从锁存器结构类似，因此仅考虑主锁存器的 SNU 容忍性。在透明模式下，当输入端的 D 产生一个 SET 脉冲，该脉冲将输入到主锁存器的输出端，而不会被过滤。在锁存模式下，当 N1 节点或 N2 节点发生翻转时，由 Inv1 和 Inv2 构成的反馈回路会存储错误的信号值。由于该主锁存器在锁存模式下只有 N1 和 N2 两个敏感节点，因此当 N1 和 N2 同时发生 SNU（相当于一个 DNU），同样会影响所存的值。

5.2　经典的抗辐射加固主从触发器设计

图 5.2 为代表性的 SNU 和 DNU 加固触发器设计示意图。在图 5.2 中，D 为输入，Q 为输出，开关符号为传输门（TG）。以标记为 NCK 的 TG 的时钟连接为例，PMOS 晶体管的栅端连接 NCK，NMOS 晶体管的栅端连接 CLK。

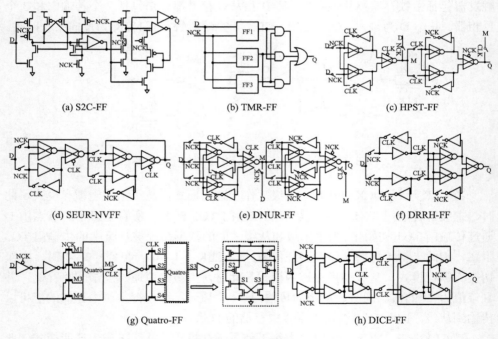

(a) S2C-FF　　　　　　(b) TMR-FF　　　　　　(c) HPST-FF

(d) SEUR-NVFF　　　　　(e) DNUR-FF　　　　　(f) DRRH-FF

(g) Quatro-FF　　　　　　　　(h) DICE-FF

图 5.2　经典的抗辐射加固触发器设计

图 5.2（a）为 S2C-FF 触发器[79]。由于其结构简单，不能容忍 DNU。图 5.2（b）为 TMR-FF 三模冗余触发器，它包含 3 个相同的标准触发器且带有一个由与门和或门组成的表决器。在容错能力方面，由于 SNU 最多只能影响一个标准触发器，因此 TMR 触发器能够通过表决器容忍由 SNU 引起的软错误。此外，如果 SNU

发生在表决器中，由于被表决电路未受影响，因此错误被消除。但是，显然其不能有效地容忍 DNU。图 5.2(c) 为 HPST-FF 触发器[80]，其主要采用四个互锁反馈环路来连接到两个钟控的 2-输入 C 单元来容忍 SNU。然而，HPST-FF 不能完全容忍 DNU，因为主/从锁存器输出处的 C 单元不能过滤 DNU。图 5.2(d) 为 SEUR-NVFF 触发器[81]，它主要采用两个 2-输入 C 单元和两个标准反馈环连接到两个钟控 2-输入 C 单元来容忍 SNU。然而，SEUR-NVFF 不能有效地容忍 DNU，因为它不是 DNU 加固的（与 HPST-FF 类似）。图5.2(e) 展示了 DNUR-FF 触发器[82]，它由四个 2-输入 C 单元和两个标准反馈环连接到两个钟控的 3-输入 C 单元来容忍部分 DNU。即便该触发器被称作 DNU 自恢复的触发器，但只能容忍部分 DNU，因此，它不是一个完全 DNU 加固的触发器。此外，DNUR-FF 延迟较大。图 5.2(f) 和图 5.2(g) 分别为 DRRH-FF 触发器[83]和 Quatro-FF 触发器[84]，他们都能容忍 SNU，但是不能有效容忍 DNU。图 5.2(h) 为 DICE-FF 触发器[85]，它由两个 DICE 单元组成，可以提供针对任何 SNU 的自恢复能力。然而，DICE-FF 不能有效地容忍 DNU，因为 DICE 单元并不是 DNU 完全加固的。在文献[86]中提出的 DURI-FF 触发器存在一个问题，即反相器的输入是浮空节点，因此该触发器不能完全从 DNU 中恢复。总之，这些触发器仍然存在以下问题：

（1）大多数触发器并不是完全 DNU 加固的，因为其中任何一个触发器至少有一个反例表明它不能容忍 DNU[82, 86-89]。因此，这些方案通常只能用于低轨道航空航天应用。

（2）大多数触发器不能完全实现 SNU/DNU 自恢复，然而错误的累积会严重影响电路的可靠性。据我们所知，目前尚不存在 DNU 完全自恢复的触发器。尽管 DICE 锁存器可以像文献[90]中那样将关键节点对放置得较远以防止在这样的节点对上发生 DNU，但是该解决方案会增加版图设计的复杂性。

（3）它们大多数都有很大的开销，特别是在延迟和功耗方面。

上述问题促使我们提出一种新型的 DUT-FF 触发器和它的先进版本，即 DUR-FF 触发器，以解决上述问题。值得注意的是，与文献[86]中方案相比，将要介绍的方案主要做了如下工作：①查阅了更多的 SNU 和/或 DNU 加固的触发器，并对它们进行了简要评论。②文献[86]中提出的 DURI-FF 不能提供完全的 DNU 恢复能力，特别是对于反相器的浮空输入节点，因此我们提出了一种 DNU 完全恢复的 DUR-FF。③如果要为 DUR-FF 提供完全的 DNU 自恢复能力，就必须引入额外的功耗和面积开销。我们认为，权衡开销和可靠性对于提出容错触发器是必不可少的，因此提出 DUT-FF。④在第评估对比的章节对许多不同的触发器进行了全面的比较和评估，对所有触发器的工艺、电压和温度变化敏感性也进行了研究和报告。另外，对于我们之前在文献[89]中提出的触发器，也存在这样的节点对，即发生 DNU 时提出的触发器无法容忍。因此，我们在文献[89]中提出的触发器是不能完全容忍 DNU 的，其通常只能应用于低轨道航天或对可靠性要求不高的领域。

5.3　抗节点翻转主从触发器设计

本节介绍提出的 DUT-FF 和 DUR-FF 触发器[91]，主要从它们的电路结构与工作原理、实验验证与对比分析方面分别进行介绍。

5.3.1　电路结构与工作原理

图 5.3 为提出的 DUT-FF 触发器结构。该触发器主要包括两个互锁的 DICE（即 DICE 1 和 DICE 2）、四个 2-输入的 CE（即 CE1、CE2、CE3 和 CE4）、一个基于钟控的 2-输入 CE（即 CE5）以及一个输出级的保持器。

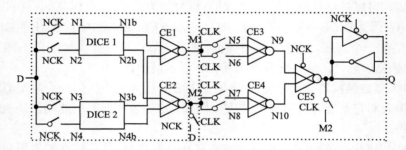

图 5.3　提出的 DUT-FF 电路图

在透明模式下，在该触发器中增加了两个传输门，能够将值直接传递给节点 M2 和节点 Q，从而减少了 CLK 到 Q 的延迟。提出的 DUT-FF 的正常工作情况如下：

（1）CLK = 1，NCK = 0 时，主级工作于透明模式，从级工作于锁存模式。此时，主级的所有传输门导通，从级的所有传输门断开，所有主级中的节点由 D 通过传输门完成初始化。由于主级和从级之间的数据路径被从级中的四个传输门阻塞，因此未初始化的从级不包含任何值。但是根据仿真设计，他们可能会包含默认的初始值。

（2）CLK = 1→0，NCK = 0→1 时，主级切换为锁存模式，从级切换为透明模式。此时，主级的值通过互锁 DICE 单元存储，并且该值为 D 的初始值。同时，从级的所有传输门导通，并使得主级中存储的值可以传输到从级。因此 Q 可以接收主级中存储的 D 值。

（3）CLK = 0，NCK = 1 时，主级工作于锁存模式，从级工作于透明模式。此时，主级的所有传输门断开，从级的所有传输门导通，该触发器的主级存储值，从级接收主级的存储值。

（4）CLK = 0→1，NCK = 1→0 时，主级切换为透明模式，从级切换为锁存模式。此时，主级的所有传输门导通，从级的所有传输门断开，所有主级中的节点接收新的 D 值。由于主级和从级之间的数据路径被从级中的四个传输门阻塞，因此从级存储值并输出其存储的 D 值。

下面介绍 SNU/DNU 的容错原理，只需要分析锁存模式下的容错原理。对于 SNU，在主锁存器（即 N1、N1b 或 M1）内的任一个代表性节点受到 SNU 影响的情况下，主锁存器都可以从 SNU 中自恢复，因为任何 DICE 都可以从任何可能的 SNU 中自恢复。当 M1 遭受 SNU 时，可以穿过 CE1 通过正确的 DICE 进行自恢复。从锁存器内的一个典型的单节点（即 N5, N9，或 Q）也会受到 SNU 的影响。对于 CE3 中的 N5，当它受到 SNU 影响时，CE3 可以阻止这个错误，因此 CE3 的输出仍然可以保持之前的正确值。对于在 CE5 中的 N9，可以观察到类似的情况。至于 Q，当它受到 SNU 的影响时，CE5 的输入不受影响，因此 Q 可以自恢复。此外，在弱保持器内的节点受到 SNU 影响的情况下，由于 CE5 的输入不受影响，该错误可以通过 CE5 的输出消除。综上所述，提出的触发器是 SNU 完全容忍的。

现在我们考虑 DNU。首先，考虑了主锁存器内的任意节点对都受到 DNU 的影响，分为如下 4 种情况。

情况 1：一个 DNU 影响 DICE 的两个节点。电路图中所有 DICE 的容错能力都是等价的，因此我们只以 DICE 1 为例来考虑可能的节点对。代表性的节点对为 <N1, N1b>，<N1b, N2b> 和 <N1, N2>。当 <N1, N1b> 遭受 DNU 时，且 N1 = 1 时，节点对可以从 DNU 中自恢复（此时 DUT- FF 可以从 DNU 中自恢复）。但是当 N1 = 0 时，该节点对无法自恢复[29]。在 N1 = 0 的情况下，DICE 2 不受影响。CE1 和 CE2 都有正确的单个输入，因此 CE1 和 CE2 可以阻止这个错误，即 CE 仍然可以输出它们之前的正确值。此外，对于 <N1b, N2b> 和 <N1, N2> 发生 DNU，和上述情况相似。因此，提出的 DUT-FF 可以完全容忍这种 DNU。

情况 2：一个 DNU 影响两个 DICE 中的两个单节点。代表性的节点对为 <N1, N3>, <N1, N3b> 和 <N1b, N3b>。当发生 DNU 时，由于 N1 和 N3 分别是 SNU 可自恢复的，DICE 1 和 DICE 2 的单个节点可以从 DNU 中自恢复。对于 <N1, N3b> 和 <N1b, N3b>，和上述情况类似。因此，提出的 DUT-FF 可以完全容忍这种 DNU。

情况 3：一个 DNU 影响 DICE 的一个节点和主锁存器中的一个输出节点。典型的节点对只有 <N1, M1>。当该节点对遭受 DNU 时，N1 可以先自恢复，因为它是 DICE 1 的单个节点。CE1 的输入仍然是正确的，此时可以通过 CE1 消除 M1 处的错误。因此，提出的 DUT-FF 可以完全容忍这种 DNU。

情况 4：输出节点(即<M1, M2>)受到一个 DNU 的影响，显然只有一个节点对。可以清楚地看到，M1 和 M2 可以分别通过 CE1 和 CE2 由 DICE 1 和 DICE 2 从 DNU 中自恢复。因此，该触发器能够容忍这种 DNU。上述讨论表明，提出的 DUT-FF 主锁存器是完全容忍 DNU 的。接下来分析从锁存器内的任何节点对都受到一个 DNU 影响的情况。

情况 1：一个 DNU 会影响 C 单元的两个输入。代表性的节点对是<N5, N6>和<N9, N10>。注意到，当遭受 DNU 时，错误可以通过 CE3 传输到 N9，导致 CE5 的输入改变其值。对于<N9, N10>，当它遭受 DNU 时，N5~N8 节点不受影响，N9 和 N10 可以通过 CE3 和 CE4 从 DNU 中恢复。因此，提出的 DUT-FF 可以完全容忍这种 DNU。

情况 2：一个 DNU 影响两个 C 单元的两个单输入。代表性的节点对是<N5, N7>和<N5, N9>。对于<N5, N7>，当它遭受 DNU 时，CE3 和 CE4 单个输入分别发生变化。因此，CE3 和 CE4 可以阻止错误，仍然输出之前的正确值，即 Q 保持正确值。<N5、N9>在遭受 DNU 时，CE5 的一个输入(即 N10)不受影响，Q 仍然有它原来的正确值。因此，提出的 DUT-FF 可以完全容忍这种 DNU。

情况 3：Q 和其他任何节点都会受到影响。代表性的节点对是<N5, Q>和<N9, Q>。对于<N5, Q>，当它遭受 DNU 时，CE3 的一个输入(即 N6)不受影响，CE3 仍然可以输出它之前的值。CE5 的输入不受影响，Q 可以从 DNU 中自恢复。对于<N9, Q>，由于 N5 和 N6 不受影响，N9 可以首先恢复正确的值。Q 可以恢复正确的值，因为 CE5 的输入(即 N9 和 N10)仍然具有正确的值。因此，提出的 DUT-FF 可以完全容忍这种 DNU。但是，DUT-FF 不能提供从任意 DNU 中自恢复的能力，接下来提出了能够从任意 DNU 中自恢复的 DUR-FF 触发器。

图 5.4 显示了提出的 DUR-FF 的电路图。DUR-FF 由一个主锁存器和一个从锁存器组成，每个锁存器都由三个互锁的 DICE(DICE A1 到 C1 或基于钟控的 DICE A2 到 C2)构成。主锁存器在 DICE 之间具有三个公共节点(即 I1 到 I3)。DUR-FF 可以通过三个传输门(即标有 NCK 的开关)进行初始化。通过基于钟控的反相器，主锁存器中的 I5b1、Q、I4b1、I6b1、I6b2 和 I5b2 分反馈于从锁存器中的 I2b1、I1b1、I1b2、I3b1、I3b2 和 I2b2。在从锁存器中，节点 I4 到 I6 也是 DICE 的节点。在 DUR-FF 中，D 和 Q 分别是其输入和输出。

提出的 DUR-FF 的正常工作情况如下：

(1)CLK = 1，NCK = 0 时，主级工作于透明模式，从级工作于锁存模式。此时，主级的所有传输门导通，从级由于 6 个钟控反相器导致通路断开，所有主级中的节点由 D 通过传输门初始化。由于主级和从级之间的数据路径被从级中的 6 个钟控反相器阻塞，因此未初始化的从级不包含任何值。

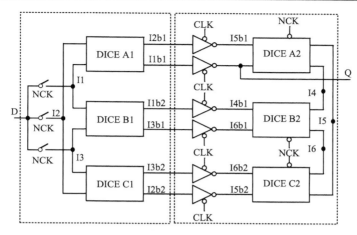

图 5.4　提出的 DUR-FF 电路图

(2)CLK = 1→0，NCK = 0→1 时，主级切换为锁存模式，从级切换为透明模式。此时，主级的值通过互锁 DICE 单元存储，并且该值为 D 的初始值。同时，从级的所有钟控反相器导通，使得主级中存储的值可以传输到从级。因此 Q 可以接收主级中存储的 D 值。

(3)CLK = 0，NCK = 1 时，主级工作于锁存模式，从级工作于透明模式。此时，主级的所有传输门断开，从级的所有钟控反相器导通，此时触发器的主级存储值，从级接收主级的存储值。

(4)CLK = 0→1，NCK = 1→0 时，主级切换为透明模式，从级切换为锁存模式。此时，主级的所有传输门导通，从级由于钟控反相器导致通路断开，所有主级中的节点接收新的 D 值。由于主级和从级之间的数据路径被从级 6 个钟控反相器阻塞，因此从级存储并输出存储的 D 值。

接下来介绍 DUR-FF 的 SNU 自恢复原理。任何 DICE 都是 SNU 自恢复的，在主/从锁存器中的互锁 DICE 也是 SNU 自恢复的，提出的 DUR-FF 是 SNU 自恢复的。

下面介绍 DNU 自恢复原理。图 5.4 显示，主锁存器与从锁存器具有相同的结构。因此，只选择从锁存器来讨论锁存模式下的 DNU 自恢复原理(此时从锁存器中的反相器处于阻塞状态)。只有反相器的输出节点以及 DICE A2 到 C2 的公共节点(即 I4 到 I6)需要考虑 DNU 恢复原理的讨论。显然，我们只需要考虑以下 5 种情况，因为从锁存器中 DICE 的构造是等价的。

情况 1：一个 DICE 的两个输入会受到 DNU 的影响。显然，代表性节点对只有<I5b1, Q>。由图 5.4 可知，DICE A2 的输出分别为未受影响的 DICE B2 和 C2 的单节点。因此，DICE A2 的输出可以始终保持正确的值，因为未受影响的 DICE

B2 和 C2 是 SNU 自恢复的。这样，可以消除 DICE A2 输入中的错误。亦即，<I5b1, Q>能够从 DNU 中自恢复。

　　情况 2：两个 DICE 的两个单输入受到 DNU 的影响。显然，关键节点对仅为<I5b1, I4b1>。由图 5.4 可知，只有 DICE A2 和 B2 的单节点受到影响。因此，DNU（即两个 SNU）可以被 SNU 自恢复的 DICE A2 和 B2 移除。亦即，<I5b1, I4b1>能够从DNU 中自恢复。

　　情况 3：DNU 影响两个常见的 DICE 节点。关键节点对仅为<I4, I5>。由图 5.4 可知，只有 DICE B2 和 C2 的单节点受到影响。因此，DICE B2 和 C2 可以移除 DNU。亦即，<I4, I5>能够从 DNU 中自恢复。

　　情况 4：DNU 影响一个 DICE 的输出和一个输入（或者另一个 DICE 的一个输出，因为该输出是一个公共节点）。显然，关键节点对仅为<I4, Q>。由图 5.4 可以看出，DICE B2 的单个节点受到影响。因此，可以消除 DICE B2 在 I4 上的错误，然后可以消除 DICE A2 在 Q 上的错误。亦即，当<I4, Q>能够从 DNU 中自恢复。

　　情况 5：DNU 会影响一个 DICE 的一个输入和另一个 DICE 的一个输出（或者是第三个 DICE 的一个输出，因为该输出是一个公共节点）。显然，关键节点对仅为<I6b2, I4>。从图 5.4 可以看出，DNU 只影响 DICE A2 到 C2 的单个节点。因此，DNU 可以被 SNU 自恢复的 DICE 移除。亦即，<I6b2, I4>能够从 DNU 中自恢复。

5.3.2　实验验证与对比分析

　　本节介绍提出触发器的实验验证，以及与现有触发器的对比分析。图 5.5 为所提 DUT-FF 正常工作时的仿真结果。在接下来的所有仿真中，使用了 Synopsys HSPICE 仿真工具、先进的 22 nm CMOS 工艺库、0.8 V 电源电压和室温。在 DUT-FF

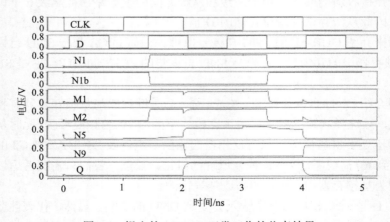

图 5.5　提出的 DUT-FF 正常工作的仿真结果

中，PMOS 晶体管的比值 W/L = 90 nm/22 nm，NMOS 晶体管的比值 W/L = 45 nm/22 nm，而在保持器中，PMOS 晶体管的比值 W/L = 50 nm/22 nm，NMOS 晶体管的比值 W/L = 25 nm/22 nm。由图 5.5 可以观察到以下几种情况：

（1）初始状态时，当 CLK = 1, D = N1 = N2 = N3 = N4 = M2，主锁存器中所有节点完成预充电。

（2）接下来，CLK 切换到低电平，主锁存器存储 D 值（即 0），从锁存器输出从主锁存器接收到的存储的 D 值。

（3）随后，当 CLK 在 1 ns 切换到高电平时，主锁存器接收到新的 D 值，直到触发器切换到第（4）步的状态，此时从锁存器存储并输出存储的 D 值（即 0）。

（4）最后，当 CLK 在 2 ns 切换到低电平时，主锁存器接收在第（3）步中最终的新 D 值（即 1），从锁存器输出从主锁存器接收到的 D 值。因此，只有在 CLK 信号下降沿处，Q 的值才能变为 D 的值。图 5.5 中的仿真结果证明了 DUT-FF 在正常（无故障）模式下的正确操作结果。

当 DUT-FF 的从锁存器工作在保持模式时，从锁存器中的 N5、N6、N7 和 N8 是浮空节点。这意味着如果工作时钟周期较大，锁存器可以在保持模式下工作很长一段时间，然后浮空节点可能会浮动到不定值。相反，如果工作时钟周期较小，锁存器保持模式下的工作时间较短，浮空节点被认为没有时间浮动到不定值。此外，DUT-FF 的延迟在所有现有的触发器中是最小的（见接下来的开销比较结果部分）。因此，提出的 DUT-FF 适用于高性能应用领域。接下来，将验证其 SNU/DNU 的容错能力，以证明所提出的 DUT-FF 也适用于（高性能）航空航天应用领域。

对于 DUT-FF 触发器，图 5.6 显示了所有关键性 SNU 和 DNU 注入的仿真结果。结合图 5.6，表 5.1 显示了 DUT-FF 中所有关键的 SNU 和 DNU 注入情况的统计结果。在表 5.1 中，"时间"是指注入错误时间，"SNU/DNU"是指在关键节点注入的 SNU 和 DNU，而"状态"表示 Q 的正确状态。从图 5.6 和表 5.1 可以看出，在 0 ns、2 ns、4 ns、6 ns、8.1 ns、15.1 ns 和 19.1 ns，当 Q = 0，SNU 分别注入单节点 N1、N1b、M1、Q、N9 和 N5。与此同时，将 DNU 分别注入到了节点对<N1, N2>、<N1, N3>、<N1, M1>、<M1, M2>、<N1, N1b>、<N9,N10>、<N9, Q>、<N5, N6>、<N5, N7>、<N1b, N2b>、<N5, N9>和<N5, Q>。这些单节点和节点对可以分别容忍注入 SNU 和 DNU。当 Q = 1 时，分别在 2~4 ns、6~8 ns、10.1 ns、13.1 ns 和 17.1 ns 时注入 SNU。同时，在上述节点对中分别注入一个 DNU。这些单节点和节点对也可以分别容忍 SNU 和 DNU。在上述所有仿真中，同样使用了可控的双指数电流源模型来进行所有 SNU/DNU 的注入。在最坏情况下，注入电荷量高达 25fC。注入错误波形上升和下降时间常数分别设置为 0.1 ps 和 3.0 ps。综上所述，仿真结果验证了所提出 DUT-FF 触发器的 SNU 和 DNU 容忍能力。

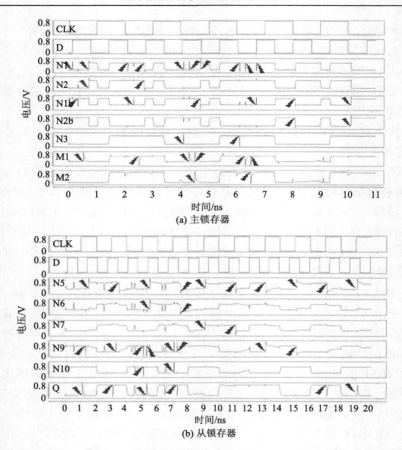

(a) 主锁存器

(b) 从锁存器

图 5.6　提出的 DUT-FF 的代表性 SNU 和 DNU 注入的仿真结果

表 5.1　根据图 5.6 对 DUT-FF 的关键 SNU 和 DNU 错误注入的统计结果

时间/ns	SNU/DNU	Q 的状态	时间/ns	SNU/DNU	Q 的状态
0.1	N1	0	3.1	Q	1
0.3	N1b	0	3.3	N9	1
0.5	M1	0	3.5	N5	1
0.7	<N1, N2>	0	4.1	<N1, N3>	0
1.1	Q	0	4.3	<N1, M1>	0
1.3	N9	0	4.5	<M1, M2>	0
1.5	N5	0	4.7	<N1, N1b>	0
2.1	N1	1	5.1	<N9, N10>	0
2.3	N1b	1	5.3	<N9, Q>	0
2.5	M1	1	5.5	<N5, N6>	0
2.7	<N1, N2>	1	5.7	<N5, N7>	0

续表

时间/ns	SNU/DNU	Q 的状态	时间/ns	SNU/DNU	Q 的状态
6.1	<N1, N3>	1	7.7	<N5, N7>	1
6.3	<N1, M1>	1	8.1	<N1b, N2b>	0
6.5	<M1, M2>	1	10.1	<N1b, N2b>	1
6.7	<N1, N1b>	1	13.1	<N5, N9>	1
7.1	<N9, N10>	1	15.1	<N5, N9>	0
7.3	<N9, Q>	1	17.1	<N5, Q>	1
7.5	<N5, N6>	1	19.1	<N5, Q>	0

　　图 5.7 给出了提出的 DUR-FF 正常工作的仿真结果。提出的 DUR-FF 的仿真条件与提出的 DUT-FF 的仿真条件相同。从图 5.7 可以看到以下情况：

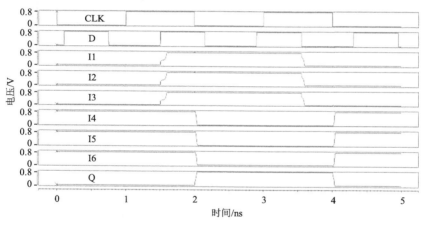

图 5.7　提出的 DUR-FF 正常工作的仿真结果

　　(1)最初，当 CLK 为高电平(D 有一个初始 D 值 0)时，主锁存器可以被正确预充电(I1 = I2 = I3 = D = 0)。

　　(2)接下来，CLK 在 0 ns 和 1 ns 期间变为低电平，因此主锁存器可以保持(1)中的 D 值，从锁存器可以通过 Q 输出从主锁存器接收到的该值。

　　(3)随后，CLK 在 1 ns 和 2 ns 期间变为高电平，因此主锁存器可以收到一个新的 D 值。同时，从锁存器可以存储并输出它存储的 D 值。

　　(4)最后，当 CLK 在 2 ns 和 3 ns 期间变为低电平时，主锁存器可以保持在步骤(3)中最后的 D 值。最后的 D 值是 1，因为它在大约 1.5 ns 时变为 1。同时，从锁存器可以输出从主锁存器接收到的最后的 D 值。因此，Q 值只能在 CLK 信号下降边缘处随 Q 值变化。从图 5.7 可以看出，仿真结果可以清晰地显示提出的

DUR-FF 的正常工作情况。

图 5.8 为提出的 DUR-FF 的代表性 DNU 注入的仿真结果，包含了上述情形 P1～P5 中所有具有代表性的 DNU。表 5.2 显示了根据图 5.8 的 DUR-FF 中关键 DNU 注入的统计结果。可以看出，当 Q = 0 时，在 1 ns 和 2 ns 处将 DNU 分别注入<I5b1, Q>、<I5b1, I4b1>、<I4, I5>、<I4, Q>和<I6b2, I4>；当 Q = 1 时，在 3 ns 和 4 ns 处将 DNU 也分别注入这些节点对，显然可见，所有节点对都是 DNU 自恢复的。综上所述，提出的 DUR-FF 是 DNU 自恢复的。因此，DUR-FF 也是 SNU 自恢复的。

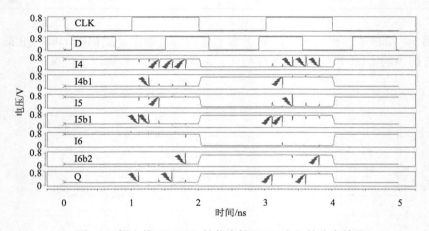

图 5.8　提出的 DUR-FF 的代表性 DNU 注入的仿真结果

表 5.2　根据图 5.8 对 DUR-FF 的关键 DNU 错误注入的统计结果

时间/ns	DNU	状态	时间/ns	DNU	状态
1.1	I5b1, Q	Q = 0	3.1	I5b1, Q	Q = 1
1.25	I4b1, I5b1	Q = 0	3.25	I4b1, I5b1	Q = 1
1.4	I4, I5	Q = 0	3.4	I4, I5	Q = 1
1.6	I4, Q	Q = 0	3.6	I4, Q	Q = 1
1.8	I4, I6b2	Q = 0	3.8	I4, I6b2	Q = 1

接下来对各个触发器的可靠性和开销作了详细对比。为了公平地与典型的触发器(如 TUFF、S2C-FF[79]、TMR-FF、HPST-FF[80]、SEUR-NVFF[81]、DNUR-FF[82]、DRRH-FF[83]、Quatro-FF[84]和 DICE-FF[85])进行综合比较，使用了与上述描述的相同的仿真条件(22 nm CMOS 工艺库和 0.8 V 电源电压、室温)。

表 5.3 中展示了可靠性的比较结果。在遭受 SNU/DNU 时，TUFF 和 S2C-FF 不能提供节点翻转容忍能力。这是因为至少存在一个反例表明：如果 TUFF 和

S2C-FF 中的一个单节点/节点对受到 SNU 或 DNU 的影响，它们将输出一个错误值。TMR-FF、HPST-FF、SEUR-NVFF、DNUR-FF、DRRH-FF 和 Quatro-FF 只提供单节点翻转容忍能力。亦即，它们不能提供 SNU 自恢复、DNU 容忍和 DNU 自恢复能力。因此，它们是不可靠的，特别是当需要提供 SNU/DNU 自恢复能力。DICE-FF 不仅具有 SNU 容忍能力，而且具有 SNU 自恢复能力。但是，它不能提供完全的 DNU 容忍能力，只是部分地 DNU 加固。从表 5.3 可以看出，提出的 DUT-FF 可以提供 SNU/DNU 容忍能力，而提出的 DUR-FF 不仅可以提供 SNU/DNU 容忍能力，而且还可以提供 SNU/DNU 自恢复能力。与对比的结构相比，提出的 DUT-FF 和 DUR-FF 具有最高的鲁棒性。

表 5.3　未加固和加固的触发器进行可靠性比较

FF	文献	SNU 容忍	SNU 自恢复	DNU 容忍	DNU 自恢复
TUFF	—	×	×	×	×
S2C-FF	[79]	×	×	×	×
TMR-FF	—	√	×	×	×
HPST-FF	[80]	√	×	×	×
SEUR-NVFF	[81]	√	×	×	×
DNUR-FF	[82]	√	×	×	×
DRRH-FF	[83]	√	×	×	×
Quatro-FF	[84]	√	×	×	×
DICE-FF	[85]	√	√	×	×
DUT-FF	提出的	√	×	√	×
DUR-FF	提出的	√	√	√	√

图 5.9 显示了这些触发器在延迟、功耗和面积方面的开销比较。在图 5.9 中，"延迟"是指 CLK 到 Q 的传输延迟，即 CLK 到 Q 的上升和下降沿平均延迟，"功耗"是指动态和静态平均功耗，"面积"是指如同文献[30]测试的硅面积，DPAP 是指将延迟、功耗和面积相乘的指标用以综合评价所有触发器的综合开销。

延迟比较：延迟开销比较结果如图 5.9(a)所示。提出的 DUT-FF 和 DUT-FF 具有较小的延迟。这是因为从锁存器的传输门到输出节点 Q 的器件/晶体管很少。其他的触发器有较大的延迟，因为在它们的 CLK 到 Q 路径中，有许多器件/晶体管。特别是对于 TMR-FF，其存储的 D 值必须通过一个大的表决器到 Q，导致很大的延迟。

功耗对比：在功耗方面，从图 5.9(b)看出，HPST-FF 具有最低的功耗。这是由于该触发器使用钟控来降低电流的竞争。Quatro-FF 具有最高的功耗。这是由于它分别使用一个 Quatro SRAM 单元作为其主/从锁存器的存储部分(一个 SRAM

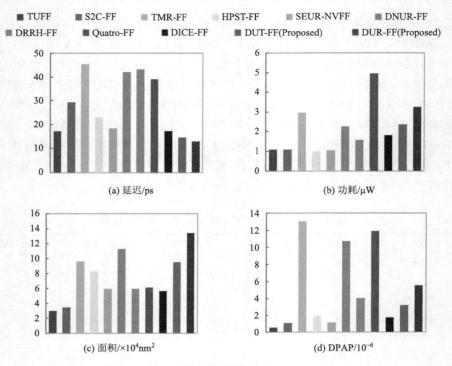

图 5.9　未加固和加固的触发器开销对比结果

单元通常会由于电流竞争而导致功耗更高）。提出的 DUT-FF 与其他触发器相比功耗适中。此外，DUR-FF 的功耗更高（但不是最高）主要是因为它的面积是最大的，以便提供 DNU 自恢复能力。

　　面积对比：在面积方面，从图 5.9（c）可以看出，由于使用了较少的晶体管，TUFF 消耗的面积最小。相反，由于需要使用额外的逻辑来提供 SNU/DNU 的自恢复能力，因此提出的 DUR-FF 具有最大的面积。提出的 DUT-FF 消耗的面积适中，并且同时可以提供完全的 SNU/DNU 容忍能力。

　　DPAP 对比：在 DPAP 方面，从图 5.9（d）可以看出，TUFF 的 DPAP 最小，因为其延迟、功耗和/或硅面积都较小。相反地，TMR-FF 具有最大的 DPAP，主要是由于其延迟较大。与其他触发器相比，提出的 DUT-FF 具有适中的 DPAP。此外，DUR-FF 的 DPAP 较大（但不是最大），主要是因为其面积最大，从而提供 DNU 的自恢复能力。

　　为进一步做详细的定量分析，计算了 DUT-FF 相比于其他触发器（包括 DUR-FF）的开销降低率 PRC，诸如延迟（Δ 延迟）、功耗（Δ 功耗）、面积（Δ 面积）和 DPAP（ΔDPAP）的 PRC。为了简洁起见，只讨论了平均 PRC。对于提出的 DUT-FF，由图 5.10 可以看出，与其他 FF 相比，延迟、功耗、硅面积和 DPAP 的

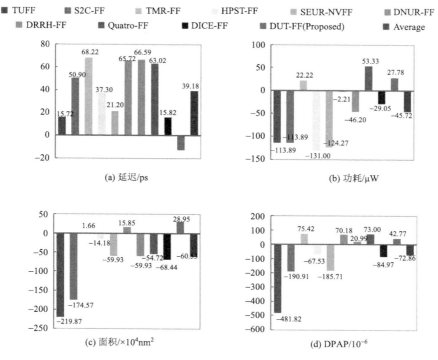

图 5.10　提出的 DUT-FF 改善参数百分比

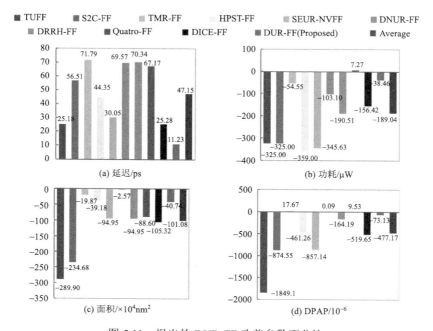

图 5.11　提出的 DUR-FF 改善参数百分比

平均 PRC 分别为 39.18%、−45.72%、−60.53%和−72.86%。这意味着提出的 DUT-FF 的延迟平均减少了约 39%，但牺牲了较大的硅面积。同理，计算 DUR-FF 相对于其他触发器的 PRC。从图 5.11 中可以看出，延迟、功耗、面积和 DPAP 的平均 PRC 分别为 47.15%、−189.04%、−101.08%和−477.17%。这意味着提出的 DUT-FF 延迟平均降低了约 47%，但主要是以功耗和面积开销为代价。综上所述，DUT-FF 和 DUR-FF 触发器不仅提供了高可靠性，而且与典型的加固触发器相比，还减少了延迟。

接下来考虑了 PVT 变化对触发器的影响，触发器对 PVT 变化也很敏感，特别是在纳米 CMOS 技术中。图 5.12 显示了 PVT 变化对延迟和功耗影响的评估结果。需要注意的是，温度波动范围为−25～125℃，供电电压波动范围为 0.65～0.95 V，

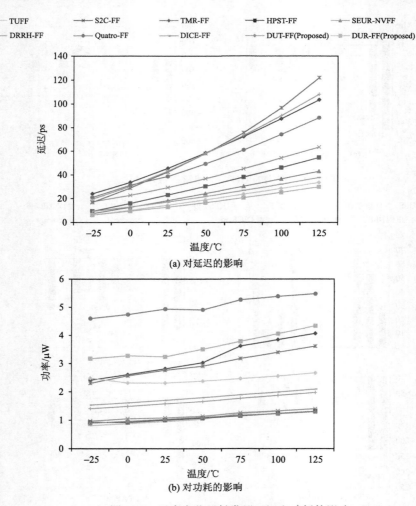

图 5.12　温度变化对触发器延迟和功耗的影响

阈值电压增量范围为 0.01~0.06 V。工艺的变化不仅是阈值电压，诸如晶体管尺寸和栅氧层厚度等也应变化。

图 5.12(a) 和 (b) 显示了温度变化对延迟和功耗的影响。从图 5.12(a) 可以看出，大多数先进触发器的延迟对温度变化都敏感。相反，只有 TUFF、DICE-FF、提出的 DUT-FF 和提出的 DUR-FF 的延迟对温度变化不大敏感。从图 5.12(b) 可以看出，几乎所有触发器的功耗对温度的变化都不大敏感。从图 5.12(a) 和 (b) 可以看出，延迟和功耗随着温度的升高而增大，主要原因是载流子迁移率下降。

图 5.13(a) 和 (b) 显示了电源电压 (即 Vdd) 变化对触发器延迟和功耗的影响。从图 5.13(a) 中可以看出，TMR-FF 的延迟对 Vdd 变化最为敏感，因为 TMR-FF

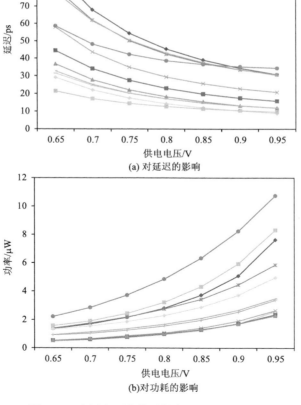

图 5.13　电源电压变化对触发器的延迟和功耗的影响

使用了三个 TUFF 和一个表决器来容忍 SNU。相反地，TUFF、SEUR-NVFF、DICE-FF、提出的 DUT-FF 和提出的 DUR-FF 的延迟对 Vdd 变化具有相近且非常低的敏感性。由图 5.13 可以看出，延迟随着 Vdd 的增加而减小。但是，功耗随着 Vdd 的增加而增加[39]。

　　　工艺变化也会影响触发器的功耗和延迟。因此，使用文献[32]中的 PVT 评估方法进行了 500 次的蒙特卡罗仿真。在文献[32]中，晶体管的阈值电压和晶体管的氧化层厚度是根据广泛使用的正态分布变化的，与原始值相差±5%或更少。接下来通过式(5.1)和式(5.2)计算了各参数的平均偏差(dev)和标准差(σ)。其中，X_i、φ、N 分别为样本值、标准值(归一化后为 1)和样本值个数(500)。因此，可以计算延迟和功耗的归一化平均偏差(dev)和标准差(σ)，详见表 5.4。

$$\text{dev} = \frac{\sum |X_i - \varphi|}{N} \tag{5.1}$$

$$\sigma = \sqrt{\frac{\sum (X_i - \varphi)^2}{N}} \tag{5.2}$$

　　　在延迟方面，由表 5.4 可以得出两个结论。首先，工艺变化对 TUFF、DICE-FF 和提出的 DUT-FF 的延迟影响较小，这主要是由于它们采用了高速传输路径。其次，TMR-FF、DNUR-FF 和 DRRH-FF 的延迟对工艺变化具有较高的敏感性，这主要是由于从 D 到 Q 的器件较多。在功耗方面，由表 5.4 也可以得出两个结论。第一，TMR-FF、DNUR-FF 和 Quatro-FF 的功耗对工艺变化具有较高的敏感性，这主要是由它们面积的增加所致。第二，在加固触发器中，工艺变化对 TUFF、HPST-FF 和 SEUR-NVFF 功耗的影响较小。综上所述，与大多数先进的加固触发器相比，提出的 DUT-FF 对 PVT 的变化具有适中的敏感性。虽然提出的 DUR-FF 对 PVT 变化具有较高的敏感性，但是它具有 DNU 自恢复能力。

表 5.4　功耗和延迟的归一化平均偏差(dev)和标准差(σ)

触发器	dev		σ	
	延迟	功耗	延迟	功耗
TUFF	1.00	1.00	1.00	1.00
S2C-FF[79]	1.95	1.10	1.98	1.14
TMR-FF	3.76	2.84	3.80	2.89
HPST-FF[80]	1.59	0.99	1.64	1.01
SEUR-NVFF[81]	1.13	0.97	1.17	0.99
DNUR-FF[82]	3.81	2.28	3.77	2.21
DRRH-FF[83]	3.74	1.19	3.69	1.14
Quatro-FF[84]	2.21	3.29	2.28	3.24

续表

触发器	dev		σ	
	延迟	功耗	延迟	功耗
DICE-FF[85]	0.98	1.19	0.99	1.15
DUT-FF（提出的）	1.03	2.05	1.05	2.01
DUR-FF（提出的）	0.92	3.40	0.96	3.51

5.4　本 章 小 结

　　本章首先介绍了未加固的主从触发器设计，其次介绍了数款经典的抗辐射加固主从触发器设计并分析了他们存在的问题，然后为解决这些问题提出了两款抗双节点翻转的主从触发器设计，最后对本章内容进行了总结。

第 6 章　SRAM 单元的抗辐射加固设计技术

本章将对经典的 SRAM 单元(包括未加固的 6T/8T SRAM、抗 SNU/DNU 的 SRAM)的电路结构、工作原理及容错原理进行研究分析,从而为本章提出的各种新型的 SRAM 单元奠定理论基础,接下来将介绍几款提出的抗 SNU 的 SRAM 以及一款提出的抗 DNU 的 SRAM,最后对本章内容进行总结。

6.1　未加固的 SRAM 存储单元设计

本节将从保持数据与读写数据的操作方面对未加固的 6T/8T SRAM 单元的工作原理进行阐述。保持数据是指单元已经完成写数据操作,并且存储值保持不变。读数据操作是指字线打开,位线进行放电并形成电压差,利用灵敏放大器来放大位线的电压差,从而将单元的存储数值输出。写数据操作是指位线的电压值设置成相反值,当字线打开时,单元内部节点进行放电或者充电操作,因此改变单元的存储值。

6.1.1　6T SRAM

SRAM 单元的本质是一个双稳态电路,利用这两个稳定状态分别代表逻辑值"1"和"0",不需要刷新电路即能保持内部存储的数据。SRAM 单元的基本结构是 6T 单元。图 6.1 展示了 6T SRAM 单元的电路结构图,该单元由 6 个晶体管组成,包括 PMOS 晶体管 P1、P2 与 NMOS 晶体管 N1~N4。上述晶体管中 N3 与 N4 是传输管,其栅极连接到一条字线 WL。BL 与 BLB 是位线,Q 与 QN 是该单元内部存储节点,其负责存储数据。当 WL 的值为"0"时,N3 与 N4 为关闭状态。BL 与 BLB 的值为"1",但其与单元内部存储节点之间不存在通路,故该单元稳定地保持存储值。当 WL 值为"1"时,N3 与 N4 为打开状态,因此该单元的读或写操作被执行。

现分析 6T 单元的读数据操作和写数据操作的原理。在此通过图 6.1 的状态分析该单元存储值为逻辑"1"的情形,即 Q 的值为"1",QN 的值为"0",这两个内部节点保持了存储值。首先考虑读该存储值的情况。在读操作中,由于应用一个灵敏放大器连接 BL 与 BLB,数字信号迅速传输到输出端。在正常读操作之前,BL 与 BLB 的值将被上升到逻辑"1";在读操作中,当 WL 预充到"1"时,N3 与 N4 立即打开。由于 BLB 通过 N2 与 N4 向 GND 放电,其电压逐渐下降。

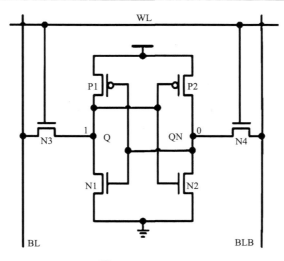

图 6.1　6T SRAM

N1 关闭，P1 打开，因此 BL 的电压也没有发生改变。灵敏放大器一旦检测到 BL 与 BLB 的电压差，并进行电压差放大，该单元内的存储数字信号就会被读出，从而完成读"1"操作。读"0"操作与读"1"操作原理类似。

　　如图 6.2 所示，在正常写操作之前，BL 放电到"0"，BLB 预充到"1"。当 WL 预充到"1"时，晶体管 N3 与 N4 打开，此时该单元写入数据"0"的操作被执行。节点 Q 通过 N3 向 BL 进行放电，当 Q 的电压下降到能打开 P2 的电压时，VDD 与 BLB 对 QN 进行充电，直到 QN 值为"1"与 Q 值为"0"为止。因此该单元存储的逻辑值被正确改变为"0"，完成写入"0"的操作。写"1"操作与写"0"操作原理类似。

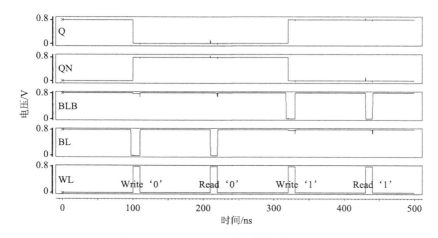

图 6.2　6T SRAM 正常操作的仿真结果

6.1.2　8T SRAM

图 6.3 展示了 8T SRAM 单元的电路结构图，该单元由 8 个晶体管组成，包括 PMOS 晶体管 P1、P2 与 NMOS 晶体管 N1～N6。上述晶体管中 N3 与 N4 是写传输管，其栅极连接到一条写字线 WWL；N5 与 N6 是读传输管，N6 的栅极连接到一条读字线 RWL。WBL、WBLB 与 RBL 是位线，Q 与 QN 是单元内部节点，其负责存储数据。当 WWL 与 RWL 的值为 "0" 时，N3、N4 与 N6 为关闭状态，故该单元稳定地保持存储值。当 WWL 或 RWL 值为 "1" 时，N3 与 N4 或 N6 为打开状态，因此该单元的写或读操作被执行。

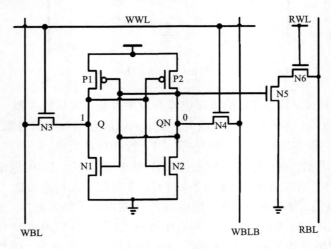

图 6.3　8T SRAM

现分析 8T 单元的读数据操作和写数据操作的原理。在此通过图 6.3 的状态分析该单元存储值为逻辑 "1" 的情形，即 Q 的值为 "1"，QN 的值为 "0"，这两个内部节点保持了存储值。首先考虑读该存储值的情况，WWL = 0。在读操作中，由于应用一个灵敏放大器连接 RBL，数字信号迅速传输到输出端。在正常读操作之前，RBL 值将被上升到逻辑 "1"；在读操作中，当 RWL 预充到 "1" 时，N6 立即打开。由于 QN = 0，N5 关闭。RBL 上的电压没有任何改变，因此完成读 "1" 操作。若该单元存储值为逻辑 "0"，即 Q 值为 "0"，QN 值为 "1"。读操作中，RWL = 1，N6 导通；QN = 1，N5 导通；此时 RBL 通过 N5 向 GND 放电，其电压逐渐下降。灵敏放大器一旦检测到 RBL 下降的电压值，并进行电压差放大，该单元内的存储数字信号就会被读出，从而完成读 "0" 操作。

如图 6.4 所示，分析向该单元写入数据 "0" 的操作原理。在正常写操作之前，WBL 将放电到 "0"，WBLB 预充到 "1"。当 WWL 预充到 "1" 时，晶体管

N3 与 N4 打开,此时该单元写入数据 "0" 的操作被执行。节点 Q 通过 N3 向 WBL 进行放电, 当 Q 的电压下降到能打开 P2 的电压时, VDD 与 WBLB 对 QN 进行充电, 直到 QN 值为 "1" 与 Q 的值为 "0" 为止。因此该单元存储的逻辑值被正确改变为 "0", 完成写入 "0" 的操作。写 "1" 操作与写 "0" 操作原理类似。

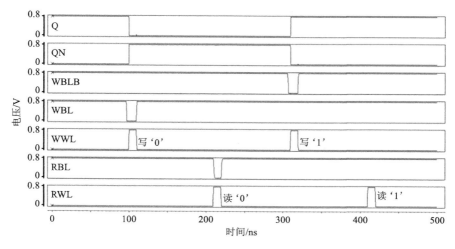

图 6.4　8T SRAM 单元正常工作仿真结果

6.2　经典的抗辐射加固 SRAM 存储单元设计

本节将从电路结构、工作原理与容错原理方面, 来介绍抗 SNU/DNU 的经典 SRAM 单元。

6.2.1　抗单节点翻转的 SRAM 存储单元设计

本节将介绍 10 款经典的抗 SNU 的 SRAM 单元, 具体包括 DICE SRAM、Quatro-10T SRAM、11T SRAM、NASA13T SRAM、RHD12T SRAM、We-Quatro SRAM、Zhang14T SRAM、QUCCE12T SRAM、RH12T SRAM 和 LIN12T SRAM。

1. DICE SRAM

图 6.5 展示了 DICE SRAM 单元的电路结构图[29], 该单元由 12 个晶体管组成, 包括 PMOS 晶体管 P1~P4 与 NMOS 晶体管 N1~N8。上述晶体管中 N5~N8 是传输管, 其栅极连接到 WL。Q、QN、S0 与 S1 是内部存储节点, 其负责存储数据。在保持模式下, WL 的值为 "0", 此时 N5~N8 为关闭状态。BL 与 BLB 的值为 "1", 但其与电路内部存储节点不存在通路, 故该单元稳定地保持存储值。

在读写数据情况下，当 WL 值为"1"时，传输管 N5～N8 为打开状态，因此该单元读或写操作被执行。

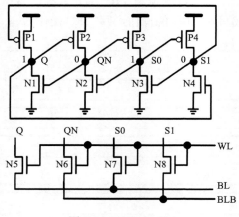

图 6.5　DICE SRAM

　　如图 6.5 所示，节点 Q 的值为"1"，QN 的值为"0"，S0 的值为"1"，S1 的值为"0"，这 4 个内部节点保持了存储值。现分析 DICE 单元的读数据操作和写数据操作的原理。参照图 6.2，在正常读操作之前，BL 与 BLB 的值将上升到逻辑"1"。在读操作中，当 WL 预充到"1"时，N5～N8 打开。然而，由于 BLB 通过 N6 与 N8 向 GND 放电，其电压逐渐下降。N1 关闭，P1 打开，N3 关闭，P3 打开，因此 BL 的电压也没有发生改变。灵敏放大器检测 BL 与 BLB 的电压差，并进行电压差放大，该单元内的存储数字信号就会被读出，从而完成读"1"操作。读"0"操作与读"1"操作原理类似。

　　参照图 6.2，在正常写操作之前，BL 将放电到"0"，BLB 预充到"1"。当 WL 预充到"1"时，晶体管 N5～N8 打开，此时该单元写入数据"0"的操作被执行。节点 Q 通过 N5 向 BL 放电，当 Q 的电压下降到能打开 P2 的电压时，VDD 与 BLB 对 QN 进行充电，直到 QN 值为"1"与 Q 值为"0"为止。S0 通过 N7 向 BL 放电，当 S0 的电压下降到能打开 P4 的电压时，VDD 与 BLB 对 S1 进行充电，直到 S1 值为"1"与 S0 值为"0"为止。该单元存储的逻辑值被正确改变为"0"，完成写入"0"的操作。写"1"操作与写"0"操作原理类似。

　　讨论 DICE 单元的容错原理，以 Q = 1 且发生 SEU 为例。当 Q 由原值"1"暂时变为"0"时，S0 不会受到影响(S0 = 1)。N2 一直导通，因此 QN 输出"0"(强 0)。同时，Q 由原值"1"暂时变为"0"会导致 P2 暂时导通，QN 输出"1"(弱 1)。但是，QN 的强"0"能够中和弱"1"，因此 QN 仍然正确(QN = 0)。上述 S0 = 1，P4 关闭，S1 也不会受到影响(S1 = 0)。因此 P1 导通，从而 Q 自恢复。

易知，DICE 单元的其他节点(QN、S0、S1)均能从 SEU 中自恢复。亦即，理论分析和实验仿真证明该单元存储"1"或"0"均能从 SEU 中自恢复。对于 DICE 单元抗 DNU 的能力，当存储数据"1"时，节点对<Q，QN>与<S0，S1>均可从 DNU 自恢复。当存储数据"0"时，节点对<QN，S0>与<Q，S1>均可从 DNU 自恢复。但是，上述情况之外的其他节点对均不能从 DNU 中自恢复，因此该单元仅能容忍部分 DNU。

2. Quatro-10T SRAM

图 6.6 展示了 Quatro-10T SRAM 单元的电路结构图[92]，该单元由 10 个晶体管组成，包括 PMOS 晶体管 P1～P4 与 NMOS 晶体管 N1～N6。上述晶体管中 N5 与 N6 是传输管，其栅极连接到一条字线 WL。Q、QN、S0 与 S1 是单元内部节点，其负责存储数据。当 WL 的值为"0"时，N5 与 N6 为关闭状态。BL 与 BLB 的值为"1"，但其与单元内部存储节点之间不存在通路，故该单元稳定地保持存储值。当 WL 值为"1"时，N5 与 N6 为打开状态，因此该单元的读或写操作被执行。

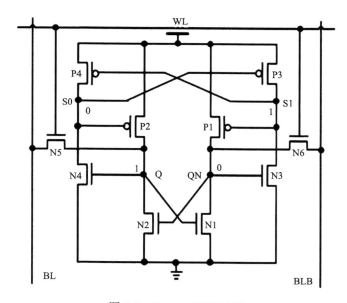

图 6.6　Quatro-10T SRAM

现分析 Quatro-10T 单元的读数据操作和写数据操作的原理。如图 6.6 所示，Q 的值为"1"，QN 的值为"0"，S0 的值为"0"，S1 的值为"1"，这 4 个内部节点保持了存储值。首先考虑读该存储值的情况。参照图 6.2，在正常读操作之前，BL 与 BLB 的值将被上升到逻辑"1"；在读操作中，当 WL 预充到"1"时，N5 与 N6 立即打开。由于 BLB 通过 N1 与 N6 向 GND 放电，其电压逐渐下降。N2 关闭，P2 一直打开，因此 BL 的电压也没有发生改变。灵敏放大器一旦检测到 BL 与 BLB 的电压差，并进行电压差放大，该单元内的存储数字信号就会被读出，从而完成读"1"操作。读"0"操作与读"1"操作原理类似。

参照图 6.2，在正常写操作之前，BL 将放电到"0"，BLB 预充到"1"。当 WL 预充到"1"时，晶体管 N5 与 N6 打开，此时该单元写入数据"0"的操作被执行。节点 Q 通过 N5 向 BL 进行放电，当 Q 的电压下降到能关闭 N1 和 N4 的电压时，BLB 对 QN 进行充电，直到 QN 值为"1"为止；此时 N2 打开，N3 打开，S1 值下降为"0"；P4 打开，S0 值升为"1"，此时数据"0"写入到 Q。因此该单元存储的逻辑值被正确改变为"0"，完成写入"0"的操作。写"1"操作与写"0"操作原理类似。

讨论 Quatro-10T 单元的容错原理，以 Q = 1 并且发生 SEU 为例。当 Q 由原值"1"暂时变为"0"时，N1 关闭，此时 QN 不会受到影响(QN = 0)；N3 一直关闭，S1 也不会受到影响(S1 = 1)；P4 一直关闭，S0 也不会受到影响(S0 = 0)；P2 一直导通，从而 Q 自恢复。在该单元存储值为"1"的情况下，其他节点对均能得到类似的容错机制。当该单元存储值为"0"时，分析 Q 发生 SEU 的情况。当 Q 由原值"0"暂时变为"1"时，N1 与 N4 暂时导通。此时 QN 与 S0 的值变为非法值"0"，P3 导通；S1 值变为非法值"1"。即，该单元不能容忍该 SEU。理论分析与实验仿真证明，Quatro-10T 单元仅能自恢复从"1"到"0"的 SEU，不能恢复从"0"到"1"的 SEU。

3. 11T SRAM

图 6.7 展示了 11T SRAM 单元的电路结构图[93]，该单元由 11 个晶体管组成，包括 PMOS 晶体管 P1~P5 与 NMOS 晶体管 N1~N6。上述晶体管中 N1 与 P1 是传输管，其栅极分别连接到字线 WL 与 WLB。WL 与 WLB 分别控制 N3 与 P4 的开关，读刷新信号 rfb 与 rf 分别控制 P3 与 N4 的开关，并且 WCT 信号控制 N6 的开关。BL 是位线，而 Q、QN、S0 与 S1 是单元内部节点。当 WL 的值为"0"，WLB 的值为"1"，rfb 的值为"1"，rf 的值为"0"，并且 WCT 的值为"1"时，N1、N3、P1、P4、P3 与 N4 为关闭状态，故该单元稳定地保持存储值，并且 N3、N4、P3 与 P4 切断了单元内部的反馈环。当 WL 的值为"1"时，N1 与 P1 为打开状态，因此该单元的写或读操作被执行。

现分析 11T 单元的读数据操作和写数据操作的原理。如图 6.7 所示，Q 的值为"1"，QN 的值为"0"，S0 的值为"0"，S1 的值为"0"。首先考虑读该存储值的情况。在读操作中，由于应用一个灵敏放大器连接 BL，数字信号迅速传

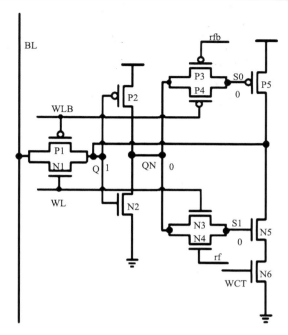

图 6.7　11T SRAM

输到输出端。在正常读操作之前，BL 与 WCT 值将被上升到逻辑"1"。Rf 将上升到逻辑"1"，rfb 将放电到"0"，对 S0 与 S1 的值进行刷新；在读操作中，当 WL 预充到"1"时，WLB = 0，N1 与 P1 立即打开。由于 Q = 1，BL 上的电压没有任何改变，因此完成读"1"操作。若该单元存储值为逻辑"0"，即 Q 的值为"0"，QN、S0 与 S1 的值为"1"。读操作中，WL = 1，WLB = 0，N1 与 P1导通。BL 通过 N5 与 N6 向 GND 放电，其电压逐渐下降。灵敏放大器一旦检测到 BL 下降的电压值，并进行电压差放大，该单元内的存储数字信号就会被读出，从而完成读"0"操作。

　　现分析向单元写入数据"0"的操作原理。在正常写操作之前，WCT、BL 与rf 将放电到"0"。当 WL 预充到"1"时，WLB = 0，N1 与 P1 立即打开，此时该单元写入数据"0"的操作被执行。节点 Q 通过 N1 与 P1 向 BL 进行放电，当Q 的电压下降到能打开 P2 的电压时，VDD 对 QN 进行充电，直到 QN、S0 与 S1的值为"1"与 Q 值为"0"为止。因此该单元存储的逻辑值被正确改变为"0"，完成写入"0"的操作。写"1"操作与写"0"操作原理类似。由于实验条件的限制，此处未展示正常工作仿真波形图。

　　现讨论 11T 单元的容错原理，以 Q = 1 并且发生 SEU 为例。当 Q 由原值"1"暂时变为"0"时，P2 打开，此时 QN 暂时输出 1(弱 1)。由于 N3、N4、P3 与

P4 关闭，S0 与 S1 不会受到影响（S0 = S1 = 0）；P5 导通，Q 自恢复；N2 导通，QN 输出 0（强 0）。最终，QN 的强 0 中和弱 1，QN 仍然正确（QN = 0）。类似地，其他敏感节点均能得到类似的容错机制。在保持模式下，单元内部的反馈环被切断，使错误值不会传输到其他敏感节点。理论分析与实验仿真证明，该单元比 6T 单元提高了两倍的抗 SEU 能力。

4. NASA13T SRAM

图 6.8 展示了 NASA13T SRAM 单元的电路结构图[94]，该单元由 13 个晶体管组成，包括 PMOS 晶体管 P1～P4 与 NMOS 晶体管 N1～N9。上述晶体管中 N6 与 N7 是写传输管，其栅极连接到一条写字线 WL；N8 与 N9 是读传输管，N9 的栅极连接到一条读字线 RWL。Q 与 QN 是单元内部节点，其负责存储数据。当 WL 与 RWL 的值为"0"时，N6、N7 与 N9 为关闭状态，故该单元稳定地保持存储值。当 WL 或 RWL 值为"1"时，N6、N7 或 N9 为打开状态，因此该单元的写或读操作被执行。

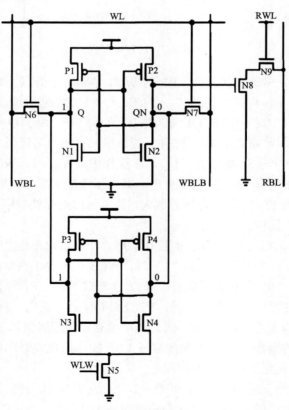

图 6.8　NASA13T SRAM

现分析 NASA13T 单元的读数据操作和写数据操作的原理。如图 6.8 所示，Q 的值为 "1"，QN 的值为 "0"，这两个内部节点保持了存储值。首先考虑读该存储值的情况。参照图 6.4，在正常读操作之前，设置 WL = 0，WLW = 1；并将 RBL 值上升到逻辑 "1"；在读操作中，当 RWL 预充到 "1" 时，N9 立即打开。由于 QN = 0，N8 关闭。RBL 上的电压没有任何改变，因此完成读 "1" 操作。若该单元存储值为逻辑 "0"，即 Q 值为 "0"，QN 值为 "1"。读操作中，RWL = 1，N9 导通；QN = 1，N8 导通；WLW = 1，N5 导通；此时 RBL 通过 N2、N5、N8 与 N9 向 GND 放电，其电压逐渐下降。灵敏放大器一旦检测到 RBL 下降的电压值，并进行电压差放大，该单元内的存储数字信号就会被读出，从而完成读 "0" 操作。

现分析向单元写入数据 "0" 的操作原理。参照图 6.4，在正常写操作之前，WBL 将放电到 "0"，WBLB 预充到 "1"。当 WL 预充到 "1" 时，N6 与 N7 打开，此时该单元写入数据 "0" 的操作被执行。节点 Q 通过 N6 向 WBL 进行放电，当 Q 的电压下降到能打开 P2 的电压时，VDD 与 WBLB 对 QN 进行充电，直到 QN 值为 "1" 与 Q 值为 "0" 为止。因此该单元存储的逻辑值被正确改变为 "0"，完成写入 "0" 的操作。写 "1" 操作与写 "0" 操作原理类似。在同等的实验环境条件下，NASA13T 单元临界电荷比 6T 单元较大，从而容错能力比 6T 单元强。

5. RHD12T SRAM

图 6.9 展示了 RHD12T SRAM 单元的电路结构图[95]，该单元由 12 个晶体管组成，包括 PMOS 晶体管 P1～P6 与 NMOS 晶体管 N1～N6。上述晶体管中 N5 与 N6 是传输管，其栅极连接到一条字线 WL。Q、QN、S0 与 S1 是单元内部节点，其负责存储数据。当 WL 的值为 "0" 时，N5 与 N6 为关闭状态。BL 与 BLB 的值为 "1"，但其与单元内部存储节点之间不存在通路，故该单元稳定地保持存储值。当 WL 值为 "1" 时，N5 与 N6 为打开状态，因此该单元的读或写操作被执行。

现分析 RHD12T 单元的读数据操作和写数据操作的原理。如图 6.9 所示，Q 的值为 "1"，QN 的值为 "0"，S0 的值为 "0"，S1 的值为 "1"，这 4 个内部节点保持了存储值。首先考虑读该存储值的情况。参照图 6.2，在正常读操作之前，BL 与 BLB 的值将被上升到逻辑 "1"；在读操作中，当 WL 预充到 "1" 时，N5 与 N6 立即打开。由于 BLB 通过 N3 与 N6 向 GND 放电，其电压逐渐下降。N2 关闭，P2 与 P3 打开，BL 的电压也没有发生改变。灵敏放大器一旦检测到 BL 与 BLB 的电压差，并进行电压差放大，该单元内的存储数字信号就会被读出，从而完成读 "1" 操作。读 "0" 操作与读 "1" 操作原理类似。

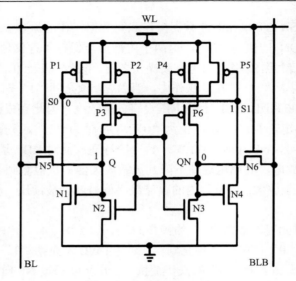

图 6.9　RHD12T SRAM

　　在正常写操作之前，BL 将放电到"0"，BLB 预充到"1"。当 WL 预充到"1"时，晶体管 N5 与 N6 打开，此时该单元写入数据"0"的操作被执行。Q 通过 N5 向 BL 进行放电，当 Q 的电压下降到能关闭 N3 和 N1 的电压时，BLB 对 QN 进行充电，直到 QN 值为"1"为止；此时 N2 与 N4 打开，S1 值下降为"0"；P6 打开，S0 的值升为"1"，此时数据"0"写入到 Q。因此该单元存储的逻辑值被正确改变为"0"，完成写入"0"的操作。写"1"操作与写"0"操作原理类似。

　　现讨论 RHD12T 单元的容错原理，以 Q = 1 并且发生 SEU 及 QN 发生 SEU 为例。当 Q 由原值"1"暂时变为"0"时，P6 暂时打开。此时 S1 不会受到影响（S1 = 1）；P4 一直关闭，QN 也不会受到影响（QN = 0），P3 一直导通；上述 S1 = 1，P5 一直关闭，S0 也不会受到影响（S0 = 0）；因此 P2 一直导通，从而 Q 自恢复。此外，当 QN 由原值"0"暂时变为"1"时，N2 和 N4 导通。因此 Q 输出"0"，S1 输出"0"。P5 导通，S0 输出"1"，此时该单元发生翻转。由于 RHD12T 单元使用了版图级加固技术，从而有效地缓解了 QN 从"0"到"1"的翻转。

6. We-Quatro SRAM

　　图 6.10 展示了 We-Quatro SRAM 单元的电路结构图[96]，该单元由 12 个晶体管组成，包括 PMOS 晶体管 P1～P4 与 NMOS 晶体管 N1～N8。上述晶体管中 N5～N8 是传输管，其栅极连接到一条字线 WL。Q、QN、S0 与 S1 是单元内部节点，其负责存储数据。当 WL 的值为"0"时，N5～N8 为关闭状态。BL 与 BLB 的值

为"1"，但其与单元内部存储节点之间不存在通路，故该单元稳定地保持存储值。当 WL 值为"1"时，N5～N8 为打开状态，因此该单元的读或写操作被执行。

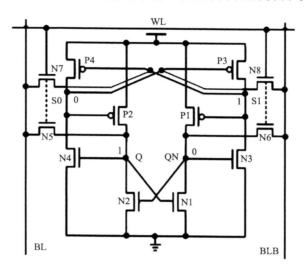

图 6.10　We-Quatro SRAM

　　现分析 We-Quatro 单元的读数据操作和写数据操作的原理。如图 6.10 所示，Q 的值为"1"，QN 的值为"0"，S0 的值为"0"，S1 的值为"1"，这 4 个内部节点保持了存储值。首先考虑读该存储值的情况。参照图 6.2，在正常读操作之前，BL 与 BLB 的值将被上升到逻辑"1"；在读操作中，当 WL 预充到"1"时，N5～N8 立即打开。由于 BLB 通过 N1、N4、N6 与 N8 向 GND 放电，其电压逐渐下降。N2 与 N3 关闭，P2 与 P3 打开，因此 BL 的电压也没有发生改变。灵敏放大器一旦检测到 BL 与 BLB 的电压差，并进行电压差放大，该单元内的存储数字信号就会被读出，从而完成读"1"操作。读"0"操作与读"1"操作原理类似。

　　参照图 6.2，在正常写操作之前，BL 将放电到"0"，BLB 预充到"1"。当 WL 预到"1"时，N5～N8 状态打开，此时该单元写入数据"0"的操作被执行。Q 通过 N5 向 BL 进行放电，当 Q 的电压下降到能关闭 N1 和 N4 的电压时，VDD 与 BLB 对 QN 进行充电，直到 QN 值为"1"为止；S1 通过 N7 向 BL 进行放电，当 S1 的电压下降到能打开 P4 的电压时，VDD 与 BLB 对 S0 进行充电，直到 S0 值为"1"为止。此时 Q 值为"0"，QN 值为"1"，S0 值为"1"，S1 值为"0"，即数据"0"写入到 Q。因此该单元存储的逻辑值被正确改变为"0"，完成写入"0"的操作。写"1"操作与写"0"操作原理类似。

　　We-Quatro 单元在 Quatro-10T 单元的电路结构的基础上增加了两个传输管，其容错原理和 Quatro-10T 单元类似。理论分析与实验结果表明，We-Quatro 单元的读写速度更快，并且解决了写操作失败的问题。

7. Zhang14T SRAM

图 6.11 展示了 Zhang14T SRAM 单元的电路结构图[97]，该单元由 14 个晶体管组成，包括 PMOS 晶体管 P1～P6 与 NMOS 晶体管 N1～N8。上述晶体管中 N7 和 N8 是传输管，其栅极连接到一条字线 WL。Q、QN、S0、S1、S2 与 S3 是单元内部节点，其负责存储数据。当 WL 的值为 "0" 时，N7 和 N8 为关闭状态。BL 与 BLB 的值为 "1"，但其与单元内部存储节点之间不存在通路，故该单元稳定地保持存储值。当 WL 值为 "1" 时，N7 与 N8 为打开状态，因此该单元的读或写操作被执行。

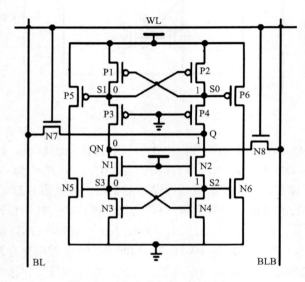

图 6.11　展示了 Zhang14T SRAM

现分析 Zhang14T 单元的读数据操作和写数据操作的原理。如图 6.11 所示，Q 的值为 "1"，QN 的值为 "0"，S1 的值为 "0"，S0 的值为 "1"，S3 的值为 "0"，S2 的值为 "1"，这 6 个内部节点保持了存储值。首先考虑读该存储值的情况。在正常读操作之前，BL 与 BLB 的值将被上升到逻辑 "1"；在读操作中，当 WL 预充到 "1" 时，N7 和 N8 立即打开。由于 BLB 通过 N1 与 N3 向 GND 放电，其电压逐渐下降。N4 关闭，P2 与 P4 打开，因此 BL 的电压也没有发生改变。灵敏放大器一旦检测到 BL 与 BLB 的电压差，并进行电压差放大，该单元内的存储数字信号就会被读出，从而完成读 "1" 操作。读 "0" 操作与读 "1" 操作原理类似。

在正常写操作之前，BL 将放电到"0"，BLB 预充到"1"。当 WL 预充到
"1"时，晶体管 N7 和 N8 为打开状态，此时该单元写入数据"0"的操作被执行。
节点 Q 通过 N7 向 BL 进行放电，当 Q 的电压下降到能打开 P1 的电压时，VDD
与 BLB 对 QN 进行充电，直到 QN 值为"1"为止。此时 Q 的值为"0"，QN 的
值为"1"，S1 的值为"1"，S0 的值为"0"，S3 的值为"1"，S2 的值为"0"，
即数据"0"写入到 Q。因此该单元存储的逻辑值被正确改变为"0"，完成写入
"0"的操作。写"1"操作与写"0"操作原理类似。

Zhang14T 单元的敏感节点有 Q、QN、S0 与 S3。以 QN = 1 并且发生 SEU 为
例。当 QN 由原值"1"暂时变为"0"时，此时 S3 暂时输出 0(弱 0)；N4 与 N5
关闭，Q 与 S2 不会立即受到影响(Q = S2 = 0)。由于 P1 的驱动强度比 P2 的高，
S1 保持原值"1"；P2 关闭，S0 也不会受到影响(S0 = 0)。最终 QN 自恢复，S3
仍然正确(S3 = 1)。易知，Zhang14T 单元的其他节点(Q、S0、S3)均能从 SEU 中
自恢复，并且理论分析与实验仿真证明了该单元能够从 SEU 中自恢复。

8. QUCCE12T SRAM

图 6.12 展示了 QUCCE12T SRAM 单元的电路结构图[98]。该单元由 12 个晶体
管组成，包括 PMOS 晶体管 P1~P4 与 NMOS 晶体管 N1~N8。上述晶体管中 N5~
N8 是传输管，其栅极连接到一条字线 WL。Q、QN、S0 与 S1 是单元内部节点，
其负责存储数据。当 WL 的值为"0"时，N5~N8 为关闭状态。BL 与 BLB 的值
为"1"，但其与单元内部存储节点之间不存在通路，故该单元稳定地保持存储值。
当 WL 值为"1"时，N5~N8 为打开状态，因此该单元的读或写操作被执行。

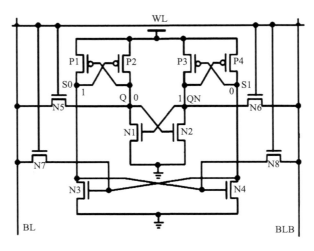

图 6.12　QUCCE12T SRAM

　　现分析 QUCCE12T 单元的读数据操作和写数据操作的原理。如图 6.12 所示，Q 的值为 "0"，QN 的值为 "1"，S0 的值为 "1"，S1 的值为 "0"，这 4 个内部节点保持了存储值。首先考虑读该存储值的情况。参照图 6.2，在正常读操作之前，BL 与 BLB 的值将被上升到逻辑 "1"；在读操作中，当 WL 预充到 "1" 时，N5～N8 立即打开。由于 BL 通过 N1、N4、N5 与 N7 向 GND 放电，其电压逐渐下降。N2 与 N3 关闭，P1 与 P4 打开，因此 BLB 的电压也没有发生改变。灵敏放大器一旦检测到 BL 与 BLB 的电压差，并进行电压差放大，该单元内的存储数字信号被读出，从而完成读 "0" 操作。读 "1" 操作与读 "0" 操作原理类似。

　　在正常写操作之前，BL 预充到 "1"，BLB 将放电到 "0"。当 WL 预充到 "1" 时，晶体管 N5～N8 打开，此时该单元写入数据 "1" 的操作被执行。S0 通过 N8 向 BLB 进行放电，当 S0 的电压下降到能打开 P2 的电压时，VDD 与 BL 对 Q 进行充电，直到 Q 值为 "1" 为止；节点 QN 通过 N6 向 BLB 进行放电，当 QN 的电压下降到能打开 P4 的电压时，VDD 与 BL 对 S1 进行充电，直到 S1 值为 "1" 为止。此时 Q 的值为 "1"，QN 的值为 "0"，S1 的值为 "1"，S0 的值为 "0"，即数据 "1" 写入到 Q。因此该单元存储的逻辑值被正确改变为 "1"，完成写入 "1" 的操作。写 "0" 操作与写 "1" 操作原理类似。

　　QUCCE12T 单元的内部节点为 Q、QN、S0 与 S1，现分析各个节点发生 SEU 的情况。当 QN 由原值 "1" 暂时变为 "0" 时，N1 关闭，此时 Q 不会受到影响（Q = 0）；P1 一直导通，S0 也不会受到影响（S0 = 1）；N4 一直导通，因此 S1 输出 "0"（强 0）。同时，QN 由原值 "1" 暂时变为 "0" 会导致 P4 暂时导通，S1 输出 "1"（弱 1）。但是，S1 的强 "0" 能够中和弱 "1"，因此 S1 仍然正确（S1 = 0）。P3 导通，从而 QN 自恢复。由于 QUCCE12T 单元的对称性，S0 的容错原理与 QN 的容错原理类似。当 S1 由原值 "0" 暂时变为 "1" 时，P3 关闭，此时 QN 不会受到影响（QN = 1）；N1 一直导通，Q 也不会受到影响（Q = 0）；P1 一直导通，因此 S0 输出 "1"（强 1）。同时，S1 由原值 "0" 暂时变为 "1" 会导致 N3 暂时导通，S0 输出 "0"（弱 0）。但是，S0 的强 "1" 能够中和弱 "0"，因此 S0 仍然正确（S0 = 1）。N4 导通，从而 S1 自恢复。但当入射粒子携带的能量足够大时，该单元仍然会发生翻转。由于 QUCCE12T 单元的对称性，Q 的容错原理与 S1 的容错原理类似。

9. RH12T SRAM

　　图 6.13 展示了 RH12T SRAM 单元的结构图[99]。现直接分析 RH12T 单元的容错原理。以该单元存储值等于 "1" 为例，此时 Q 的值为 "1"，QN 的值为 "0"，S1 的值为 "1"，S0 的值为 "0"。当高能辐射粒子撞击 PMOS 晶体管时，只会产生正的瞬态脉冲（0→1 或 1→1 瞬态脉冲）；相反地，当高能辐射粒子撞击 NMOS

晶体管时，只会产生负的瞬态脉冲（1→0 或 0→0 瞬态脉冲）。该单元存储的逻辑
值为"1"时，节点 QN 的存储值不会受到高能辐射粒子撞击的影响。当节点 Q
的存储值发生非法改变，节点 Q 的值变为"0"，此时 N2 和 N5 变为关闭状态而
P2 变为打开状态。S0 的值没有受到影响（S0 = 0），故 P4 仍然为打开状态而 N4
仍然为关闭状态。因此，QN 的值也未受到影响（QN = 0），致使 P1 为打开状态而
N1 和 N6 为关闭状态。由于 P4 打开而 N6 关闭，故 S1 的值也未受到影响（S1 = 1），
并且 N3 为打开状态，故 Q 的值变为原值"1"。因此，节点 Q 能够恢复到正确
值。类似地，当节点 S0 和 S1 的值均发生非法改变，依照 Q 的容错原理，S0 和
S1 也能够恢复到原始正确值，即节点 Q、QN、S0 与 S1 均能在发生 SEU 时恢复
原始值。

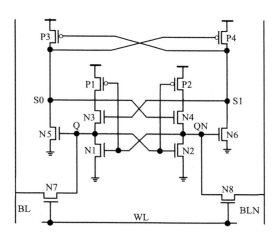

图 6.13　RH12T SRAM 单元

当有两个节点同时发生翻转时，由上述可知，存储值为"1"时，QN 的值不
会因为受到辐射粒子的撞击而翻转，故出现 DNU 时节点对<Q, QN>、<S0, QN>
以及<S1, QN>的存储值恢复原理与节点 Q、S0 以及 S1 在发生 SEU 时的相似，即
节点对<Q, QN>、<S0, QN>以及<S1, QN>能够在发生 DNU 时均恢复原值。当<S0,
S1>同时发生翻转时，S0 的值由"0"翻转到"1"，同时 S1 的值由"1"翻转到
"0"。此时 N3 与 P4 变为关闭状态，并且 N4 与 P3 变为打开状态。由于 P3 打
开，故 S0 输出"1"（弱 1）。然而节点 Q 的值没有受到影响（Q = 1），P2 仍为关
闭状态且 N2 以及 N5 仍为打开状态，S0 输出"0"（强 0）。S0 的弱逻辑值"1"
能够被强逻辑值"0"所中和，故 S0 的值变为原始正确值（S0 = 0），N4 仍为关闭
状态而 P4 仍为打开状态。QN 的值没有受到影响（QN = 0），致使 N6 仍为关闭状
态。S1 的值变为原始正确值（S1 = 1），即节点对<S0, S1>能够在发生 DNU 时恢复
原值。节点对<Q, S0>以及<Q, S1>不能够在发生 DNU 时恢复原值。综上所述，

RH12T 单元中所有存储节点均能从 SEU 中自恢复，部分节点对能够从 DNU 中自恢复。

10. LIN12T SRAM

图 6.14 展示了 LIN12T SRAM 单元的结构图[100]。现直接分析 LIN12T 单元的容错原理。以该单元存储逻辑值等于"1"为例，此时内部节点 Q 的值为"1"，QN 的值为"0"，S1 的值为"1"，S0 的值为"0"。当 NMOS 晶体管被高能辐射粒子的撞击时，形成的瞬态脉冲只会呈现负的情况。因此存储节点 QN 的值不会因为受到辐射粒子的撞击而发生非法改变。当节点 Q 的存储值发生非法改变，节点 Q 的逻辑值变为"0"，此时 N1 和 N8 变为关闭状态而 P3 变为打开状态。S0 的值没有受到影响(S0 = 0)，故 P1 仍然为打开状态而 N4 仍然为关闭状态。QN 的值也未受到影响(QN = 0)，致使 P2 为打开状态而 N2 和 N7 为关闭状态。由于 P1 打开而 N2 关闭，故 S1 的值也未受到影响(S1 = 1)，并且 N3 为打开状态，故 Q 的值变为原值"1"。节点 Q 能够恢复原值。类似地，当节点 S0 和 S1 的逻辑值非法改变，依照 Q 的容错原理，S0 和 S1 也能够恢复原值，即节点 Q、QN、S0 与 S1 均能在发生 SEU 时恢复原始正确值。

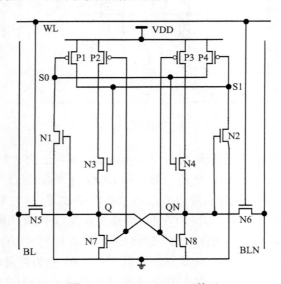

图 6.14　LIN12T SRAM 单元

当有两个节点同时发生翻转时，由上述可知，存储值为"1"时，QN 的值不会因为受到辐射粒子的撞击而翻转。故出现 DNU 时节点对<Q, QN>、<S0, QN>以及<S1, QN>的存储值恢复原理与节点 Q、S0 以及 S1 发生 SEU 时的相似，即节点对<Q, QN>、<S0, QN>以及<S1, QN>能够在 DNU 时恢复原始值。当<S0, S1>逻辑值同时非法改变，S0 的值变为"1"，同时 S1 的值变为"0"。此时 N3 与 P1 变为关闭状态，并且 N4 与 P4 变为打开状态。由于 P4 打开，故 S0 输出"1"（弱 1）。然而节点 Q 的值没有受到影响（Q = 1），P3 仍为关闭状态且 N1 以及 N8 仍为打开状态，S0 输出"0"（强 0）。S0 的弱逻辑值"1"会被强逻辑值"0"所中和，故 S0 的值变为原始正确值（S0 = 0），N4 仍为关闭状态而 P1 仍为打开状态。QN 的值没有受到影响（QN = 0），致使 N2 仍为关闭状态。S1 的值变为原始正确值（S1 = 1）。即节点对<S0, S1>能够在 DNU 时恢复原值。注意到，节点对<Q, S0>以及 <Q, S1>不能够在发生 DNU 时恢复原值。综上所述，LIN12T 单元中所有存储节点均能从 SEU 中自恢复，部分节点对能够从 DNU 中自恢复。

6.2.2　抗双节点翻转的 16T SRAM 存储单元设计

图 6.15 展示了 Xin16T 单元的电路结构[101]。为简单起见，省略了该单元的读写访问电路。该单元由 8 个 NMOS 晶体管 N1~N8 和 8 个 PMOS 晶体管 P1~P8 组成。Xin16T 单元最重要的特点是节点控制的晶体管在空间上都是分离的，例如，节点 A 控制的晶体管 P2 和 N6 在空间上就相隔较远，这样设计会大大增强该单元对 DNU 的容错能力，如下分析 Xin16T 单元对 SNU 和 DNU 的容错机制。

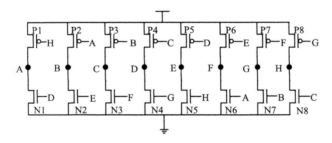

图 6.15　Xin16T 单元

假设节点 A、C、E 和 G 存储"1"，则节点 B、D、F 和 H 存储"0"。以节点 A 为例，分析 Xin16T 的 SNU 自恢复原理。节点 A 由原值"1"暂时变为"0"，此时晶体管 N6 暂时关闭，晶体管 P2 暂时打开，故节点 B 输出弱"1"，而节点 F 保持原值"0"；晶体管 P7 打开，节点 G 保持原值"1"；晶体管 P8 关闭，节点 H 保持原值"0"；晶体管 P1 打开，晶体管 N5 关闭，故节点 A 自恢复为原值 "1"，而节点 E 保持原值"1"；晶体管 N2 打开，节点 B 输出强"0"，由节点 A 翻转导致节点 B 输出的弱"1"被中和，因此节点 B 保持原值"0"。因此，节点 A 可以从 SNU 中自恢复。类似地，节点 B~G 也可以从 SNU 中自恢复。

接下来，描述 Xin16T 单元的 DNU 自恢复原理。由于 Xin16T 单元是对称结构，故该单元的临近关键节点对为<A, B>、<B, C>和<C, D>；非临近关键节点对为<A, C>、<A, E>、<C, E>、<B, D>、<B, F>和<D, H>。以节点对<B, C>为例，分析临近节点对的 DNU 自恢复原理。当节点对<B, C>受到 DNU 的影响时，节点 B 暂时从"0"翻转为"1"，节点 C 暂时从"1"翻转为"0"，晶体管 P4 和 N7 暂时打开，故节点 D 和 G 分别输出弱"1"和弱"0"，而节点 F 没有受到影响（F = 0）。晶体管 P7 打开，节点 G 输出强"1"，故节点 G 保持原值"1"。晶体管 N4 打开，节点 D 输出强"0"，故节点 D 保持原值"0"。晶体管 N1 关闭，节点 A 保持原值"1"，晶体管 P2 关闭，而节点 E 为受到影响（E = 1）。晶体管 N2 打开，节点 B 自恢复为原值"0"。晶体管 P3 打开，节点 C 恢复为原值"1"。因此节点对<B, C>可以从 DNU 中自恢复。对于上述其他临近节点对和非临近节点对，也都可以从 DNU 中自恢复。

综上所述，Xin16T 单元是一款可以抗 SNU 和 DNU 的加固 SRAM 单元，然而该单元是以面积和功耗开销为代价的，虽然它的抗辐射加固能力增强，却也降低了电路的性能。

6.3　抗单节点翻转的 SRAM 存储单元设计

本节将具体介绍 4 种提出的抗 SNU 的 SRAM，具体包括 QCCM10T/QCCM12T、QCCS/SCCS、SRS14T/SESRS 和 S4P8N/S8N4P SRAM。

6.3.1　QCCM10T/QCCM12T SRAM

本节首先全面地介绍 QCCM10T 单元[102]，包括其结构及相关原理，并通过仿真实验验证该 SRAM 单元的高可靠性。接下来，全面地介绍 QCCM12T 单元[102]，包括其结构及相关原理，并通过仿真实验验证该 SRAM 单元的高可靠性。最后，介绍 QCCM10T 与 QCCM12T 单元与其他现有 SRAM 单元的开销对比结果。

1. 电路结构与工作原理

QCCM10T 单元的结构如图 6.16 所示。该单元包含 10 个晶体管，即 P1~P4 和 N1~N6。其中，访问管 N5 与 N6 的栅极连接 WL。当 WL 等于"0"时，访问管 N5 与 N6 全部关闭，此时内部存储节点与 BL 及 BLN 不存在通路，该单元进入保持状态。当 WL 等于"1"时，访问管 N5 与 N6 全部打开，此时能够读出或写入存储值。

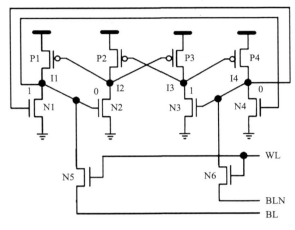

图 6.16   QCCM10T SRAM

正常工作模式下的 QCCM10T 单元仿真实验结果如图 6.17 所示。接下来分析 QCCM10T 单元的读操作和写操作，以该单元存储值等于 "1" 为例，此时 I1 的值为 "1"，I2 的值为 "0"，I3 的值为 "1"，I4 的值为 "0"。当读操作被执行时，BL 与 BLN 的值都为 "1"，WL 预充到逻辑值 "1"，访问管 N5 和 N6 为打开状态。此时该单元中 P1、P3、N2 和 N4 为打开状态，N1、N3、P2 和 P4 为关闭状态，故 BLN 会通过 N4 向 GND 放电，致使 BLN 的电压逐渐降低。同时，N1 为关闭状态，BL 的电压不会发生变化。当灵敏放大器检测到 BL 与 BLN 的电压差达到一定阈值，读 "1" 操作成功完成。读 "0" 操作与读 "1" 操作类似。

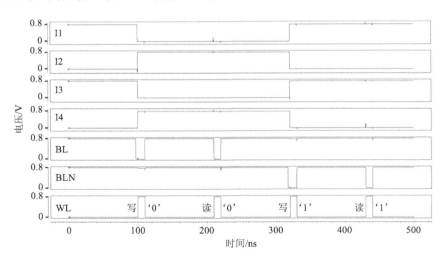

图 6.17   正常工作模式下的 QCCM10T 单元的仿真结果

当写操作被执行时，BL 的值为"0"，BLN 的值为"1"，WL 预充到逻辑值"1"，并且访问管 N5 和 N6 为打开状态。BLN 通过访问管 N6 对 I4 进行充电，使 I4 节点电压值逐渐升高，致使 N1 和 N3 变为打开状态。此时 I3 通过 N3 向 GND 放电，I3 节点电压值逐渐降低，致使 P2 和 P4 变为打开状态。因此，I2 节点电压值逐渐升高，致使 P1 和 P3 变为关闭状态。另外，I1 通过访问管 N5 向 BL 放电，其电压值逐渐降低，致使 N2 和 N4 变为关闭状态。此时提出的 QCCM10T 单元中，N1、N3、P2 与 P4 变为打开状态而 P1、P3、N2 和 N4 变为关闭状态，I1 的值变为"0"，I2 的值变为"1"，I3 的值变为"0"，I4 的值变为"1"。亦即该单元存储的值被正确写为"0"，成功完成写"0"操作。写"1"操作与写"0"操作原理类似。

以 QCCM10T 单元存储的逻辑值等于"1"为例，此时内部存储节点 I1 的值为"1"，I2 的值为"0"，I3 的值为"1"，I4 的值为"0"。如下讨论 QCCM10T 单元的单节点与双节点翻转容错原理。首先介绍 SNU 容错原理。

当节点 I1 存储值发生非法改变，I1 的值变为"0"，此时 N2 与 N4 全部关闭。由于 I3 没有受到影响(I3 = 1)，P2 与 P4 仍然为关闭状态，故 I2 与 I4 仍然为原始正确值，亦即 I2 的值为"0"，I4 的值也为"0"。此时 P1 仍然为打开状态并且 N1 仍然为关闭状态，I1 的值变为原值"1"。因此，节点 I1 自恢复。

当节点 I2 存储值发生非法改变，I2 的值变为"1"，此时 P1 与 P3 全部关闭。由于 I4 没有受到影响(I4 = 0)，N1 与 N3 仍然为关闭状态，故 I1 与 I3 仍然为原始正确值，亦即 I1 的值为"1"，I3 的值也为"1"。此时 N2 仍然为打开状态并且 P2 仍然为关闭状态，I2 的值变为原值"0"。因此，节点 I2 自恢复。

当节点 I3 存储值发生非法改变，I3 的值变为"0"，一方面，会使 P2 打开，I2 输出"1"(弱 1)。由于 I1 没有受到影响(I1 = 1)，N2 仍然为打开状态，I2 输出"0"(强 0)。I2 的强"0"能够中和弱"1"，故 I2 的值仍然为"0"，致使 P3 保持打开状态不变。另一方面，I3 的值由"1"变为"0"，会使 P4 变为打开状态，I4 输出"1"(弱 1)。由于 I1 没有受到影响(I1 = 1)，N4 仍然为打开状态，I4 输出"0"(强 0)。I4 的强"0"能够中和弱"1"，故 I4 的值仍然为"0"，致使 N3 保持关闭状态不变。此时 I3 的值变为原值"1"。因此，节点 I3 自恢复。

当节点 I4 存储值发生非法改变，I4 的值变为"1"，一方面，会使 N1 打开，I1 输出"0"(弱 0)。由于 I2 没有受到影响(I2 = 0)，P1 仍然为打开状态，I1 输出"1"(强 1)。I1 的强"1"能够中和弱"0"，故 I1 的值仍然为"1"，致使 N4 保持打开状态不变。另一方面，I4 的值由"0"变为"1"，会使 N3 变为打开状态，I3 输出"0"(弱 0)。由于 I2 没有受到影响(I2 = 0)，P3 仍然为打开状态，I3 输出"1"(强 1)。I3 的强"1"能够中和弱"0"，故 I3 的值仍然为"1"，致使 P4 保持关闭状态不变，此时 I4 的值变为原值"0"。然而，当撞击的辐射粒子的能量值很高时，会使 I1 和 I3 的值从"1"变为"0"，此时 P2 和 P4 变为打开状态，此时内部存储节点的值都翻转为非法值。综上所述。当撞击的辐射粒子的能量值较低时，节点 I1、I2、I3 与 I4，均能从 SEU 中自恢复；当撞击的辐射粒子的能量值很高时，节点 I1、I2 与 I3，均能从 SEU 中自恢复。

提出的 QCCM10T 单元中共有 6 对节点对，即<I1, I2>、<I1, I3>、<I1, I4>、<I2, I3>、<I2, I4>与<I3, I4>。针对这些节点对，接下来分析该单元的双节点翻转容错原理。

当节点对<I1, I2>同时发生翻转时，I1 的值由"1"翻转到"0"，同时 I2 的值由"0"翻转到"1"。此时 N2、N4、P1 与 P3 都变为关闭状态。由于 N1、N3、P2 与 P4 也是关闭状态，随着时间的推移，内部存储节点 I1、I2、I3 与 I4 都不能自恢复为原始正确值。即节点对<I1, I2>不能够在发生 DNU 时恢复原值。注意到，当节点对<I3, I4>的存储值同时发生非法改变，其原理类似于节点对<I1, I2>，即节点对<I3, I4>不能在发生 DNU 时恢复原始值。

针对节点对<I1, I3>，由于该节点对中两个节点不相邻，故通过版图隔离技术，可以有效避免节点对<I1, I3>发生 DNU 的情况。QCCM10T 单元的版图如图 6.18 所示，该版图中增加了节点对<I1, I3>的存储节点间的距离，从而能够保证该节点

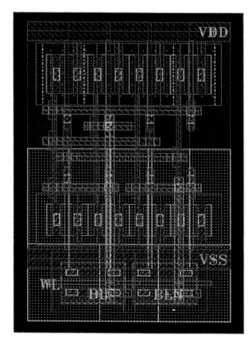

图 6.18　QCCM10T 单元的版图

对发生 DNU 的概率得到有效降低。注意到，对于不相邻的节点对<I1, I4>与<I2, I4>，同样通过版图隔离技术，能够保证这些节点对，在辐射环境中有很小的概率会发生 DNU。

当节点对<I2, I3>同时发生翻转时，I2 的值由"0"翻转到"1"，同时 I3 的值由"1"翻转到"0"。一方面，此时 P1 与 P3 关闭，P2 与 P4 打开。由于节点 I1 的值没有受到影响(I1 = 1)，并且 N4 仍为打开状态，I4 输出"0"(强 0)。由于 P4 变为打开状态，致使 I4 输出"1"(弱 1)。然而，I4 的强"0"能够中和弱"1"，故 I4 的值保持不变(I4 = 0)，并且 N1 与 N3 仍为关闭状态。另一方面，由于节点 I1 的值没有受到影响(I1 = 1)，并且 N2 仍为打开状态，I2 输出"0"(强 0)。由于 P2 变为打开状态，致使 I2 输出"1"(弱 1)。然而，I2 的强"0"能够中和弱"1"，故 I2 的值变为原始正确值(I2 = 0)，并且 P1 与 P3 变为打开状态。由于 P3 变为打开状态而 N3 变为关闭状态，I3 的值变为原始正确值(I3 = 1)。即节点对<I2, I3>能够在发生 DNU 时恢复原始值。综上所述，节点对<I2, I3>能够从 DNU 中自恢复；利用版图隔离技术，节点对<I1, I3>、<I1, I4>与<I2, I4>发生 DNU 的概率得到有效降低。

QCCM12T 单元的结构如图 6.19 所示。该单元包含 12 个晶体管，即 P1~P4 和 N1~N8。其中，访问管 N5~N8 的栅极连接 WL。当 WL 等于"0"时，访问管 N5~N8 全部关闭，此时内部存储节点与 BL 及 BLN 不导通，从而使该单元进入保持状态。当 WL 等于"1"时，访问管 N5~N8 全部打开，此时能够读出或写入存储值。

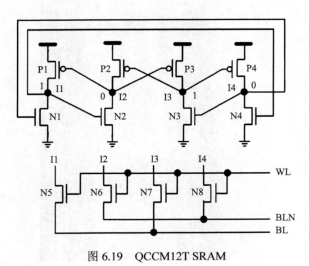

图 6.19　QCCM12T SRAM

正常工作模式下的 QCCM12T 单元仿真实验结果如图 6.20 所示。接下来分析 QCCM12T 单元的读操作和写操作。以该单元存储值等于"1"为例，此时 I1 的值为"1"，I2 的值为"0"，I3 的值为"1"，I4 的值为"0"。当读操作被执行时，BL 与 BLN 的值都为"1"，WL 预充到逻辑值"1"，并且访问管 N5～N8 为打开状态。由于 N2 与 N4 为打开状态，故 BLN 会通过 N2 与 N4 向 GND 放电，致使 BLN 的电压逐渐降低。同时，N1 与 N3 为关闭状态，BL 的电压不会发生变化。当 BL 与 BLN 的电压差达到一定阈值，读"1"操作成功完成。读"0"操作与读"1"操作类似。

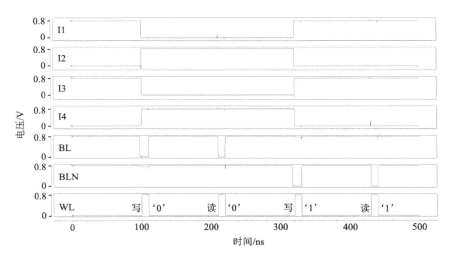

图 6.20　QCCM12T SRAM 单元正常工作仿真结果

当写操作被执行时，BL 的值为"0"，BLN 的值为"1"，WL 预充到逻辑值"1"，并且访问管 N5～N8 为打开状态。I1 通过访问管 N5 向 BL 放电，其电压值逐渐降低，致使 N2 与 N4 变为关闭状态。BLN 通过 N6 对 I2 进行充电，I2 的电压值逐渐升高，致使 P1 与 P3 变为关闭状态。I3 通过访问管 N7 向 BL 放电，其电压值逐渐降低，致使 P2 与 P4 变为打开状态。BLN 通过 N8 对 I4 进行充电，I4 的电压值逐渐升高，致使 N1 与 N3 变为打开状态。综上所述，N1、N3、P2 与 P4 都变为打开状态而 P1、P3、N2 与 N4 都变为关闭状态，同时内部存储节点 I1 的值变为"0"，I2 的值变为"1"，I3 的值变为"0"，I4 的值变为"1"。此时该单元存储的值被正确为"0"，成功完成写"0"操作。写"1"操作与写"0"操作原理类似。

2. 实验验证与对比分析

本小节验证上述提出的 SRAM 单元的可靠性，并阐述其仿真实验结果。在仿真实验中，通过建立双指数电流源模型，使仿真实验中的所有故障注入都能得到有效仿真，并且将仿真粒子撞击的电荷量设置为 25fC。设置电荷收集时间常数为 0.1ps，电荷建立粒子轨迹的时间常数为 3.0ps。在所有仿真实验中，使用 Synopsys HSPICE 工具和 GlobalFoundries 公司先进的 22 nm CMOS 工艺库，并且仿真处于正常室温条件下，同时设置电源电压为 0.8 V。

图 6.21 展示了 QCCM10T 单元的单节点与双节点翻转自恢复仿真结果。当 QCCM10T 单元存储值等于 "1" 时，此时节点 I1 的值为 "1"，I2 的值为 "0"，I3 的值为 "1"，I4 的值为 "0"。I1~I3 分别在 20 ns、40 ns 与 60 ns 处注入 SEU，此时 I1~I3 均能从 SEU 中自恢复。

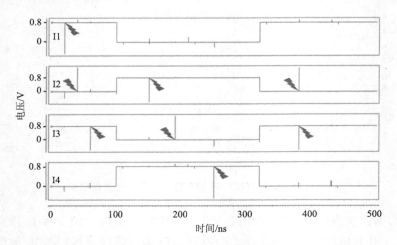

图 6.21　QCCM10T 单元的单节点与双节点翻转自恢复仿真结果

当 QCCM10T 单元存储值等于 "0" 时，节点 I1 的值为 "0"，I2 的值为 "1"，I3 的值为 "0"，I4 的值为 "1"。I2~I4 分别在 150 ns、190 ns 与 250 ns 处注入 SEU，从图 6.21 中可以看出，此时 I2~I4 均能从 SEU 中自恢复。

针对节点对<I2, I3>，在 380 ns 处注入 DNU。从图 6.21 中可以看出，节点对<I2, I3>能够在发生 DNU 时恢复原值。针对节点对<I1, I3>、<I1, I4>与<I2, I4>，由于利用版图隔离技术，其发生 DNU 的概率极低，故省略了其 DNU 注入的情况。

由于 QCCM12T 单元是在 QCCM10T 单元的基础上加了两个访问管，其可靠性以及容错原理与 QCCM10T 的一致，故在此省略该单元的容错原理及相应的容错仿真验证。

接下来介绍开销对比结果。同样使用以上相同的仿真实验条件，将提出的 QCCM10T 和 QCCM12T 单元与现有的 6T 单元、Lin12T 单元[100]、NASA13T 单元[94]、QUCCE10T 单元[98]、RHD12T 单元[95]、RH12T 单元[99]与 QUCCE12T 单元[98] 在多个开销方面进行比较，诸如读延迟、写延迟、面积与功耗。注意到，RAT 是当字线电压上升值到 50% VDD 为起始点，以其中一条位线的电压下降到 100mV 为终止点的时间间隔；WAT 是当字线电压上升值到 50% VDD 为起始点，以其中一个存储节点电压值从电源电压开始下降，同时另一个存储节点电压值从零上升，当两者电压值相等时为终止点的时间间隔；面积是指 SRAM 单元中所有晶体管所占的版图面积。一般来说，晶体管数量越多，其面积开销越大；功耗是由两部分组成，即静态功耗以及动态功耗，访问管为关闭状态时的功耗属于静态功耗，访问管为打开状态时的功耗属于动态功耗。本节评估的是平均功耗开销，即两种功耗开销累加后的一半。注意到，本章使用的 SRAM 单元的面积评估方法与文献[30] 的方法一致。

提出的 QCCM10T 单元和 QCCM12T 单元与其他 SRAM 单元的读和写操作的开销对比如表 6.1 所示。从表中可知，相对于其他 SRAM 单元，QCCM12T 单元的 RAT 开销最小，这是由于 QCCM12T 单元具有多个并行的访问管。在读操作时，位线通过多个访问管同时进行放电，从而有效地降低了读延迟。对应地，NASA13T 单元具有最大的读延迟，这是由于该单元在结构设计时采用读访问管，从而导致其读延迟较大。

表 6.1　QCCM10T 单元和 QCCM12T 单元与其他 SRAM 单元的 RAT 与 WAT 开销对比

SRAM	RAT/ps	WAT/ps
6T	25.88	3.65
NASA13T	128.67	16.39
Lin12T	37.68	3.78
RHD12T	25.72	5.06
RH12T	37.72	3.85
QUCCE10T	36.36	6.29
QUCCE12T	13.02	4.31
QCCM10T	18.2	23.21
QCCM12T	12.99	3.65

6T 单元具有最小的写操作开销，这是因为 6T 单元含有的晶体管数量最少，因此该单元内部几乎不存在电流竞争，从而有效地降低了写延迟。提出的 QCCM12T 同样具有最小的 WAT 开销，这是由于该单元使用了额外的访问管。对

应地，在所有 SRAM 单元中，提出的 QCCM10T 单元具有最大的写延迟，这是由于在写操作时，该单元内部电流竞争非常激励，从而导致写延迟较大。

　　表 6.2 展示了面积与开销方面的比较结果。从该表可知，6T 单元具有最小的面积与功耗开销，这是由于该单元的结构简单，仅具有 6 个晶体管，从而内部存储节点电流竞争小，故 6T 单元的面积与功耗开销较小。对应地，由于 NASA13T 单元具有最多数量的晶体管，因此相比较于其他典型的现有 SRAM 单元，该单元具有最大的面积开销。NASA13T 单元在其他典型的现有 SRAM 单元中具有最大的功耗开销，这是由于该单元使用额外的特殊的访问管以及内部存储节点的电流竞争较大，从而致使其功耗开销较大。

表 6.2　QCCM10T 单元和 QCCM12T 单元与其他 SRAM 单元的面积与功耗开销对比

SRAM	面积/×10³nm²	功耗/nW
6T	4.35	5.24
NASA13T	9.70	18.92
Lin12T	9.28	9.74
RHD12T	8.27	10.38
RH12T	9.28	9.74
QUCCE10T	6.16	10.08
QUCCE12T	8.71	10.43
QCCM10T	7.79	8.5
QCCM12T	8.71	10.43

　　QCCM10T 单元与其他单元的开销降低率，计算和对比结果如表 6.3 所示。由表 6.3 可知，与这些单元相比，提出的 QCCM10T 单元在读延迟方面，分别改善了 85.86%、51.70%、29.24%、51.75%、49.94% 与 –39.78%；在 WAT 开销方面，分别改善了 –41.61%、–514.02%、–358.70%、–502.86%、–268.10% 与 –438.52%；在面积开销方面，分别改善了 19.69%、16.06%、5.80%、16.06%、–26.46% 与 10.56%；在功耗开销方面，分别改善了 55.07%、12.73%、18.11%、12.73%、15.67% 与 18.50%。提出的 QCCM10T 单元的读延迟、写延迟、面积与功耗的平均 PRC 分别为 38.12%、–353.97%、6.95% 与 22.14%。亦即，提出的 QCCM10T 单元与上述加固 SRAM 单元相比，该单元在 RAT、面积与功耗方面的开销分别平均降低了 38.12%、6.95% 与 22.14%。但是，在 WAT 方面开销平均增强了 353.97%。

　　QCCM12T 单元与其他单元在开销降低率方面的对比结果如表 6.4 所示。由表 6.4 可知，与这些单元相比，提出的 QCCM12T 单元在读延迟方面，分别改善了 89.90%、65.53%、49.49%、65.56%、64.27% 与 0.23%；在 WAT 开销方面，分别改善了 77.73%、3.44%、27.87%、5.19%、41.97% 与 15.31%；在面积开销方面，

表 6.3　QCCM10T 单元与其他 SRAM 单元相比的开销降低率

SRAM	Δ 面积/%	Δ 功耗/%	ΔRAT/%	ΔWAT/%
NASA13T	19.69	55.07	85.86	−41.61
Lin12T	16.06	12.73	51.70	−514.02
RHD12T	5.80	18.11	29.24	−358.70
RH12T	16.06	12.73	51.75	−502.86
QUCCE10T	−26.46	15.67	49.94	−268.10
QUCCE12T	10.56	18.50	−39.78	−438.52
平均值	6.95	22.14	38.12	−353.97

分别改善了 10.21%、6.14%、−5.32%、6.14%、−41.39% 与 0；在功耗开销方面，分别改善了 44.87%、−7.08%、−0.48%、−7.08%、−3.47% 与 0。提出的 QCCM12T 单元的读延迟、写延迟、面积与功耗的平均 PRC 分别为 55.83%、28.59%、−4.04% 与 4.46%。亦即，提出的 QCCM12T 单元与上述加固 SRAM 单元相比，该单元在读延迟、写延迟与功耗方面的开销分别平均降低了 55.83%、28.59% 与 4.46%。但是，在面积方面开销平均提高了 4.04%。由于提出的 QCCM12T 单元有效地降低了 RAT、WAT 与功耗方面的开销，并且具有高可靠性，因此其较大面积的开销是较合理的。

表 6.4　QCCM12T 单元与其他 SRAM 单元相比的开销降低率

SRAM	Δ 面积/%	Δ 功耗/%	ΔRAT/%	ΔWAT /%
NASA13T	10.21	44.87	89.90	77.73
Lin12T	6.14	−7.08	65.53	3.44
RHD12T	−5.32	−0.48	49.49	27.87
RH12T	6.14	−7.08	65.56	5.19
QUCCE10T	−41.39	−3.47	64.27	41.97
QUCCE12T	0	0	0.23	15.31
平均值	−4.04	4.46	55.83	28.59

6.3.2　QCCS/SCCS SRAM

1. 电路结构与工作原理

提出的 QCCS 单元的示意图和版图分别如图 6.22(a) 和图 6.22(b) 所示[103]。该单元有 4 个存储节点，即 I1、I2、I3 和 I4。这些节点分别通过传输管 N5 至 N8 连接到位线 BL 和 BLB。这些传输管由字线 WL 控制，并在 WL = 1 时为 ON。如

图 6.22(a) 所示，考虑了提出的 QCCS 单元的存储为 1 状态。这意味着节点的逻辑状态 I1、I2、I3 和 I4 分别为 1、0、1 和 0。QCCS 单元的正常操作描述如下。

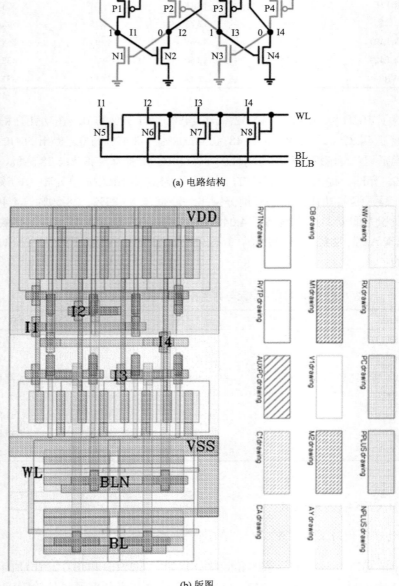

(a) 电路结构

(b) 版图

图 6.22 提出的 QCCS SRAM

(1)对于该单元的写 1 操作，首先将 BL 设为 1，同时将 BLB 设为 0。当 WL = 1 时，执行向该单元写入 1 的操作。此时，晶体管 N2、N4、P1、P3 导通，晶体管 N1、N3、P2、P4 截止。此时构建了一个大的反馈回路(I1→N2→I2→P3→I3→N4→I4→P1→I1)。显然，写入 1 的操作完成，该单元通过反馈回路保持写入的值。

(2)对于从该单元读 1 的操作，首先将 BL 和 BLB 的电压都设置为 1。当 WL = 1 时执行从该单元读取 1 的操作。此时，BL 的电压不变，而 BLB 的电压变为 0(因为通过 N6 和 N8 的放电操作)。然后，差分检测放大器将检测 BL 和 BLB 之间的电压差。对于写/读 0 的情况，原理与写/读 1 类似。

(3)对于该单元的保持操作，WL 设置为 0。因此，此时该单元通过大的反馈回路保持存储的值。

接下来介绍其容错原理。假设该单元中存储了 1，即 I1 = I3 = 1，I2 = I4 = 0。首先，描述 I1 受 SNU 影响的情况，即 I1 从 1 暂时翻转为 0。在此在这种情况下，由于 N2 变为 OFF，SNU 被 N2 截获，因此 I2 不受影响(I2 = 0)，P3 保持 ON。由于 I3 不受影响(I3 = 1)，N4 保持 ON，I4 为 0(强 0)。然后，P1 保持 ON，I1 可以从 0 自恢复到 1。当 I3 受到 SNU 影响时，即 I3 暂时从 1 翻转为 0，可以观察到类似的自恢复原理。接下来，描述 I2 受 SNU 影响的情况。在这种情况下，I2 暂时从 0 变为 1，因此 N1 和 P3 分别变为 ON 和 OFF。I1 的值为 0(弱 0)，因为 N1 暂时从 OFF 变为 ON。由于 I4 不受影响(即 I4 = 0)，P1 仍为 ON，I1 的值为 1(强 1)。但是，强 1 可以中和弱 0，因此 I1 仍然正确(I1 = 1)。N2 为 ON，I1 的值为 1。P2 仍为 OFF，I3 不受影响。因此，I2 可以从 SNU 中自恢复。当 I4 受到 SNU 的影响时，可以观察到类似的自恢复原理。QCCS 单元不是 DNU 加固的，因此接下来提出 DNU 加固的 SCCS 单元。

图 6.23(a)和图 6.23(b)分别展示了 SCCS 单元的电路结构和版图。晶体管 P1 与 N1 构成一个输入分离的反相器，SCCS 单元由 6 个交叉耦合的输入分离反相器组成。该单元具有 18 个晶体管组成，包括 PMOS 晶体管 P1~P6 与 NMOS 晶体管 N1~N12。上述晶体管中 N7~N12 是传输管，其栅极连接到 WL。BL 与 BLB 是位线，I1~I6 是内部存储节点。在保持模式下，WL 的值为"0"，N7~N12 为关闭状态。BL 与 BLB 的值为"1"，但其与电路内部存储节点不存在通路，故该单元稳定地保持存储值。在读写数据情况下，当 WL 值为"1"时，N7~N12 为打开状态，因此读或写操作被执行。

现分析 SCCS 单元的读数据操作和写数据操作的原理。在此分析该单元存储值为逻辑"1"的情形，即 I1 的值为"1"，I2 的值为"0"，I3 的值为"1"，I4 的值为"0"，I5 的值为"1"，I6 的值为"0"，这 6 个内部节点保持了存储值。在正常读操作之前，BL 与 BLB 的值预充为"1"。在读操作中，当 WL 预充到

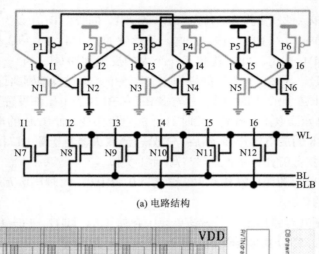

(a) 电路结构

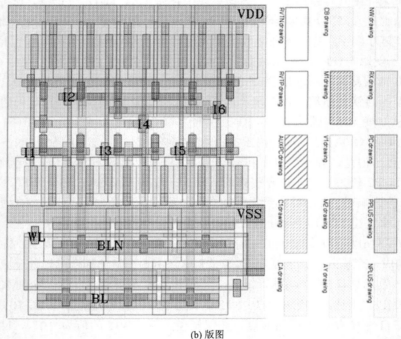

(b) 版图

图 6.23　提出的 SCCS SRAM 的电路结构和版图

"1"时，N7~N12 立即打开。然而，由于 BLB 通过 N2、N4 与 N6 向 GND 放电，其电压逐渐下降。N1、N3 与 N5 关闭，P1、P3 与 P5 打开，因此 BL 的电压没有发生改变。灵敏放大器检测并放大 BL 与 BLB 的电压差，完成读"1"操作。读"0"操作与读"1"操作原理类似。

接下来介绍其容错原理。同样以存储 1 为例，即 I1 的值为"1"，I2 的值为

"0"，I3 的值为"1"，I4 的值为"0"，I5 的值为"1"，I6 的值为"0"，首先讨论 SCCS 单元的 SNU 容错原理。

SCCS 单元的电路结构具有对称性，即 I1 与 I2 对称；I3 与 I4 对称；I5 与 I6 对称。下面分析具有代表性的节点 I1 与 I2，其他节点分别与 I1 和 I2 翻转自恢复原理类似。节点 I1 发生翻转的情况：I1 由原值"1"暂时变为"0"，因此 N2 关闭。I2 没有受到影响(I2 = 0)，P5 一直导通。因此 I5 也没有受到影响(I5 = 1)，N6 一直导通，I6 输出"0"(强 0)。同时，I1 由原值"1"暂时变为"0"会导致 P6 暂时导通，I6 输出"1"(弱 1)。但是，I6 的强"0"能够中和弱"1"，因此 I6 仍然正确(I6 = 0)。因此，P3 导通(I3 = 1)，N4 一直导通(I4 = 0)，P1 导通(I1 = 1)，从而 I1 自恢复。

节点 I2 发生翻转的情况：I2 由原值"0"暂时变为"1"，因此 P5 关闭。I5 没有受到影响(I5 = 1)，N6 一直导通(I6 = 0)。同时，I2 由原值"0"暂时变为"1"会导致 N1 暂时导通，I1 输出"0"(弱 0)。此时，P6 不能被打开，因此 I6 的值仍然不变(I6 = 0)。P3 导通，I3 也没有受到影响(I3 = 1)。N4 一直导通，I4 也没有受到影响(I4 = 0)。因此 P1 导通，I1 输出"1"(强 1)。但是，I1 的强"1"能够中和弱"0"，因此 I1 仍然正确(I1 = 1)。因此 N2 导通，从而 I2 自恢复。类似地，针对其他节点我们均能得到类似的容错机制。经分析可知，当 SCCS 单元存储"0"时，其也能够自恢复。亦即，该单元均能从 SEU 中在线自恢复。

接下来介绍 DNU 容忍原理。SCCS 单元的节点对根据其电路结构的对称性分为 5 种情况：①节点对<I1，I2>、<I3，I4>与<I5，I6>；②节点对<I2，I3>、<I4，I5>与<I6，I1>；③节点对<I1，I3>、<I3，I5>与<I5，I1>；④节点对<I2，I4>、<I4，I6>与<I6，I2>；⑤节点对<I1，I4>、<I3，I6>与<I5，I2>。

SCCS 单元具有代表性的节点对是<I1，I2>、<I2，I3>、<I1，I3>、<I2，I4>与<I1，I4>，因此对上述节点对发生翻转进行分析。节点 I1 与 I2 同时发生翻转的情况：I1 由原值"1"暂时变为"0"，并且 I2 由原值"0"暂时变为"1"。因此 P5 关闭，P6 暂时导通。I5 没有受到影响(I5 = 1)，I6 输出"0"(强 0)。已述 P6 暂时导通，I6 输出"1"(弱 1)。但是，I6 的强"0"能够中和弱"1"，因此 I6 仍然正确(I6 = 0)。已述 I5 = 1，P4 关闭，I4 没有受到影响(I4 = 0)，N3 关闭；I3 没有受到影响(I3 = 1)，P2 关闭。已述 I4 = 0，P1 导通，I1 自恢复。此时，N2 导通，I2 自恢复，N1 关闭，P5 导通。

节点 I2 与 I3 同时发生翻转的情况：I2 由原值"0"暂时变为"1"，并且 I3 由原值"1"暂时变为"0"，因此 P2 与 N1 暂时导通。I4 没有受到影响(I4 = 0)，P1 导通，I1 输出"1"(强 1)。已述 N1 暂时导通，I1 输出"0"(弱 0)。但是，I1 的强"1"能够中和弱"0"，因此 I1 仍然正确(I1 = 1)。N2 导通，I2 自恢复。已述 I1 = 1，P6 关闭；I6 没有受到影响(I6 = 0)，N5 关闭；I5 没有受到影响(I5 =

1)，P4 关闭；I4 没有受到影响(I4 = 0)，N3 关闭。已述 I6 = 0，P3 导通，I3 自恢复，P2 关闭。此时，N1 关闭，P5 导通。

节点 I1 与 I3 同时发生翻转的情况：I1 与 I3 由原值"1"暂时变为"0"。因此 P2 与 P6 暂时导通，N2 与 N4 暂时关闭。I5 没有受到影响(I5 = 1)，N6 导通，I6 输出"0"(强 0)。已述 P6 暂时导通，I6 输出"1"(弱 1)。但是，I6 的强"0"能够中和弱"1"，因此 I6 仍然正确(I6 = 0)。P3 导通，I3 自恢复。已述 I5 = 1，P4 关闭；I4 没有受到影响(I4 = 0)，P1 导通；I1 自恢复，从而 N2 导通；I2 输出"0"(强 0)。已述 P2 暂时导通，I2 输出"1"(弱 1)。但是，I2 的强"0"能够中和弱"1"，因此 I2 仍然正确(I2 = 0)。节点 I2 与 I4 同时发生翻转的情况：I2 与 I4 由原值"0"暂时变为"1"，N1 与 N3 暂时导通，P1 与 P5 暂时关闭。I1 的值变为非法值"0"，P6 导通；I6 的值变为非法值"1"，N5 导通；I5 的值变为非法值"0"，P4 导通。已述 N3 导通，I3 的值变为非法值"0"，P2 导通。节点 I1 与 I4 同时发生翻转的情况：I1 由原值"1"暂时变为"0"，并且 I4 由原值"0"暂时变为"1"。该情况和节点 I2 与 I4 同时发生翻转的情况类似，即该单元不能容忍该节点对发生的 DNU。

当 SCCS 单元的存储值为"0"时，由于电荷共享效应，节点对<I1, I2>、<I2, I4>与<I1, I4>发生 DNU 后可以进行自恢复，而节点对<I2, I3>与<I1, I3>发生 DNU 后导致该单元发生翻转。综上所述，其他节点对均能得到类似的容错机制。此外，对于不能容忍 DNU 的节点对，由于使用版图级加固技术，该单元在上述节点对发生 DNU 的概率极低。

2. 实验验证与对比分析

本小节讨论提出 QCCS 和 SCCS 单元的 SEU 与 DNU 容忍性验证。实验采用 Synopsys HSPICE 工具，以及 22 nm CMOS 工艺库。在正常室温下，电源电压 Vdd = 0.8 V，对 SCCS 单元进行仿真。为了仿真故障注入，同样采用双指数电流源来近似仿真半导体器件中辐射效应导致的节点翻转。

图 6.24 显示了在正常工作条件下 QCCS 单元的仿真结果。从图可以看出，在该单元中完成了一系列写/读 1/0 操作，当 WL = 0 时，值被有效存储在该单元中。

图 6.25 显示了 QCCS 单元的节点 I1 到 I4 的 SNU 自恢复仿真结果。SNU 在 0 到 100 ns 之间分别被注入节点 I1 和 I3。在 300 ns 到 450 ns 之间，分别向节点 I2 和 I4 注入了 SNU。从图 6.25 可以看出，提出的 SRAM 可以从 SNU 中自恢复。

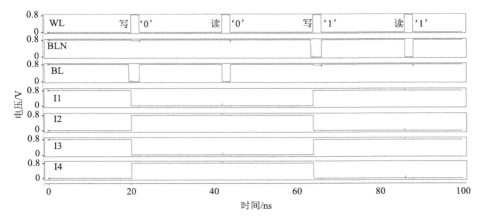

图 6.24　正常工作条件下 QCCS 单元的仿真结果

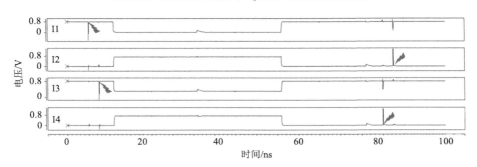

图 6.25　QCCS 单元 SNU 自恢复的仿真结果

接下来对提出的 SCCS 单元进行了验证。图 6.26 展示了 SCCS 单元正常工作仿真结果。如图所示，在正常写操作之前，BL 将放电到"0"，BLB 预充到"1"。当 WL 预充到"1"时，N7～N12 打开，此时该单元写入数据"0"的操作被执行。I1 通过 N7 向 BL 放电，当 I1 的电压下降到能打开 P6 的电压时，Vdd 与 BLB 对 I6 进行充电，直到 I6 值为"1"与 I1 的值为"0"为止；I3 通过 N9 向 BL 放电，当 I3 的电压下降到能打开 P2 的电压时，Vdd 与 BLB 对 I2 进行充电，直到 I2 值为"1"与 I3 的值为"0"为止；I5 通过 N11 向 BL 放电，当 I5 的电压下降到能打开 P4 的电压时，Vdd 与 BLB 对 I4 进行充电，直到 I4 值为"1"与 I5 的值为"0"为止。该单元存储的逻辑值被正确改变为"0"，完成写入"0"的操作。写"1"操作与写"0"操作原理类似。

图 6.27 展示了 SCCS 单元的存储值为"1"时内部节点 I1～I6 发生 SEU 的仿真结果，内部 I1～I6 分别在 20 ns、360 ns、40 ns、380 ns、60 ns 与 400 ns 处注入 SEU。类似地，当 SCCS 单元的存储值为"0"时，内部节点 I1～I6 均得到相同的 SEU 仿真结果，也即任何单节点都能从 SEU 中自恢复。由理论分析与图 6.27 展

示可知，提出的 SCCS 单元能够从全部 SEU 中自恢复。

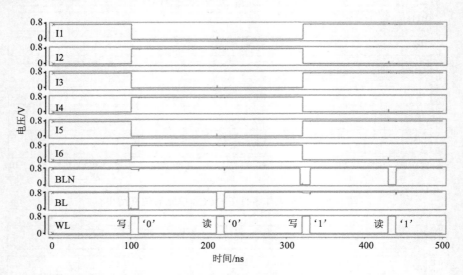

图 6.26　SCCS 单元正常工作仿真结果

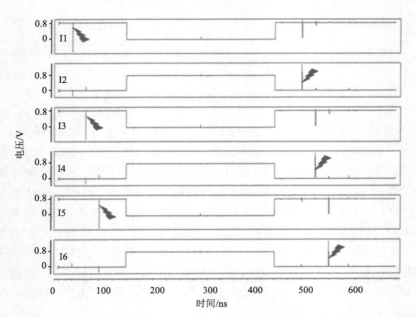

图 6.27　SCCS 单元存储值"1"时内部节点 I1～I6 发生 SEU 的仿真结果

图 6.28 展示了 SCCS 单元的存储值为"1"时节点对<I1，I2>、<I2，I3>、<I2，I4>、<I1，I3>与<I1，I4>发生 DNU 的仿真结果，上述节点对分别在 20 ns、40 ns、

60 ns、360 ns 与 380 ns 注入 DNU。由分析可知，节点对<I1，I2>、<I2，I3>与<I1，I3>均能从 DNU 中自恢复，而节点对<I2，I4>与<I1，I4>不能有效容忍 DNU。当 SCCS 单元的存储值为"0"时，节点对<I1，I2>、<I2，I4>与<I1，I4>发生 DNU 均能从 DNU 中自恢复，而节点对<I2，I3>与<I1，I3>不能有效容忍 DNU。对于不能容忍 DNU 的节点对，由于使用版图级加固技术，该单元在上述节点对发生 DNU 的概率极低。

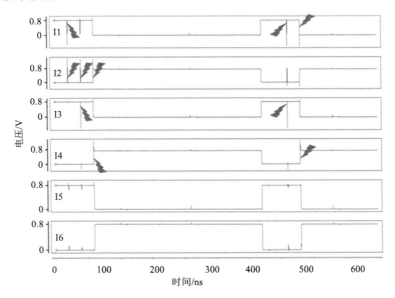

图 6.28　SCCS 单元存储值为"1"时节点对发生 DNU 的仿真结果

接下来介绍开销对比结果。在同等的仿真条件下，对 6T 单元、NASA13T 单元[94]、RHD12T 单元[95]、We-Quatro 单元[96]、Zhang14T 单元[97]、QUCCE12T 单元[98]与 SCCS 等 SRAM 单元的读时间(read access time, RAT)、写时间(write access time, WAT)、面积与功耗开销进行仿真。本小节对提出的 SRAM 单元的开销与上述其他单元的开销进行对比，并评估该单元的性能。

RAT 是从字线打开(50%Vdd)到两条位线的电压差值为 100mV 的时间间隔，WAT 是从字线打开(50%Vdd)到逻辑值相反的两个存储节点相交时的时间间隔。读操作时，字线打开，位线进行放电，并且要经过灵敏放大器，因此读延迟大。然而，写操作时，字线打开，单元内部节点的放电与充电，因此写延迟小。由此可见，SRAM 单元的 WAT 开销比 RAT 开销小。表 6.5 显示了 SRAM 单元的 RAT 与 WAT 的开销。SCCS 单元在所有单元中 RAT 开销最小，由于该单元具有 6 个并行传输管来进行读操作，加速了读操作的完成。然而，NASA13T 单元在所有单元中 RAT 开销最大，其使用了额外的特殊读传输管，从而读操作较耗时。6T

单元在所有单元中 WAT 开销最小，主要是由于在写操作执行时，该单元内部节点电流竞争小。而当执行写操作时，NASA13T 单元内部节点电流竞争大，因此其在所有单元中 WAT 开销最大。综上可知，SRAM 单元通过传输管和内部节点进行充电或者放电可以有效地影响单元的 RAT 与 WAT 开销。

表 6.5　RAT 与 WAT 开销对比

SRAM	RAT/ps	WAT/ps
6T	25.88	3.65
NASA13T	128.67	16.39
RHD12T	25.72	5.06
We-Quatro	12.99	4.38
Zhang14T	50.66	3.8
QUCCE12T	13.02	4.31
SCCS	8.75	4.5
QCCS	13.04	4.17

由表 6.6 可知，6T 单元在所有单元中面积最小，由于其具有 6 个晶体管，故版图面积小。然而，由于 SCCS 单元具有的晶体管最多，故其在所有单元中面积最大。此外，SRAM 单元的功耗包括静态功耗与动态功耗，静态功耗是指电路在保持模式下的功耗；动态功耗是指电路在正常读写操作时的功耗；平均功耗是动态功耗与静态功耗之和的二分之一。6T 单元在所有单元中功耗开销最小，由于其具有 6 个晶体管，该单元正常工作时的平均功耗小。NASA13T 单元在所有单元中功耗开销最大，主要是由于其内部反馈环之间的电流竞争大，且其面积也较大，故功耗大。RHD12T 单元、We-Quatro 单元与 QUCCE12T 单元的功耗开销相近，主要是它们的面积开销相近以及结构相似，故功耗开销相近。

表 6.6　面积与功耗开销对比

SRAM	面积/$\times 10^3 nm^2$	功耗/nW
6T	4.35	5.24
NASA13T	9.7	18.92
RHD12T	8.27	10.38
We-Quatro	8.71	10.43
Zhang14T	10.25	7.78
QUCCE12T	8.71	10.43
SCCS	13.07	15.62
QCCS	8.71	10.43

接下来计算了提出 SRAM 单元与其他 SRAM 加固单元相比的开销降低率 (percentages of reduced costs, PRC)。经计算可知，SCCS 单元与其他 SRAM 单元相比，在 RAT 开销方面，分别改善了 93.20%、65.98%、32.64%、82.72%与 32.80%；在 WAT 开销方面，分别改善了 72.54%、11.07%、−2.74%、−18.42%与−4.41%；在面积开销方面，分别改善了−34.74%、−58.04%、−50.06%、−27.51%与−50.06%；在功耗开销方面，分别改善了 17.44%、−50.48%、−49.76%、−100.77%与−49.76%。SCCS 单元的 RAT、WAT、面积与功耗的平均 PRC 分别是 61.47%、11.61%、−44.08%与−46.67%。亦即，与其他加固 SRAM 单元相比，SCCS 单元分别以平均牺牲 44.08%与 46.67%的面积与功耗为代价，在 RAT 与 WAT 开销方面分别平均减少了 61.47%与 11.61%。

6.3.3　SRS14T/SESRS SRAM

上述提出的 SRAM 单元仍然存在不足，诸如 QCCM10T/QCCM12T/QCCS SRAM 单元由于冗余度低，可靠性相对较差。本章在深入研究现有 SRAM 单元的结构及相关原理基础上，提出了新型的 SRS14T 和 SESRSSRAM 单元。本章将全面地介绍 SRS14T 单元和 SESRS 单元，包括其结构及相关原理，并通过仿真实验验证它们的高可靠性以及与其他现有 SRAM 单元的开销对比结果。

1. 电路结构与工作原理

图 6.29 展示了 SRS14T SRAM 单元的电路结构图[104]。该单元包含 14 个晶体管，即 P1～P4 和 N1～N10。其中，访问管 N7～N10 的栅极连接 WL。当 WL 等

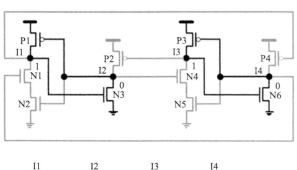

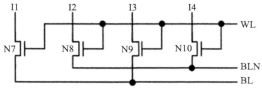

图 6.29　SRS14T SRAM

于"0"时，访问管 N7～N10 为关闭状态，此时内部存储节点与 BL 及 BLN 不存
在通路，该单元进入保持状态。当 WL 等于"1"时，访问管 N7～N10 全部打开，
此时能够读出或写入存储值。

正常工作模式下的 SRS14T 单元仿真实验结果如图 6.30 所示。接下来分析
SRS14T 单元的读操作和写操作，以存储值等于"1"为例，此时 I1 的值为"1"，
I2 的值为"0"，I3 的值为"1"，I4 的值为"0"。当读操作被执行时，BL 与
BLN 的值都为"1"，WL 预充到逻辑值"1"，访问管 N7～N10 为打开状态。由
于 N3 与 N6 为打开状态，故 BLN 会通过 N3 与 N6 向 GND 放电，致使 BLN 的
电压逐渐降低。同时，N1、N2、N4 与 N5 为关闭状态，BL 的电压不会受到影响。
当 BL 与 BLN 的电压差达到一定阈值，读"1"操作成功完成。读"0"操作与读
"1"操作原理类似。

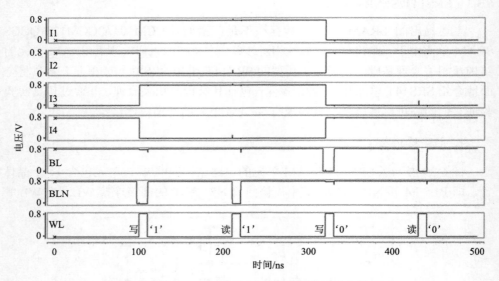

图 6.30　正常工作模式下的 SRS14T 单元仿真结果

当写操作被执行时，BL 的值为"0"，BLN 的值为"1"，WL 预充到逻辑
值"1"，并且访问管 N7～N10 为打开状态。I1 通过访问管 N7 向 BL 放电，其
电压值逐渐降低，致使 P4 变为打开状态。此时，BLN 通过 N10 对 I4 进行充电，
直到 I1 的值变为"0"，同时 I4 的值变为"1"；I3 通过访问管 N9 向 BL 放电，
其电压值逐渐降低，致使 P2 变为打开状态。此时，BLN 通过 N8 对 I2 进行充电，
直到 I3 的值变为"0"，同时 I2 的值变为"1"。此时该单元存储的值被正确写
为"0"，成功完成写"0"操作。写"1"操作与写"0"操作原理类似。

接下来介绍其容错原理。以 SRS14T 单元存储"1"为例，此时内部存储节点

I1 的值为 "1"，I2 的值为 "0"，I3 的值为 "1"，I4 的值为 "0"。首先讨论其
SNU 容错原理。

当节点 I1 的存储值发生非法改变，节点 I1 的逻辑值变为 "0"，此时 P4 打
开，I4 输出 "1"（弱 1）。由于 I3 没有受到影响(I3 = 1)，N6 仍然为打开状态，I4
输出 "0"（强 0）。I4 的强 "0" 能够中和弱 "1"，故 I4 的值仍然为 "0"，致使
N1 保持关闭状态不变。同时，I1 的值变为 "0" 会使 N3 变为关闭状态，I2 没有
受到影响(I2 = 0)，故 P1 为打开状态而 N2 为关闭状态，I1 的值变为原值 "1"。
因此，节点 I1 自恢复。

当节点 I2 的存储值发生非法改变，节点 I2 的逻辑值变为 "1"，此时 P1 关
闭而 N2 打开。节点 I4 没有受到影响(I4 = 0)，使 N1 仍为关闭状态，故 I1 的值
没有受到影响(I1 = 1)，N3 仍为打开状态。同时，I2 的值变为 "1" 会使 N4 变为
打开状态。由于 I4 没有受到影响(I4 = 0)，P3 仍为打开状态而 N5 仍为关闭状态，
故 I3 的值没有发生改变(I3 = 1)，P2 仍为关闭状态，I2 的值变为原值 "0"。因
此，节点 I2 自恢复。类似地，当节点 I3 发生翻转时，依照 I1 的容错原理，I3 也
能够自恢复；当节点 I4 发生翻转时，依照 I2 的容错原理，I4 也能够自恢复，即
节点 I1、I2、I3 与 I4 均能在发生 SEU 时恢复原始值。

接下来介绍其 DNU 容错原理。当节点对<I1, I2>同时发生翻转时，I1 的值由
"1" 翻转到 "0"，同时 I2 的值由 "0" 翻转到 "1"。此时 N3 与 P1 变为关闭
状态，N2、N4 与 P4 变为打开状态，I4 输出 "1"（弱 1）。由于节点 I3 的值没有
受到影响(I3 = 1)，P2 仍为关闭状态且 N6 仍为打开状态，I4 输出 "0"（强 0）。
I4 的强 "0" 能够中和弱 "1"，故 I4 的值保持不变(I4 = 0)，并且 N1 仍为关闭
状态。此时右侧的反馈环仍能保持正确的值，而左侧的反馈环已经遭到破坏，并
且不能保持节点对<I1, I2>翻转后的值。同时，由于 DNU 仅仅是瞬时性软错误，
随着时间的推移，节点对<I1, I2>的值会变为原始正确值，即节点对<I1, I2>能够
在发生 DNU 时恢复原始值。

当节点对<I1, I3>同时发生翻转时，I1 的值由 "1" 翻转到 "0"，同时 I3 的
值由 "1" 翻转到 "0"。此时 N3 与 N6 变为关闭状态，而 P2 与 P4 变为打开状
态，I2 和 I4 的逻辑值均变为 "1"。此时，该单元中内部存储节点的值均发生了
改变，故节点对<I1, I3>不能在发生 DNU 时恢复到原始正确值。当节点对<I1, I4>
同时发生翻转时，I1 的值由 "1" 翻转到 "0"，同时 I4 的值由 "0" 翻转到 "1"。
此时 N3 与 P3 变为关闭状态，而 N1、N5 与 P4 变为打开状态。由于 I2 的值没有
受到影响(I2 = 0)，P1 仍为打开状态，而 N2 与 N4 仍为关闭状态，故 I3 的值也未
受到影响(I3 = 1)，此时 N6 仍为打开状态，致使 I4 输出 "0"（强 0）。上述提到
I1 的值翻转为 "0"，使 P4 变为打开状态，I4 输出 "1"（弱 1）。但是，I4 的弱
逻辑值 "1" 会被强逻辑值 "0" 所中和，故 I4 等于 "0"，并且 N1 关闭。上述

提到 P1 为打开状态而 N2 为关闭状态，故 I1 等于 "1"，即节点对<I1, I4>能够在发生 DNU 时恢复原始值。

当节点对<I2, I3>同时发生翻转时，其自恢复原理与节点对<I1, I4>的相同，即节点对<I2, I3>能够在发生 DNU 时恢复原始值。当节点对<I2, I4>同时发生翻转时，I2 的值由 "0" 翻转到 "1"，同时 I4 的值由 "0" 翻转到 "1"。此时 P1 与 P3 变为关闭状态，而 N1、N2、N4 与 N5 变为打开状态，I1 和 I3 的逻辑值均变为 "0"。此时，该单元中内部存储节点的值均发生变化，故节点对<I2, I4>不能在发生 DNU 时恢复原始正确值。当节点对<I3, I4>同时发生翻转时，其自恢复原理与节点对<I1, I2>的相同，即节点对<I3, I4>能够在发生 DNU 时恢复原值。综上所述，节点对<I1, I2>、<I1, I4>、<I2, I3>与<I3, I4>均能在发生 DNU 时恢复原始正确值，而节点对<I1, I3>与<I2, I4>不能够恢复原值。但是，通过版图隔离技术，能够保证节点对<I1, I3>与<I2, I4>发生 DNU 的概率得到有效降低，从而增强该单元的可靠性。

为进一步提高可靠性，提出了 SESRS SRAM 单元[105]，其电路结构如图 6.31 所示。该单元包含 21 个晶体管，即 P1～P6 和 N1～N15。其中，访问管 N10～N15 的栅极连接 WL。当 WL 值为 "0" 时，访问管 N10～N15 为关闭状态，此时内部存储节点与 BL 及 BLN 不导通，该单元能够稳定地保持存储值。当 WL 值为 "1" 时，访问管 N10～N15 为打开状态，此时读或写操作被执行。

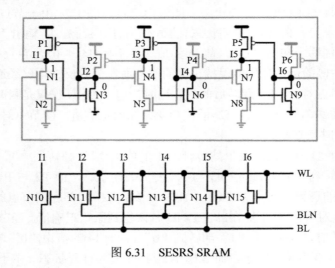

图 6.31　SESRS SRAM

正常工作模式下的 SESRS 单元仿真实验结果如图 6.32 所示。接下来分析 SESRS 单元的读操作和写操作。以该单元存储值等于 "1" 为例，此时 I1 的值为 "1"，I2 的值为 "0"，I3 的值为 "1"，I4 的值为 "0"，I5 的值为 "1"，I6

的值为"0"。当读操作被执行时，BL 与 BLN 的值都为"1"，WL 预充到逻辑值"1"，访问管 N10～N15 为打开状态。由于 N3、N6 与 N9 为打开状态，故 BLN 会通过 N3、N6 与 N9 向 GND 放电，致使 BLN 的电压逐渐降低。同时，N1、N2、N4、N5、N7 与 N8 为关闭状态，BL 的电压不会发生变化。当灵敏放大器检测到 BL 与 BLN 的电压差达到一定阈值，读"1"操作成功完成。读"0"操作与读"1"操作类似。

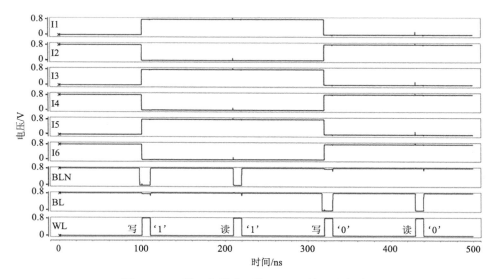

图 6.32　正常工作模式下的 SESRS 单元仿真结果

当写操作被执行时，BL 的值为"0"，BLN 的值为"1"，WL 预充到逻辑值"1"，访问管 N10～N15 为打开状态。I1 通过访问管 N10 向 BL 放电，其电压值逐渐降低，致使 P6 变为打开状态。此时，BLN 通过 N15 对 I6 进行充电，直到 I1 的值变为"0"，同时 I6 的值变为"1"；I3 通过访问管 N12 向 BL 放电，其电压值逐渐降低，致使 P2 变为打开状态，此时，BLN 通过 N11 对 I2 进行充电，直到 I3 的值变为"0"，同时 I2 的值变为"1"；I5 通过访问管 N14 向 BL 放电，其电压值逐渐降低，致使 P4 变为打开状态，此时，BLN 通过 N13 对 I4 进行充电，直到 I5 的值变为"0"，同时 I4 的值变为"1"。此时该单元存储的值被正确写为"0"，成功完成写"0"操作。写"1"操作与写"0"操作原理类似。

接下来介绍其容错原理。以 SESRS 单元存储"1"为例。此时内部存储节点 I1 的值为"1"，I2 的值为"0"，I3 的值为"1"，I4 的值为"0"，I5 的值为"1"，I6 的值为"0"。首先讨论 SESRS 单元的 SNU 容错原理。

当节点 I1 的存储值发生非法改变，节点 I1 的逻辑值变为"0"，此时 P6 打开，I6 输出"1"（弱 1）。由于 I5 没有受到影响（I3 = 1），N9 仍然为打开状态，I6 输出"0"（强 0）。但是，I6 的强"0"能够中和弱"1"，故 I6 的值仍然为"0"，致使 N1 保持关闭状态不变。同时，I1 的值变为"0"会使 N3 变为关闭状态，I2 没有受到影响（I2 = 0），故 P1 打开而 N2 关闭，I1 存储值变为"1"。因此，节点 I1 能够恢复原值。

当节点 I2 的存储值发生非法改变，节点 I2 的逻辑值变为"1"，P1 关闭而 N2 打开。节点 I6 没有受到影响（I6 = 0），使 N1 仍为关闭状态，故 I1 的值没有受到影响（I1 = 1），N3 仍为打开状态。同时，I2 的值变为"1"会使 N4 变为打开状态。由于 I4 没有受到影响（I4 = 0），P3 仍为打开状态而 N5 仍为关闭状态，故 I3 的值没有发生改变（I3 = 1），P2 仍为关闭状态，I2 的值变为原值"0"。因此，节点 I2 自恢复。类似地，当节点 I3 发生翻转时，依照 I1 的容错原理，I3 也能够自恢复；当节点 I4 发生翻转时，依照 I2 的容错原理，I4 也能够自恢复；当节点 I5 发生翻转时，依照 I1 的容错原理，I5 也能够自恢复；当节点 I6 发生翻转时，依照 I2 的容错原理，I6 也能够自恢复，即节点 I1、I2、I3、I4、I5 与 I6 均能从 SEU 中自恢复。

接下来讨论其 DNU 容错原理。当 SESRS 单元的存储值为"1"时，结构中存在 3 个独立的反馈环：I1→N3→I2→P1→I1（左侧反馈环）、I3→N6→I4→P3→I3（中间反馈环）与 I5→N9→I6→P5→I5（右侧反馈环）。根据节点与反馈环间的联系，可将 SESRS 单元中所有节点对分为以下两种情况：①节点对中的两个节点位于同一反馈环：如<I1, I2>、<I3, I4>与<I5, I6>；②节点对中的两个节点位于不同反馈环：如<I1, I3>、<I1, I4>、<I1, I5>、<I1, I6>、<I2, I3>、<I2, I4>、<I2, I5>、<I2, I6>、<I3, I5>、<I3, I6>、<I4, I5>与<I4, I6>。接下来针对上述两种情况中有代表性的节点对<I1, I2>与<I1, I3>进行 DNU 自恢复原理的分析。

当节点对<I1, I2>同时发生翻转时，I1 的值由"1"翻转到"0"，同时 I2 的值由"0"翻转到"1"。此时 N3 与 P1 变为关闭状态，N2、N4 与 P6 变为打开状态，I6 输出"1"（弱 1）。由于节点 I5 的值没有受到影响（I5 = 1），P4 仍为关闭状态且 N9 仍为打开状态，I6 输出"0"（强 0）。但是，I6 的强"0"能够中和弱"1"，故 I6 的值保持不变（I6 = 0），N1 仍为关闭状态。同时，由于 I4 的值没有受到直接影响（I4 = 0），P3 仍为打开状态而 N5 仍为关闭状态，故 I3 的值也未受到影响（I3 = 1），并且 P2 仍为关闭状态。此时左侧的反馈环（I1→N3→I2→P1→I1）已经遭到破坏，并不能保持节点对<I1, I2>翻转后的值。同时，由于 DNU 是瞬时性软错误，随着时间的推移，节点对<I1, I2>的值会变为原始正确值，即节点对<I1, I2>能够在发生 DNU 时恢复原始值。

当节点对<I1, I3>同时发生翻转时，I1 的值由"1"翻转到"0"，同时 I3 的值由"1"翻转到"0"。此时 N3 与 N6 变为关闭状态而 P2 与 P6 变为打开状态，故 I2 的值会从 "0" 翻转为 "1"，并且 N2 与 N4 变为打开状态而 P1 变为关闭状态。由于 P6 为打开状态，I6 输出 "1"（弱 1）。节点 I5 的值没有受到影响（I5 = 1），N9 仍为打开状态，I6 输出 "0"（强 0）。但是，I6 的强 "0" 能够中和弱 "1"，故 I6 的值保持不变（I6 = 0），并且 N1 仍为关闭状态。同时，I3 的值由 "1" 翻转到 "0"，致使 N6 变为关闭状态，I4 的值未受到影响（I4 = 0），故 P3 仍为打开状态而 N5 仍为关闭状态，因此 I3 的值会变为原始正确值（I3 = 1），并且 P2 变为关闭状态。由于左侧的反馈环（I1→N3→I2→P1→I1）已经遭到破坏，故不能保持反馈环上存储节点 I1 与 I2 翻转后的值。同时，由于 DNU 是瞬时性软错误，随着时间的推移，反馈环上存储节点 I1 与 I2 的值会变为原始正确值，此时内部存储节点值都为原始正确值，即节点对<I1, I3>能够从 DNU 中自恢复。类似地，针对节点对<I3, I4>、<I5, I6>，其自恢复原理与节点对<I1, I2>的相同；针对<I1, I4>、<I1, I5>、<I1, I6>、<I2, I3>、<I2, I4>、<I2, I5>、<I2, I6>、<I3, I5>、<I3, I6>、<I4, I5> 与<I4, I6>，其自恢复原理与节点对<I1, I3>的相同。亦即，提出的 SESRS 单元中所有节点对均能在发生 DNU 时恢复原始值。

2. 实验验证与对比分析

本小节验证上述提出的 SRS14T 单元的可靠性，并阐述其仿真实验结果。在仿真实验中，通过双指数电流源模型，将仿真实验中的所有故障注入都能得到有效仿真，并且将仿真粒子撞击的电荷量设置为 25fC。设置电荷收集时间常数为 0.1ps，电荷建立粒子轨迹的时间常数为 3.0ps。在所有仿真实验中，使用 Synopsys HSPICE 工具和 Global Foundries 公司的先进的 22 nm CMOS 工艺库，并且仿真处于正常室温条件下，同时设置电源电压为 0.8 V。

图 6.33 展示了 SRS14T 单元存储的值为 "1" 时的单节点与双节点翻转自恢复仿真结果。I1~I4 分别在 120 ns、140 ns、160 ns 与 180 ns 处注入 SEU。从图 6.33 中可以看出，I1~I4 均能从 SEU 中自恢复。总之，提出的 SRS14T 单元能够从 SEU 中完全自恢复。

针对节点对<I1, I2>、<I1, I4>、<I2, I3>与<I3, I4>，分别在 240 ns、260 ns、280 ns 与 300 ns 处注入 DNU。通过分析，节点对<I1, I2>、<I1, I4>、<I2, I3>与<I3, I4>均能在发生 DNU 时恢复原始正确值，而节点对<I1, I3>与<I2, I4>不能恢复原始正确值。但是通过版图隔离技术，能够保证上述节点对发生 DNU 的概率得到有效降低。

图 6.34 展示了 SESRS 单元存储的值为 "1" 时的单节点翻转自恢复仿真结果。注意到，SESRS 单元与 SRS14T 单元在同一仿真实验条件下进行。I1~I6 分别在 140 ns、170 ns、200 ns、230 ns、260 ns 与 290 ns 处注入 SEU。从图 6.34 中可以看出，I1~I6 均能从 SEU 中自恢复。总之，提出的 SESRS 单元能够在发生

SEU 时恢复原始正确值。

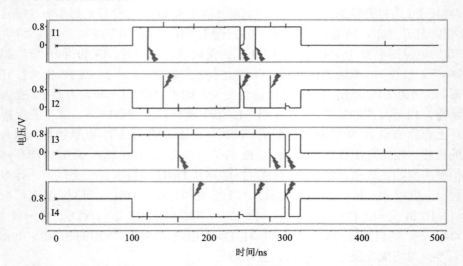

图 6.33 SRS14T 单元存储值为 "1" 时的单节点与双节点翻转自恢复仿真结果

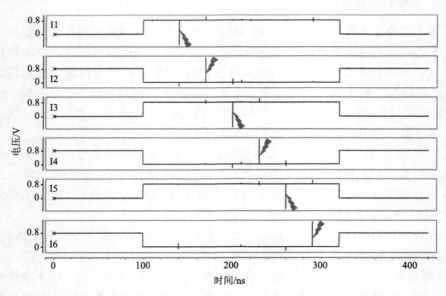

图 6.34 SESRS 单元存储值为 "1" 时的单节点翻转自恢复仿真结果

SESRS 单元在存储值为 "1" 时的节点翻转自恢复仿真结果如图 6.35 所示。节点对<I1, I2>、<I1, I3>、<I1, I4>、<I1, I5>、<I1, I6>、<I2, I3>、<I2, I4>、<I2, I5>、<I2, I6>、<I3, I4>、<I3, I5>、<I3, I6>、<I4, I5>、<I4, I6>与<I5, I6>，分别在不同时刻注入 DNU。总之，所有节点对均能从 DNU 中自恢复。

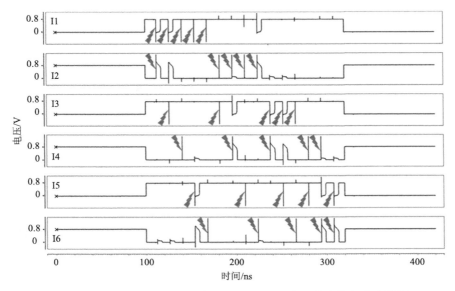

图 6.35　SESRS 单元在存储值为 "1" 时的节点翻转自恢复仿真结果

　　接下来介绍开销对比结果。本节使用相同的仿真实验条件，将提出的 SRS14T 和 SESRS 单元与现有的 6T 单元、NASA13T 单元[94]、RHD12T 单元[95]、NS10T 单元[106]、RSP14T 单元[107]与 RH12T 单元[99]等 SRAM 在开销的多个方面进行比较，诸如读时间 RAT、写时间 WAT、面积与功耗。同样地，RAT 是当字线电压上升值到 50% Vdd 为起始点，以其中一条位线的电压下降到 100mV 为终止点的时间间隔；WAT 是当字线电压上升值到 50% Vdd 为起始点，以其中一个存储节点电压值从电源电压开始下降，同时另一个存储节点电压值从零上升，当两者电压值相等时为终止点的时间间隔；面积以上一节介绍的同样方法进行计算。一般来说，晶体管数量越多，其面积开销越大；功耗是由两部分组成，即静态功耗以及动态功耗，访问管为关闭状态时的功耗属于静态功耗，访问管为打开状态时的功耗属于动态功耗。本节评估的是平均功耗开销，即两种功耗开销累加后的一半。

　　表 6.7 展示了提出的 SRS14T 单元和 SESRS 单元与其他 SRAM 单元的读和写操作的开销对比。从表中可知，相对于其他单元，SESRS 单元的读操作开销最小，这是由于 SESRS 单元具有 6 个并行的访问管。在读操作时，位线通过 6 个访问管同时进行放电，从而有效地降低了读延迟。对应地，NASA13T 单元具有最大的读延迟，这是由于该单元在结构设计时采用读访问管，从而导致其读延迟较大。

表 6.7   SRS14T 单元与 SESRS 单元与其他 SRAM 单元的 RAT 与 WAT 开销对比

SRAM	RAT/ps	WAT/ps
6T	25.88	3.65
NASA13T	128.67	16.39
RHD12T	25.72	5.06
NS10T	36.76	3.88
RSP14T	25.69	4.87
RH12T	37.72	3.85
SRS14T	15.57	4.06
SESRS	10.33	5.09

另外，6T 单元具有最小的写操作开销，这是因为 6T 单元含有的晶体管数量最少，因此该单元内部几乎不存在电流竞争，从而有效地降低了写延迟。对应地，NASA13T 单元具有最大的写操作开销，这是由于在写操作时，该单元内部电流竞争非常激励，从而导致写延迟较大。

表 6.8 展示了面积与功耗开销方面的仿真实验比较结果。其中，6T 单元具有最小的面积与功耗开销，这是由于该单元的结构简单，仅具有 6 个晶体管，从而内部存储节点电流竞争小，故 6T 单元的面积与功耗开销较小。对应地，由于 SESRS 单元在结构设计时使用了最多数量的晶体管，因此该单元的面积开销最大。NASA13T 单元具有最大的功耗开销，这是由于该单元使用额外的特殊的访问管以及内部存储节点的电流竞争较大，从而致使其功耗开销较大。

表 6.8   SRS14T 单元与 SESRS 单元与其他 SRAM 单元的面积与功耗开销对比

SRAM	面积/$\times 10^{-3}$nm^2	功耗/nW
6T	4.35	5.24
NASA13T	9.70	18.92
RHD12T	8.27	10.38
NS10T	7.30	7.51
RSP14T	10.65	7.48
RH12T	9.28	9.74
SRS14T	10.69	7.00
SESRS	16.04	10.46

与上一节类似地，对提出的 SRS14T 单元和 SESRS 单元与现有的加固 SRAM 单元进行开销降低率 PRC 的计算。经计算可知，与上述提及的经典 SRAM 单元相比，SRS14T 单元在 RAT 开销方面，分别改善了 87.90%、39.46%、57.64%、

39.39%与58.17%；在 WAT 开销方面，分别改善了 75.23%、19.76%、–4.64%、16.63%与–5.45%；在面积开销方面，分别改善了–10.21%、–29.26%、–46.44%、–0.38%与–15.19%；在功耗开销方面，分别改善了 63.00%、32.56%、6.79%、6.42%与28.13%。SRS14T 单元的读延迟、写延迟、面积以及功耗的平均 PRC 分别为 56.51%、20.31%、–20.30%与 27.38%。与上述提及的典型 SRAM 单元相比，SRS14T 单元在读延迟、写延迟与功耗方面的开销分别平均降低了 56.51%、20.31%与 27.38%。但是，在面积方面的开销平均增加了 20.30%。

　　此外，经计算可知，与上述提及的经典单元相比，SESRS 单元在 RAT 开销方面，分别改善了 91.97%、59.84%、71.90%、59.79%、72.61%与 33.65%；在 WAT 开销方面，分别改善了 68.94%、–0.54%、–31.19%、–4.52%、–32.21%与–25.37%；在面积开销方面，分别改善了–65.36%、–93.95%、–119.73%、–50.61%、–72.84%与–50.05%；在功耗开销方面，分别改善了 44.71%、–0.77%、–39.28%、–39.84%、–7.39%与–49.43%。提出的 SESRS 单元的读延迟、写延迟、面积与功耗的平均 PRC 分别为 64.96%、–4.15%、–75.42%与–15.33%。亦即，提出的 SESRS 单元与上述典型 SRAM 单元相比，该单元在读延迟方面的开销平均降低了 64.96%。但是，在 WAT、面积与功耗方面开销分别平均增加了 4.15%、75.42 与 15.33%。由于提出的 SESRS 单元的 WAT 与功耗开销在所有加固单元中不是最高，并且具有高可靠性与较小的 RAT 开销，因此其大面积开销是较合理的。注意到，为了降低开销，编者还提出了 S4P8N/S8P4N SRAM 单元[108]。但是，由于篇幅所限，在此不做详细介绍。

6.4　抗双节点翻转的 SRAM 存储单元设计

6.4.1　电路结构与工作原理

　　图 6.36 展示了 DNUCTM SRAM 单元的电路结构图[109]，该单元由 18 个晶体管组成，包括 PMOS 晶体管 P1～P6 与 NMOS 晶体管 N1～N12。上述晶体管中 N7～N12 是传输管，其栅极连接到 WL。BL 与 BLB 是位线，Q、QN 与 S0～S3 是内部存储节点，其负责存储数据。在保持模式下，WL 的值为"0"，N7～N12 为关闭状态。BL 与 BLB 的值为"1"，但与电路内部存储节点不存在通路，故该单元稳定地保持存储值。当 WL 值为"1"时，N7～N12 为打开状态，因此读或写操作被执行。

　　现分析 DNUCTM 单元的读数据操作和写数据操作的原理。在此通过图 6.36 与图 6.37 分析该单元存储值为逻辑"1"的情形，即 Q 的值为"1"，QN 的值为"0"，S0 的值为"1"，S1 的值为"0"，S2 的值为"1"，S3 的值为"0"，

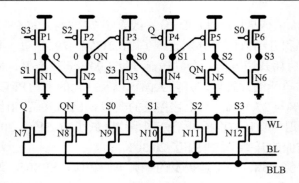

图 6.36　提出的 DNUCTM SRAM

这 6 个节点保持了存储值。在正常读操作之前，BL 与 BLB 的值预充为 "1"。在读操作中，当 WL 预充到 "1" 时，N7～N12 打开。然而，由于 BLB 通过 N2、N4 与 N6 向 GND 放电，其电压逐渐下降。N1、N3 与 N5 关闭，P1、P3 与 P5 打开，因此 BL 的电压也没有发生改变。灵敏放大器检测并放大 BL 与 BLB 的电压差，完成读 "1" 操作。读 "0" 操作与读 "1" 操作原理类似。

如图 6.37 所示，在正常写操作之前，BL 将放电到 "0"，BLB 预充到 "1"。当 WL 被预充到 "1" 时，N7～N12 立即打开，此时该单元写入数据 "0" 的操作被执行。Q 通过 N7 向 BL 放电，当 Q 的电压下降到能打开 P4 的电压时，Vdd 与 BLB 对 S1 进行充电，直到 S1 值为 "1" 与 Q 的值为 "0" 为止；S0 通过 N9 向 BL 放电，当 S0 的电压下降到能打开 P6 的电压时，Vdd 与 BLB 对 S3 进行充电，直到 S3 值为 "1" 与 S0 的值为 "0" 为止；S2 通过 N11 向 BL 放电，当 S2 的电

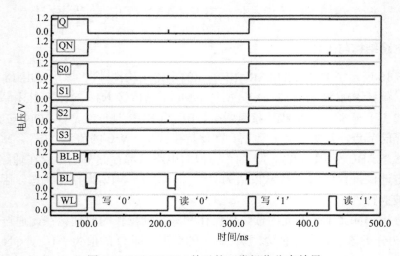

图 6.37　DNUCTM 单元的正常操作仿真结果

压下降到能打开 P2 的电压时，Vdd 与 BLB 对 QN 进行充电，直到 QN 值为"1"与 S2 的值为"0"为止。该单元存储的逻辑值被正确改变为"0"，完成写入"0"的操作。写"1"操作与写"0"操作原理类似。

下面介绍其容错原理。首先介绍 SNU 容错原理。以图 6.51 所示状态为例，即 Q 的值为"1"，QN 的值为"0"，S0 的值为"1"，S1 的值为"0"，S2 的值为"1"，S3 的值为"0"，本小节讨论 DNUCTM 单元的节点翻转自恢复原理。该单元的电路结构具有对称性，即 Q 与 QN 对称；S0 与 S1 对称；S2 与 S3 对称。对具有代表性的节点 Q 与 QN 发生翻转进行分析，其他节点分别与 Q 和 QN 的自恢复原理类似。

节点 Q 发生翻转的情况：当 Q 发生翻转时，Q 由原值"1"暂时变为"0"，因此 N2 关闭，QN 不会受到影响（QN = 0）；P3 导通，S0 也不会受到影响（S0 = 1）；N4 导通，S1 输出"0"（强 0）。同时，Q 由原值"1"暂时变为"0"会导致 P4 暂时导通，S1 输出"1"（弱 1）。但是，S1 的强"0"能够中和弱"1"，因此 S1 仍然正确（S1 = 0）。此时，P5 导通，S2 也不会受到影响（S2 = 1）；N6 导通，S3 也不会受到影响（S3 = 0），因此 P1 导通，从而 Q 自恢复。

节点 QN 发生翻转的情况：当 QN 发生翻转时，QN 由原值"0"暂时变为"1"，因此 P3 关闭，S0 不会受到影响（S0 = 1）；N4 导通，S1 也不会受到影响（S1 = 0）；P5 导通，S2 输出"1"（强 1）。同时，QN 由原值"0"暂时变为"1"会导致 N5 暂时导通，S2 输出"0"（弱 0）。但是，S2 的强"1"能够中和弱"0"，因此 S2 仍然正确（S2 = 1）。此时，N6 导通，S3 也不会受到影响（S3 = 0）；P1 导通，Q 也不会受到影响（Q = 1），因此 N2 导通，从而 QN 自恢复。类似地，针对其他节点我们均能得到类似的容错机制。经分析可知，当 DNUCTM 单元存储"0"时，其也能够自恢复。亦即，该单元均能从 SEU 中在线自恢复。

下面介绍 DNU 容错原理。首先介绍相邻节点对翻转自恢复原理。DNUCTM 单元的相邻节点对（不需要进行版图隔离的节点对）是<Q, QN>、<QN, S0>、<S0, S1>、<S1, S2>、<S2, S3>与<Q, S3>，其中代表节点对是<Q, QN>与<QN, S0>，并对节点对<Q, QN>与<QN, S0>发生翻转进行分析。

节点 Q 与 QN 同时发生翻转的情况：当 DNUCTM 单元的存储值为"1"时，Q 与 QN 同时发生翻转，QN 由原值"0"暂时变为"1"，因此 P3 关闭，S0 不会受到影响（S0 = 1）；N4 导通，S1 输出"0"（强 0）。同时，Q 由原值"1"暂时变为"0"会导致 P4 暂时导通，S1 输出"1"（弱 1）。但是，S1 的强"0"能够中和弱"1"，因此 S1 仍然正确（S1 = 0）。此时，P5 导通，S2 输出"1"（强 1）。同时，QN 由原值"0"暂时变为"1"会导致 N5 暂时导通，S2 输出"0"（弱 0）。但是，S2 的强"1"能够中和弱"0"，因此 S2 仍然正确（S2 = 1）。此时，N6 导通，S3 也不会受到影响（S3 = 0）；P1 导通，Q 自恢复，因此 N2 导通，从而 QN

自恢复。此外，当 DNUCTM 单元的存储值为"0"时，节点对<Q，QN>也能从 DNU 中自恢复。

　　节点 QN 与 S0 同时发生翻转的情况：当 DNUCTM 单元的存储值为"1"时，QN 与 S0 同时发生翻转，S0 由原值"1"暂时变为"0"，因此 N4 关闭，S1 不会受到影响(S1 = 0)；P5 导通，S2 输出"1"(强 1)。同时，QN 由原值"0"暂时变为"1"会导致 N5 暂时导通，S2 输出"0"(弱 0)。但是，S2 的强"1"能够中和弱"0"，因此 S2 仍然正确(S2 = 1)。N6 导通，S3 输出"0"(强 0)。同时，S0 由原值"1"暂时变为"0"会导致 P6 暂时导通，S3 输出"1"(弱 1)。但是，S3 的强"0"能够中和弱"1"，因此 S3 仍然正确(S3 = 0)。此时，P1 导通，Q 也不会受到影响(Q = 1)；N2 导通，QN 自恢复，因此 P3 导通，从而 S0 自恢复。此外，当 DNUCTM 单元的存储值为"0"时，节点对<QN，S0>也能从 DNU 中自恢复。

　　接下来介绍相隔节点对翻转容忍原理。DNUCTM 单元的相隔节点对(需要进行版图隔离的节点对)是<Q，S0>、<Q，S1>、<Q，S2>、<QN，S1>、<QN，S2>、<QN，S3>、<S0，S2>、<S0，S3>与<S1，S3>，其中代表节点对是<Q，S0>，并对节点对<Q，S0>翻转进行分析。

　　节点 Q 与 S0 同时发生翻转的情况(存 1)：当 Q 与 S0 同时发生翻转，Q 由原值"1"暂时变为"0"，因此 N2 关闭，QN 不会受到影响(QN = 0)；P3 导通，S0 输出"1"(强 1)。同时，S0 由原值"1"暂时变为"0"。但是，S0 的强"1"能够中和弱"0"，因此 S0 自恢复。N4 导通，S1 输出"0"(强 0)。同时，Q 由原值"1"暂时变为"0"会导致 P4 暂时导通，S1 输出"1"(弱 1)。但是，S1 的强"0"能够中和弱"1"，因此 S1 仍然正确(S1 = 0)。P5 导通，S2 也不会受到影响。N6 导通，S3 输出"0"(强 0)。同时，S0 由原值"1"暂时变为"0"会导致 P6 导通，S3 输出"1"(弱 1)。但是，S3 的强"0"能够中和弱"1"，因此 S3 仍然正确(S3 = 0)。此时，P1 导通，Q 自恢复。

　　当 DNUCTM 单元存储"1"时，类似地，针对其他相隔节点对我们均能得到类似的容错机制，即这些节点对全部能够从 DNU 中自恢复。总之，上述所有情况发生的 SEU 与 DNU 全部能够自恢复(当存储 1 时)。当存储"0"时，上述所有 SEU 与相邻节点对翻转能够自恢复，而相隔节点对发生 DNU 时，不能够自恢复(如<Q，S0>)。在 DNUCTM 单元存储"0"的情况下，对节点对<Q，S0>进行讨论。

　　节点 Q 与 S0 同时发生翻转的情况(存 0)：Q 与 S0 由原值"1"暂时变为"0"，P4 与 P6 暂时导通，N2 与 N4 暂时关闭。此时 S1 的值变为非法值"1"，N1 导通；S3 的值变为非法值"1"，N3 导通。P1 一直关闭，此时单元电路失效。虽然 Q 与 S0 同时发生翻转时不能够自恢复，但是使用了版图级加固技术，Q 与

S0 同时发生翻转的概率极低。综上所述，我们能得到如下结论：(1)针对 SEU 与相邻节点对翻转，无论是存储"1"还是存储"0"时，该单元均能自恢复；(2)针对相隔节点对翻转，当存储"1"时，所有相隔节点对均能自恢复；当存储"0"时，对于不能从 DNU 中自恢复的相隔节点对，由于使用了版图级加固技术，从而加固了单元，该单元发生该 DNU 的概率极低。

版图级加固技术是通过电路的版图来增加敏感节点间的距离，从而降低敏感节点间发生电荷共享效应的概率，使得 SRAM 单元发生 DNU 的概率较低。图 6.38 展示了 DNUCTM 单元的版图，该版图对相隔节点对进行了隔离，增加了这些节点对之间的距离。由此可见，该版图设计降低了 DNUCTM 单元的相隔节点对发生 DNU 的概率，从而极大地提升了该单元的抗 DNU 能力。

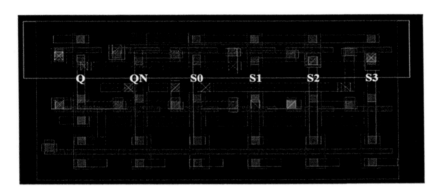

图 6.38　DNUCTM SRAM 的版图

图 6.39 展示了 DNUSRM SRAM 单元的电路结构图，该单元由 24 个晶体管组成，包括 PMOS 晶体管 P1～P8 与 NMOS 晶体管 N1～N16。上述晶体管中 N9～N16 是传输管，其栅极连接到 WL。节点 Q、QN 与 S0～S5 是内部存储节点，并且数据将从存储节点中进行读出与写入。在保持模式下，WL 的值为"0"，N9～N16 为关闭状态。BL 与 BLB 的值为"1"，但与电路内部存储节点不存在通路，

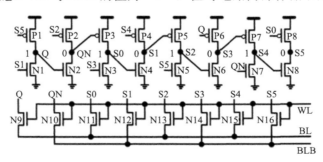

图 6.39　DNUSRM SRAM 单元的电路结构图

故该单元稳定地保持存储值。当 WL 值为"1"时，8 个传输管为打开状态，因此读或写操作被执行。注意到，DNUSRM 单元在 DNUCTM 单元的基础上加了两个输入分离反相器与两个传输管，并且线路的连接方式是一致的。由此可知，DNUSRM 单元与 DNUCTM 单元的读操作原理相同。

如图 6.40 所示，在正常写操作之前，BL 将放电到"0"，BLB 预充到"1"。当 WL 被预充到"1"时，N7～N12 立即打开，此时该单元写入数据"0"的操作被执行。Q 通过 N9 向 BL 放电，当 Q 的电压下降到能打开 P6 的电压时，Vdd 与 BLB 对 S3 进行充电，直到 S3 值为"1"与 Q 的值为"0"为止；S0 通过 N11 向 BL 放电，当 S0 的电压下降到能打开 P8 的电压时，Vdd 与 BLB 对 S5 进行充电，直到 S5 值为"1"与 S0 的值为"0"为止；S2 通过 N13 向 BL 放电，当 S2 的电压下降到能打开 P2 的电压时，Vdd 与 BLB 对 QN 进行充电，直到 QN 值为"1"与 S2 的值为"0"为止；S4 通过 N15 向 BL 放电，当 S4 的电压下降到能打开 P4 的电压时，Vdd 与 BLB 对 S1 进行充电，直到 S1 值为"1"与 S4 的值为"0"为止。该单元存储的逻辑值被正确改变为"0"，完成写入"0"的操作。写"1"操作与写"0"操作原理类似。

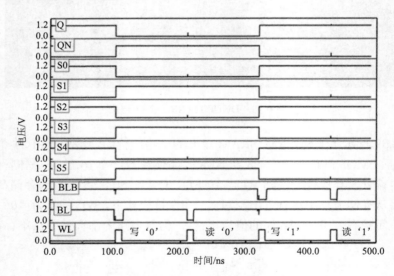

图 6.40　DNUSRM SRAM 的正常操作仿真结果

接下来讨论 DNUSRM 单元的容错原理。首先讨论其 SNU 容错原理。以图 6.39 所示状态为例，本小节讨论 DNUSRM 单元的节点翻转自恢复原理。该单元的电路结构具有对称性，因此对具有代表性的节点 Q 与 QN 发生翻转进行分析。

节点 Q 发生翻转的情况：Q 由原值"1"暂时变为"0"，因此 N2 关闭，QN 不会受到影响(QN = 0)；P3 导通，S0 也不会受到影响(S0 = 1)；N4 导通，S1 也不会受到影响(S1 = 0)；P5 导通，S2 也不会受到影响(S2 = 1)；N6 导通，S3 输出强"0"。同时，Q 由原值"1"暂时变为"0"会导致 P6 暂时导通，S3 输出弱"1"。但是，S3 的强"0"能够中和弱"1"，因此 S3 仍然正确(S3 = 0)。此时，P7 导通，S4 也不会受到影响(S4 = 1)；N8 导通，S5 也不会受到影响(S5 = 0)，因此 P1 导通，从而 Q 自恢复。

节点 QN 发生翻转的情况：当 QN 发生翻转，QN 由原值"0"暂时变为"1"，因此 P3 关闭，S0 不会受到影响(S0 = 1)；N4 导通，S1 也不会受到影响(S1 = 0)；P5 导通，S2 不会受到影响(S2 = 1)；N6 导通，S3 不会受到影响(S3 = 0)；P7 导通，S4 输出"1"(强 1)。同时，QN 由原值"0"暂时变为"1"会导致 N7 暂时导通，S4 输出"0"(弱 0)。但是，S4 的强"1"能够中和弱"0"，因此 S4 仍然正确(S4 = 1)。此时，N8 导通，S5 也不会受到影响(S5 = 0)；P1 导通，Q 也不会受到影响(Q = 1)，因此 N2 导通，从而 QN 自恢复。类似地，针对其他节点均能得到类似的容错机制。经分析可知，当 DNUSRM 单元存储"0"时，其也能够自恢复。亦即，该单元均能从 SEU 中在线自恢复。

接下来讨论 DNU 容错原理。DNUSRM 单元的节点对共有 28 对，其在保持模式下，本小节分析具有代表性的节点对<Q, S0>与<Q, QN>发生 DNU 的情况。

节点 Q 与 S0 同时发生翻转的情况(存 1)：当 Q 与 S0 同时发生翻转时，S0 由原值"1"暂时变为"0"会导致 N4 关闭。由于 S4 不会立即受到影响(S4 = 1)，P4 关闭。S1 保持原值(S1 = 0)，P5 导通。由于 S5 没有立即受到影响(S5 = 0)，N5 关闭。已述 P5 导通，因此 S2 保持原值(S2 = 1)。此时，N6 导通，S3 输出"0"(强 0)。同时，Q 由原值"1"暂时变为"0"会导致 P6 暂时导通，S3 输出"1"(弱 1)。但是，S3 的强"0"能够中和弱"1"，因此 S3 仍然正确(S3 = 0)。此时，P7 导通，上述 S2 = 1，因此，P2 关闭。同时 Q 由原值"1"暂时变为"0"会导致 N2 暂时关闭，QN 保持原值(QN = 0)。因此，N7 关闭，上述 P7 导通，S4 保持原值(S4 = 1)。此时，N8 导通，S5 输出"0"(强 0)。同时，S0 由原值"1"暂时变为"0"会导致 P8 暂时导通，S5 输出"1"(弱 1)。但是，S5 的强"0"能够中和弱"1"，因此 S5 仍然正确(S5 = 0)。因此，P1 导通，Q 输出"1"(强 1)。但是，Q 的强"1"能够中和弱"0"，因此 Q 自恢复。上述 QN = 0，P3 导通，S0 输出"1"(强 1)。但是，S0 的强"1"能够中和弱"0"，因此 S0 自恢复。

节点 Q 与 S0 同时发生翻转的情况(存 0)：当 Q 与 S0 同时发生翻转时，S0 由原值"0"暂时变为"1"，因此 N4 导通，S1 输出"0"(弱 0)。由于 S4 不会立即受到影响(S4 = 0)，P4 导通，S1 输出"1"(强 1)。但是，S1 的强"1"能够中和弱"0"，因此 S1 仍然正确(S1 = 1)。此时，N1 导通，Q 输出"0"(强 0)。但是，Q 的强"0"能够中和弱"1"，因此 Q 自恢复。上述 S1 = 1，因此 P5 关闭。由于 S5 没有受到影响(S5 = 1)，N5 导通，S2 保持原值(S2 = 0)。因此 P2 导通，QN 输出 "1"（强 1）。同时，Q 由原值 "0" 暂时变为 "1" 会导致 N2 暂时导通，QN 输出 "0"（弱 0）。但是，QN 的强 "1" 能够中和弱 "0"，因此 QN 仍然正确（QN = 1），P3 关闭。上述 Q 自恢复到原值（Q = 0），P6 导通。上述 S2 = 0，N6 关闭。因此，S3 也没有受到影响（S3 = 1），N3 导通，S0 输出 "0"（强 0）。但是，S0 的强 "1" 能够中和弱 "0"，因此 S0 自恢复。上述 S3 = 1，上述 QN = 1，P7 关闭，N7 导通，S4 保持原值（S4 = 0）。因此 N8 关闭，上述 S0 自恢复，P8 导通，S5 保持原值（S5 = 1）。

节点 Q 与 QN 同时发生翻转的情况（存 1）：当 Q 与 QN 同时发生翻转时，Q 由原值 "1" 暂时变为 "0"，并且 QN 由原值 "0" 暂时变为 "1"。由于 S2 没有受到影响（S2 = 1），N6 导通，S3 输出 "0"（强 0）。同时，Q 由原值 "1" 暂时变为 "0" 会导致 P6 暂时导通，S3 输出 "1"（弱 1）。但是，S3 的强 "0" 能够中和弱 "1"，因此 S3 仍然正确（S3 = 0）。因此，P7 导通，S4 输出 "1"（强 1）。同时，QN 由原值 "0" 暂时变为 "1" 会导致 N7 暂时导通，S4 输出 "0"（弱 0）。但是，S4 的强 "1" 能够中和弱 "0"，因此 S4 仍然正确（S4 = 1）。上述 S3 = 0，因此 N3 关闭，S0 不会受到影响（S0 = 1）。P8 关闭，上述 S4 = 1，N8 导通，因此 S5 保持原值（S5 = 0）。因此，P1 导通，Q 输出 "1"（强 1）。但是，Q 的强 "1" 能够中和弱 "0"，Q 自恢复。此时，N2 导通，因此，QN 输出 "0"（强 0）。但是，QN 的强 "0" 能够中和弱 "1"，QN 自恢复。P3 导通，上述 N3 关闭，因此，S0 保持原值（S0 = 1），N4 导通。上述 S4 = 1，P4 关闭，S1 保持原值（S1 = 0）。

节点 Q 与 QN 同时发生翻转的情况（存 0）：当 Q 与 QN 同时发生翻转时，Q 由原值 "0" 暂时变为 "1"，并且 QN 由原值 "1" 暂时变为 "0"。由于 S3 没有受到影响（S3 = 1），N3 导通，S0 输出 "0"（强 0）。同时，QN 由原值 "1" 暂时变为 "0" 会导致 P3 暂时导通，S0 输出 "1"（弱 1）。但是，S0 的强 "0" 能够中和弱 "1"，因此 S0 仍然正确（S0 = 0）。因此，N4 关闭，S1 没有受到影响（S1 = 1）。因此，N1 导通，Q 输出 "0"（强 0）。但是，Q 的强 "0" 能够中和弱 "1"，Q 自恢复。S5 没有受到影响（S5 = 1），N5 导通。上述 S1 = 1，P5 关闭，S2 保持原值（S2 = 0）。因此，P2 导通，QN 输出 "1"（强 1）。但是，QN 的强 "1" 够中和弱 "0"，QN 自恢复。类似地，针对其他节点对我们均能得到类似的容错机制。亦即，该单元均能从 DNU 中在线自恢复。

6.4.2　实验验证与对比分析

本小节讨论提出的 DNUCTM 单元的 SEU 与 DNU 容忍性验证和开销对比分析。为了仿真故障注入，采用双指数电流源来近似仿真半导体器件中辐射效应导致的节点翻转。此外，采用 Cadence Spectre 工具，以及 65 nm CMOS 工艺库。在正常室温下，电源电压 Vdd = 1.2 V，对 DNUCTM 单元进行仿真。

如图 6.41 展示了 DNUCTM 单元的内部节点 Q、QN、S0～S3 发生 SEU 的仿真结果。当存储"1"（Q = 1）时，分别在 40 ns、360 ns、60 ns、380 ns、80 ns 与 400 ns 处注入 SEU。当存储"0"（Q = 0）时，分别在 140 ns、240 ns、160 ns、260 ns、180 ns 与 280 ns 处注入 SEU。由理论分析与图 6.41 展示可知,提出的 DNUCTM 单元能够从全部 SEU 中自恢复。

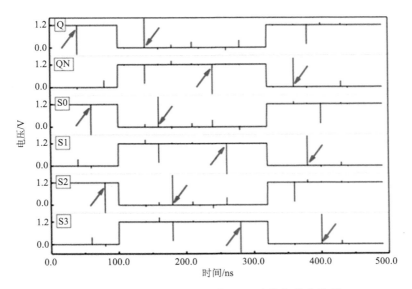

图 6.41　DNUCTM SRAM 的 SNU 自恢复仿真结果

图 6.42 展示了 DNUCTM 单元的相邻节点对<Q，QN>、<QN，S0>、<S0，S1>、<S1，S2>与<S2，S3>发生 DNU 的仿真结果。当存储"1"（Q = 1）时，在 40 ns、60 ns、80 ns、380 ns 与 400 ns 分别注入 DNU。当存储"0"（Q = 0）时，在 140 ns、160 ns、180 ns、240 ns 与 280 ns 分别注入 DNU。提出的 DNUCTM 单元的相邻节点对均能从 DNU 中自恢复。

图 6.43 展示了 DNUCTM 单元的相隔节点对<Q，S0>、<Q，S1>、<Q，S2>与<QN，S1>发生 DNU 的仿真结果。当存储"1"（Q = 1）时，在 40 ns、60 ns、80 ns 与 380 ns 处分别向<Q，S0>、<Q，S1>、<Q，S2>与<QN，S1>注入 DNU。当存储"1"时，提出的 DNUCTM 单元的相隔节点对均能从 DNU 中自恢复；当存储"0"（Q = 0）时，对于不能从 DNU 中自恢复的相隔节点对（如<Q，S0>），由于使用了版图级加固技术，从而相隔节点对发生该 DNU 的概率极低。DNUCTM 单元的存储为"0"，针对相隔节点对，由于这些节点对发生 DNU 的概率很低，并未进行故障注入。

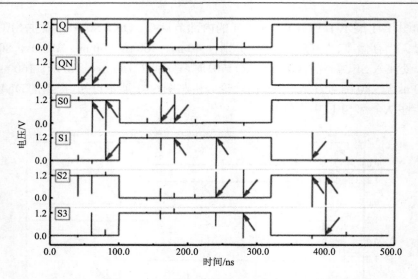

图 6.42　DNUCTM SRAM 的相邻节点对发生 DNU 的仿真结果

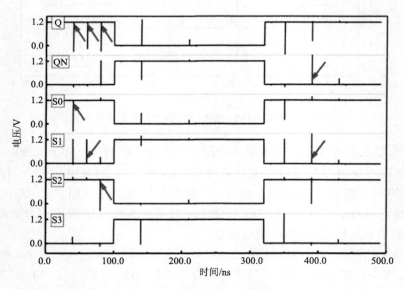

图 6.43　DNUCTM SRAM 的相隔节点对发生 DNU 的仿真结果

图 6.44 展示了 DNUSRM 单元的节点 Q、QN 与 S0～S5 发生 SEU 的仿真结果。当存储"1"（Q=1）时，分别在 20 ns、360 ns、40 ns、380 ns、60 ns、400 ns、80 ns 与 420 ns 处注入 SEU。当存储"0"（Q=0）时，分别在 140 ns、230 ns、160 ns、250 ns、180 ns、270 ns、200 ns 与 290 ns 处注入 SEU。提出的 DNUSRM 单元的单节点均能从 SEU 中自恢复。

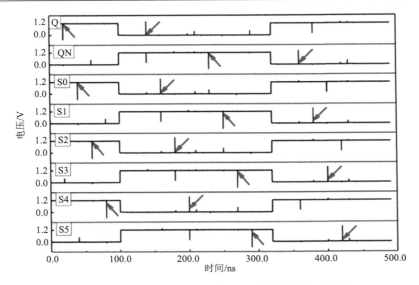

图 6.44　DNUSRM SRAM 的 SNU 自恢复性仿真结果

图 6.45(a)展示了 DNUSRM 单元的节点对<Q，QN>、<S0，S1>、<S2，S3>、<S4，S5>、<QN，S0>、<S1，S2>、<S3，S4>与<Q，S5>发生 DNU 的仿真结果。当存储"1"（Q = 1）时，在 20 ns、40 ns、60 ns、80 ns、340 ns、360 ns、380 ns 与 400 ns 分别注入 DNU。当存储"0"（Q = 0）时，分别在 120 ns、140 ns、160 ns、180 ns、240 ns、260 ns、280 ns 与 300 ns 处注入 DNU。图 6.45(b)展示了 DNUSRM 单元的节点对<Q，S1>、<Q，S0>、<S0，S2>、<S2，S4>、<QN，S1>、<S1，S3>、<S3，S5>与<Q，S3>发生 DNU 的仿真结果。当存储"1"（Q = 1）时，在 20 ns、40 ns、60 ns、80 ns、380 ns、400 ns、420 ns 与 360 ns 分别注入 DNU。当存储"0"（Q = 0）时，分别在 120 ns、140 ns、160 ns、180 ns、260 ns、280 ns、300 ns 与 240 ns 处注入 DNU。综上可知，DNUSRM 单元能从 DNU 中自恢复。

接下来介绍开销对比分析结果。在 RAT、WAT、面积与功耗开销方面，本小节将 DNUCTM 与 DNUSRM 单元和 6T 单元、DICE 单元、Quatro-10T 单元、11T 单元、RHD11 单元以及 RHD13 单元进行对比评估。

RAT 是从字线打开(50%Vdd)到两条位线的电压差值为 50mV 的时间间隔，WAT 是从字线打开(50%Vdd)到逻辑值相反的两个存储节点相交时的时间间隔。如图 6.46(a)所示，DNUCTM 单元的 RAT 开销是 26.07 ps。由于 DNUCTM 单元使用了 6 个传输管同时进行读数据，位线放电速度变快，从而其在所有单元中 RAT 开销最小。RHD11 单元的 RAT 开销是 65.86 ps，其在所有单元中 RAT 开销最大。

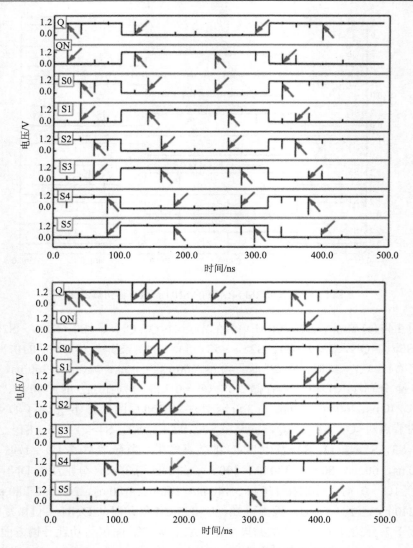

图 6.45 DNUSRM SRAM 的 DNU 自恢复性仿真结果

DICE 单元与 DNUCTM 单元均是由输入分离反相器组成，在图 6.46(b) 中 DICE 单元的 WAT 开销比 DNUCTM 单元较低一些。由于 DNUCTM 单元的存储模块有 12 个晶体管与 6 个内部节点，当通过传输管给内部节点放电或充电时，其耗时慢一些。然而，DICE 单元的存储模块有 8 个晶体管，4 个内部节点与 4 个传输管，使得 DICE 单元比 DNUCTM 单元较快地完成写操作。在所有单元中 DNUCTM 与 DNUSRM 单元的 WAT 开销相对较小，然而，RHD13 单元的 WAT 开销最大。

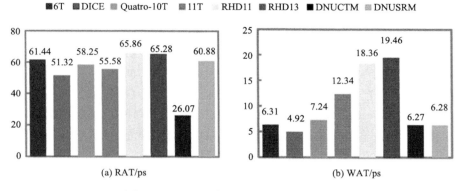

图 6.46　SRAM 单元的延迟开销对比结果

如图 6.47(a) 所示，DNUSRM 单元在所有单元中面积最大，其具有的晶体管数量最多。DNUCTM 单元用多个反馈环来存储数据，如图 6.47(b) 所示，其平均功耗开销比 6T 单元、DICE 单元、Quatro-10T 单元、11T 单元与 RHD11 单元的功耗开销较大。然而，RHD13 单元在所有单元中功耗开销最大。与 RHD13 单元相比，DNUCTM 与 DNUSRM 单元的功耗开销分别降低了 27.19% 与 18.04%。

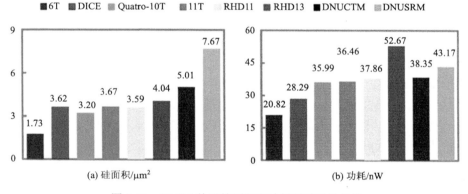

图 6.47　SRAM 单元的面积和功耗开销对比结果

类似地，同样计算了 DNUCTM 单元与 DICE 单元、Quatro-10T 单元、11T 单元、RHD11 单元[110] 及 RHD13 单元[110] 相比的开销降低率 PRC。根据图 6.46 与图 6.47 展示的上述 SRAM 单元的 RAT、WAT、面积与功耗开销，DNUCTM 单元与上述其他 SRAM 单元相比，在 RAT 开销方面，分别改善了 49.20%、55.24%、53.09%、60.42% 与 60.06%；在 WAT 开销方面，分别改善了–27.44%、13.40%、49.19%、65.85% 与 67.78%；在面积开销方面，分别改善了–38.40%、–56.56%、–36.51%、–39.55% 与–24.01%；在功耗开销方面，分别改善了–35.56%、–6.56%、

–5.18%、–1.29%与 27.19%。DNUCTM 单元的 RAT、WAT、面积与功耗的平均 PRC 分别是 55.60%、33.76%、–39.01%与–4.28%。亦即，与上述其他加固 SRAM 单元相比，DNUCTM 单元分别以平均牺牲 39.01%与 4.28%的面积与功耗为代价，在 RAT 与 WAT 开销方面分别平均减少了 55.60%与 33.76%。

　　类似地，同样计算了 DNUSRM 单元与 DICE 单元、Quatro-10T 单元、11T 单元、RHD11 单元、RHD13 单元及 DNUCTM 单元相比的 PRC。DNUSRM 单元与上述其他 SRAM 单元相比，在 RAT 开销方面，分别改善了–18.63%、–4.52%、–9.54%、7.56%、6.74%与–133.53%；在 WAT 开销方面，分别改善了–27.64%、13.26%、49.11%、65.80%、67.73%与–0.16%；在面积开销方面，分别改善了–111.88%、–139.69%、–108.99%、–113.65%、–89.85%与 53.09%；在功耗开销方面，分别改善了–52.60%、–19.95%、–18.40%、–14.03%、18.04%与–12.57%。DNUSRM 单元的 RAT、WAT、面积与功耗的平均 PRC 分别是–66.31%、0.16%、–198.22%与–59.96%。由于 DNUSRM 单元在所有单元中的 RAT 与功耗开销不是最大，WAT 开销平均减少了 0.16%，并且其可靠性也得到了保证，因此其大面积开销是合理的。

6.5　本章小结

　　本章首先介绍了未加固的 6T/8T SRAM 单元，然后介绍了抗 SNU/DNU 两种类型的 SRAM 单元。在此基础上，介绍了提出的新颖的抗 SNU/DNU 的 SRAM 单元。提出的部分抗 SNU 的 SRAM 单元能够容忍部分 DNU，而提出的不能容忍 DNU 的 SRAM 则具有较低的开销。最后提出了抗 DNU 的 SRAM 单元，并结合了版图隔离技术。以上提出的数款 SRAM 单元各有特色，能够按需应用到抗辐射 SRAM 阵列的设计中。

参 考 文 献

[1] 闫爱斌. 纳米集成电路软错误评估方法研究[D]. 合肥: 合肥工业大学, 2015.

[2] May T C, Woods M H. Alpha-particle-induced soft errors in dynamic memories[J]. IEEE Transactions on Electron Devices, 1979, 26(1): 2-9.

[3] Ziegler J F, Lanford W A. Effect of cosmic rays on computer memories[J]. Science, 1979, 206(16): 776-788.

[4] Mukherjee M. Architecture Design for Soft Errors[M]. London: Elsevier, 2008.

[5] Baumann R, Hossain T, Smith E, et al. Boron as a primary source of radiation in high density DRAMs[C]. 1995 Symposium on VLSI Technology. IEEE, Kyoto, 1995: 81-82.

[6] Ziegler J F, Puchner H. SER—History, Trends and Challenges: A Guide for Designing with Memory ICs [M]. Cypress Semiconductor Corporation, 2004.

[7] Baumann R C. Radiation-induced soft errors in advanced semiconductor technologies[J]. IEEE Transactions on Device and Materials Reliability, 2005, 5(3): 305-316.

[8] 冯彦君, 华更新, 刘淑芬. 航天电子抗辐射研究综述[J]. 宇航学报, 2007, 5(5): 1071-1080.

[9] Mullen E G, Ginet G, Gussenhoven M S, et al. SEE relative probability maps for space operations[J]. IEEE Transaction on Nuclear Science, 1998, 45(6): 2954-2963.

[10] Ziegler J F. Terrestrial cosmic rays[J]. IBM Journal of Research and Development, 1996, 40(1): 19-39.

[11] Schwank J R, Shaneyfelt M R, Dodd P E. Radiation hardness assurance testing of microelectronic devices and integrated circuits: Radiation environments, physical mechanisms, and foundations for hardness assurance[J]. IEEE Transactions on Nuclear Science, 2013, 60(3): 2074-2100.

[12] Mavis D G, Eaton P H. SEU and SET modeling and mitigation in deep submicron technologies[C]. IEEE 45th Annual International Reliability Physics Symposium, 2007.

[13] Liang H, Xu X, Huang Z, et al. A methodology for characterization of SET propagation in SRAM-based FPGAs[J]. IEEE Transactions on Nuclear Science, 2016, 63(6): 2985-2992.

[14] Reviriego P, Maestro J A, Cervantes C. Reliability analysis of memories suffering multiple bit upsets[J]. IEEE Transactions on Device and Materials Reliability, 2007, 7(4): 592-601.

[15] Herkersdorf A, Aliee H, Engel M, et al. Resilience Articulation Point(RAP): Cross-layer dependability modeling for nanometer system-on-chip resilience[J]. Microelectronics Reliability, 2014, 54(1): 1066-1074.

[16] 闵应骅. 容错计算二十五年[J]. 计算机学报, 1995, 18(12): 930-943.

[17] Baumann R. Soft errors in advanced computer systems[J]. IEEE Transactions on Design and

Test of Computers, 2005, 22(3): 258-266.

[18] 黄正峰, 陈凡, 蒋翠云, 等. 基于时序优先的电路容错混合加固方案[J]. 电子与信息学报, 2014, 36(1): 234-240.

[19] Slayman C. JEDEC standards on measurement and reporting of alpha particle and terrestrial cosmic ray induced soft errors[M]. Boston: Springer, 2011: 55-76.

[20] Schwank J R, Shaneyfelt M R, Dodd P E. Radiation hardness assurance testing of microelectronic devices and integrated circuits: test guideline for proton and heavy ion single-event effects[J]. IEEE Transactions on Nuclear Science, 2013, 60(3): 2101-2118.

[21] Chen L, Ebrahimi M, Tahoori M B. CEP: correlated error propagation for hierarchical soft error analysis[J]. Journal of Electronic Testing, 2013, 29(1): 143-158.

[22] Dodd P E, Shaneyfelt M R, Felix J A, et al. Production and propagation of single-event transients in high-speed digital logic ICs[J]. IEEE Transactions on Nuclear Science, 2004, 51(6): 3278-3284.

[23] Holcomb D, Li W, Seshia S A. Design as you see FIT: System-level soft error analysis of sequential circuits[C]. Proceedings of the Conference on Design, Automation and Test in Europe. IEEE, Nice, 2009: 785-790.

[24] Mahatme N N, Chatterjee I, Bhuva B L, et al. Analysis of soft error rates in combinational and sequential logic and implications of hardening for advanced technologies[C]. IEEE International Reliability Physics Symposium (IRPS), Anaheim, CA 2010: 1031-1035.

[25] Black J D, Dodd P E, Warren K M. Physics of multiple-node charge collection and impacts on single-event characterization and soft error rate prediction[J]. IEEE Transactions on Nuclear Science, 2013, 60(3): 1836-1851.

[26] Gomez Toro D, Arzel M, Seguin F, et al. Soft error detection and correction technique for radiation hardening based on C-element and BICS[J]. IEEE Transactions on Circuits and Systems II Express Briefs, 2014, 61(12): 952-956.

[27] Wey I C, Wu B C, Peng C C, et al. Robust C-element design for soft-error mitigation[J]. IEICE Electronics Express, 2015, 12: 1-6.

[28] NS A K P, Baghini M S. Robust soft error tolerant CMOS latch configurations[J]. IEEE Transactions on Computers, 2015, 65(9): 2820-2834.

[29] Calin T, Nicolaidis M, Velazco R. Upset hardened memory design for submicron CMOS technology[J]. IEEE Transactions on Nuclear Science, 1996, 43(6): 2874-2878.

[30] Yan A, Hu Y, Cui J, et al. Information assurance through redundant design: A novel TNU error-resilient latch for harsh radiation environment[J]. IEEE Transactions on Computers, 2020, 69(6): 789-799.

[31] Nan H, Choi K. High performance, low cost, and robust soft error tolerant latch designs for nanoscale CMOS technology[J]. IEEE Transactions on Circuits and Systems I: Regular Papers, 2012, 59(7): 1445-1457.

[32] Yan A, Fan Z, Ding L, et al. Cost-effective and highly reliable circuit components design for

safety-critical applications[J]. IEEE Transactions on Aerospace and Electronic Systems, 2021: 1-1.

[33] Alidash H K, Oklobdzija V G. Low-power soft error hardened latch[J]. Journal of Low Power Electronics, 2010, 6(1): 218-226.

[34] Rajaei R, Tabandeh M, Fazeli M. Low cost soft error hardened latch designs for nano-scale CMOS technology in presence of process variation[J]. Microelectronics Reliability, 2013, 53(6): 912-924.

[35] Yan A, Huang Z, Yi M, et al. Double-node-upset-resilient latch design for nanoscale CMOS technology[J]. IEEE Transactions on Very Large Scale Integration(VLSI)Systems, 2017, 25(6): 1978-1982.

[36] Li Y, Wang H, Yao S, et al. Double node upsets hardened latch circuits[J]. Journal of Electronic Testing, 2015, 31(5): 537-548.

[37] Lin D, Xu Y, Li X, et al. A novel self-recoverable and triple nodes upset resilience DICE latch[J]. IEICE Electronics Express, 2018, 15(19): 20180753-20180760.

[38] Watkins A, Tragoudas S. Radiation hardened latch designs for double and triple node upsets[J]. IEEE Transactions on Emerging Topics in Computing, 2017, 8(3): 616-626.

[39] Huang Z, Liang H, Hellebrand S. A high performance SEU tolerant latch[J]. Journal of Electronic Testing, 2015, 31(4): 349-359.

[40] Zhang M, Mitra S, Mak T M, et al. Sequential element design with built-in soft error resilience[J]. IEEE Transactions on Very Large Scale Integration(VLSI)Systems, 2006, 14(12): 1368-1378.

[41] Fazeli M, Miremadi S G, Ejlali A, et al. Low energy single event upset/single event transient-tolerant latch for deep submicron technologies[J]. IET Computers and Digital Techniques, 2009, 3(3): 289-303.

[42] Liang H, Wang Z, Huang Z, et al. Design of a radiation hardened latch for low-power circuits[C]. IEEE Asian Test Symposium, IEEE, Hangzhou, 2014: 16-19.

[43] Hui X, Yun Z. Circuit and layout combination technique to enhance multiple nodes upset tolerance in latches[J]. IEICE Electronics Express, 2015, 12(9): 1-7.

[44] Katsarou K, Tsiatouhas Y. Soft error interception latch: double node charge sharing SEU tolerant design[J]. Electronics Letters, 2015, 51(4): 330-332.

[45] Jiang J, Xu Y, Ren J, et al. Low-cost single event double-upset tolerant latch design[J]. Electronics Letters, 2018, 54(9): 554-556.

[46] Eftaxiopoulos N, Axelos N, Pekmestzi K. DIRT latch: A novel low cost double node upset tolerant latch[J]. Microelectronics Reliability, 2017, 68: 57-68.

[47] Eftaxiopoulos N, Axelos N, Zervakis G, et al. Delta DICE: A double node upset resilient latch[C]. 2015 IEEE 58th International Midwest Symposium on Circuits and Systems (MWSCAS). IEEE, Fort Collins, CO, 2015: 1-4.

[48] Eftaxiopoulos N, Axelos N, Pekmestzi K. DONUT: A double node upset tolerant latch[C].

IEEE Computer Society Annual Symosium. VLSI(ISVLSI 15), IEEE, Montpellier, 2015: 509-514.

[49] Li H, Xiao L, Li J, et al. High robust and cost effective double node upset tolerant latch design for nanoscale CMOS technology[J]. Microelectronics Reliability, 2019, 93: 89-97.

[50] Watkins A, Tragouodas S. A highly robust double node upset tolerant latch[C]. 2016 IEEE International Symposium on Defect and Fault Tolerance in VLSI and Nanotechnology Systems(DFT). IEEE, Storrs, CT, 2016: 1-6.

[51] Liu X. Multiple node upset-tolerant latch design[J]. IEEE Transactions on Device and Materials Reliability, 2019, 19(2): 387-392

[52] Lin S, Kim Y, Lombardi F. Design and performance evaluation of radiation hardened latches for nanoscale CMOS[J]. IEEE Transactions on Very Large Scale Integration(VLSI) Systems, 2011, 19(7): 1315-1319.

[53] Li H C, Xiao L Y, Li J, et al. High robust and low cost soft error hardened latch design for nanoscale CMOS technology[C]. 2018 14th IEEE International Conference on Solid-State and Integrated Circuit Technology(ICSICT). IEEE, Qingdao, 2018: 1-3.

[54] Qi C, Xiao L, Guo J, et al. Low cost and highly reliable radiation hardened latch design in 65 nm CMOS technology[J]. Microelectronics Reliability, 2015, 55(6): 863-872.

[55] Yan A, Liang H, Huang Z, et al. A self-recoverable, frequency-aware and cost-effective robust latch design for nanoscale CMOS technology[J]. IEICE Transactions on Electronics, 2015, 98(12): 1171-1178.

[56] Predictive Technology Model(PTM) for SPICE. http://ptm.asu.edu.

[57] Wey I, Yang Y, Wu B, et al. A low power-delay-product and robust Isolated-DICE based SEU-tolerant latch circuit design[J]. Microelectronics Journal, 2013, 45(1): 1-13.

[58] Nan H, Choi K. Soft error tolerant latch design with low cost for nanoelectronic systems[C]. 2012 IEEE International Symposium on Circuits and Systems(ISCAS), IEEE, Seoul, South Korea, 2012: 1-4.

[59] Yan A, Liang H, Huang Z, et al. High-performance, low-cost, and highly reliable radiation hardened latch design[J]. Electronics Letters, 2016, 52(2): 139-141.

[60] Rajaei R, Tabandeh M, Fazeli M. Single event multiple upset(SEMU) tolerant latch designs in presence of process and temperature variations[J]. Journal of Circuits, Systems and Computers, 2015, 24(1): 1550007.

[61] Yan A, Qian K, Song T, et al. A double-node-upset completely tolerant CMOS latch design with extremely low cost for high-performance applications[J]. Integration, 2022, 86: 22-29.

[62] Kumaravel S. Design and analysis of SEU hardened latch for low power and high speed applications[J]. Journal of Low Power Electronics and Applications, 2019, 9(3): 21.

[63] Sajjade F M, Goyal N K, Varaprasad B. Rule-based design for multiple nodes upset tolerant latch architecture[J]. IEEE Transactions on Device and Materials Reliability, 2019, 19(4): 680-687.

[64] Katsarou K, Tsiatouhas Y. Double node charge sharing SEU tolerant latch design[C]. 2014 IEEE 20th International On-Line Testing Symposium(IOLTS). IEEE, Platja d'Aro, 2014: 122-127.

[65] Yamamoto Y, Namba K. Construction of latch design with complete double node upset tolerant capability using C-element[C]. 2018 IEEE International Symposium on Defect and Fault Tolerance in VLSI and Nanotechnology Systems(DFT). IEEE, Chicago, IL, 2018, 1-6.

[66] Yan A, Lai C, Zhang Y, et al. Novel low cost, double-and-triple-node-upset-tolerant latch designs for nano-scale CMOS[J]. IEEE Transactions on Emerging Topics in Computing, 2018, 9(1): 520-533.

[67] Yan A, Ling Y, Cui J, et al. Quadruple cross-coupled dual-interlocked-storage-cells-based multiple-node-upset-tolerant latch designs[J]. IEEE Transactions on Circuits and Systems I: Regular Papers, 2020, 67(3): 879-890.

[68] Yan A, Feng X, Hu Y, et al. Design of a triple-node-upset self-recoverable latch for aerospace applications in harsh radiation environments[J]. IEEE Transactions on Aerospace and Electronic Systems, 2019, 56(2): 1163-1171.

[69] Nan H, Choi K. Low cost and highly reliable hardened latch design for nanoscale CMOS technology[J]. Microelectronics Reliability, 2012, 52(6): 1209-1214.

[70] Yan A, Li Z, Huang S, et al. SCLCRL: shuttling C-elements based low-cost and robust latch design protected against triple node upsets in harsh radiation environments[C]. 2022 Design, Automation and Test in Europe Conference and Exhibition(DATE). IEEE, Antwerp, 2022: 1257-1262.

[71] Yan A, Xu Z, Feng X, et al. Novel quadruple-node-upset-tolerant latch designs with optimized overhead for reliable computing in harsh radiation environments[J]. IEEE Transactions on Emerging Topics in Computing, 2020: 1-11.

[72] Yan A, Ding L, Shan C, et al. TPDICE and SIM based 4-Node-Upset Completely Hardened Latch Design for Highly Robust Computing in Harsh Radiation[C]. 2021 IEEE International Symposium on Circuits and Systems(ISCAS). IEEE, Daegu, South Korea, 2021: 1-5.

[73] Yan A, Fan Z, Xu Z, et al. QRHIL: A QNU-recovery and HIS-Insensitive latch design for space applications in harsh radiation environments[C]. IEEE/ACM Design Automation Conference (DAC2021), 2021/12/5-9, pp. 1-6.

[74] Yan A, Liang H, Lu Y, et al. A transient pulse dually filterable and online self-recoverable latch[J]. IEICE Electronics Express, 2017, 14(2): 20160911-20160916.

[75] Yan A, Liang H, Huang Z, et al. An SEU resilient, SET filterable and cost effective latch in presence of PVT variations[J]. Microelectronics Reliability, 2016, 63: 239-250.

[76] Omaña M, Rossi D, Metra C. High-performance robust latches[J]. IEEE Transactions on Computers, 2010, 59(11): 1455-1465.

[77] Fazeli M, Patooghy A, Miremadi S G, et al. Feedback redundancy: A power efficient SEU-tolerant latch design for deep sub-micron technologies[C]. 37th Annual IEEE/IFIP

International Conference on Dependable Systems and Networks (DSN'07). IEEE, Edinburgh, 2007: 276-285.

[78] Yan A, Huang Z, Fang X, et al. Single event double-upset fully immune and transient pulse filterable latch design for nanoscale CMOS[J]. Microelectronics Journal, 2017, 61: 43-50.

[79] Kim Y, Jung W, Lee I, et al. 27.8 A static contention-free single-phase-clocked 24T flip-flop in 45nm for low-power applications[C]. 2014 IEEE International Solid-State Circuits Conference Digest of Technical Papers (ISSCC). IEEE, San Francisco, CA, 2014: 466-467.

[80] Zheng F H. A high performance SEU-Tolerant latch for nanoscale CMOS technology[C]. Proceedings of Design, Automation Test in Europe Conference Exhibition (DATE), Dresden, 2014: 1-5.

[81] Alghareb F S, Zand R, DeMara R F. Non-volatile spintronic flip-flop design for energy-efficient SEU and DNU resilience[J]. IEEE Transactions on Magnetics, 2019, 55(3): 1-11.

[82] Alghareb F S, DeMara R F. Design and evaluation of DNU-tolerant registers for resilient architectural state storage[C]. Proceedings of the 2019 on Great Lakes Symposium on VLSI. 2019: 303-306.

[83] Jaya G L, Chen S, Liter S. A dual redundancy radiation-hardened flip-flop based on C-element in 65nm process[C]. 2016 International Symposium on Integrated Circuits (ISIC). IEEE, Singapore, 2016: 1-4.

[84] Li Y Q, Wang H B, Liu R, et al. A quatro-based 65-nm flip-flop circuit for soft-error resilience[J]. IEEE Transactions on Nuclear Science, 2017, 64(6): 1554-1561.

[85] Kobayashi K, Kubota K, Masuda M, et al. A low-power and area-efficient radiation-hard redundant flip-flop, DICE ACFF, in a 65 nm thin-BOX FD-SOI[J]. IEEE Transactions on Nuclear Science, 2014, 61(4): 1881-1888.

[86] Yan A, Xu Z, Cui J, et al. Dual-interlocked-storage-cell-based double-node-upset self-recoverable flip-flop design for safety-critical applications[C]. 2020 IEEE International Symposium on Circuits and Systems (ISCAS). IEEE, Seville, 2020: 1-5.

[87] Yamamoto R, Hamanaka C, Furuta J, et al. An area-efficient 65 nm radiation-hard dual-modular flip-flop to avoid multiple cell upsets[J]. IEEE Transactions on Nuclear Science, 2011, 58(6): 3053-3059.

[88] Campitelli S, Ottavi M, Pontarelli S, et al. F-DICE: A multiple node upset tolerant flip-flop for highly radioactive environments[C]. 2013 IEEE International Symposium on Defect and Fault Tolerance in VLSI and Nanotechnology Systems (DFTS). IEEE, New York, NY, 2013: 107-111.

[89] Yan A, Cao A, Xu Z, et al. Design of radiation hardened latch and flip-flop with cost-effectiveness for low-orbit aerospace applications[J]. Journal of Electronic Testing, 2021, 37(4): 489-502.

[90] Krueger D, Francom E, Langsdorf J. Circuit design for voltage scaling and SER immunity on a

quad-core Itanium® Processor[C]. 2008 IEEE International Solid-State Circuits Conference-Digest of Technical Papers. IEEE, San Francisco, CA, 2008: 94-95.

[91] Yan A, Cao A, Cui J, et al, Two radiation-hardened flip-flop designs for high-performance and aerospace applications, IEEE Transactions on Aerospace and Electronic Systems, 2022.

[92] Jahinuzzaman S M, Rennie D J, Sachdev M. A soft error tolerant 10T SRAM bit-cell with differential read capability[J]. IEEE Transactions on Nuclear Science, 2009, 56(6): 3768-3773.

[93] Lin S, Kim Y B, Lombardi F. A 11-transistor nanoscale CMOS memory cell for hardening to soft errors[J]. IEEE Transactions on Very Large Scale Integration(VLSI) Systems, 2011, 19(5): 900-904.

[94] Shiyanovskii Y, Rajendran A, Papachristou C. A low power memory cell design for SEU protection against radiation effects[C]. 2012 NASA/ESA Conference on Adaptive Hardware and Systems(AHS). IEEE, Erlangen, 2012: 288-295.

[95] Qi C, Xiao L, Wang T, et al. A highly reliable memory cell design combined with layout-level approach to tolerant single-event upsets[J]. IEEE Transactions on Device and Materials Reliability, 2016, 16(3): 388-395.

[96] Dang L, Kim J S, Chang I J. We-quatro: radiation-hardened SRAM cell with parametric process variation tolerance[J]. IEEE Transactions on Nuclear Science, 2017, 64(9): 2489-2496.

[97] Zhang G, Zeng Y, Liang F, et al. A novel SEU tolerant SRAM data cell design[J]. IEICE Electronics Express, 2015, 12(17): 1-6.

[98] Jiang J, Xu Y, Zhu W, et al. Quadruple cross-coupled latch-based 10T and 12T SRAM bit-cell designs for highly reliable terrestrial applications[J]. IEEE Transactions on Circuits and Systems I: Regular Papers, 2018, 66(3): 967-977.

[99] Hu C, Yue S, Lu S. Design of a novel 12T radiation hardened memory cell tolerant to single event upsets(SEU)[C]. 2017 2nd IEEE International Conference on Integrated Circuits and Microsystems(ICICM). IEEE, Nanjing, 2017: 182-185.

[100] Lin D, Xu Y, Liu X, et al. A novel highly reliable and low-power radiation hardened SRAM bit-cell design [J]. IEICE Electronics Express, 2018, 15(3): 1-8.

[101] Liu X, Mao G, Zhong L, et al. A double node upset tolerant memory cell[M]. Paris, Atlantis Press, 2016.

[102] Yan A, Zhou J, Hu Y, et al. Novel quadruple cross-coupled memory cell designs with protection against single event upsets and double-node upsets[J]. IEEE Access, 2019, 7: 176188-176196.

[103] Yan A, Xiang J, Cao A, et al. Quadruple and sextuple cross-coupled SRAM cell designs with optimized overhead for reliable applications[J]. IEEE Transactions on Device and Materials Reliability, 2022.

[104] Yan A, Zhou J, Hu Y, et al. Design of a novel self-recoverable SRAM cell protected against soft errors[C]. 2019 6th International Conference on Dependable Systems and Their

Applications (DSA). IEEE, Harbin, 2020: 497-498.

[105] Dou Z, Yan A, Zhou J, et al. Design of a highly reliable SRAM cell with advanced self-recoverability from soft errors[C]. 2020 IEEE International Test Conference in Asia (ITC-Asia). IEEE, Taipei, 2020: 35-40.

[106] Jung I S, Kim Y B, Lombardi F. A novel sort error hardened 10T SRAM cells for low voltage operation[C]. 2012 IEEE 55th International Midwest Symposium on Circuits and Systems (MWSCAS). IEEE, Boise, ID, 2012: 714-717.

[107] Peng C, Huang J, Liu C, et al. Radiation-hardened 14T SRAM bitcell with speed and power optimized for space application[J]. IEEE Transactions on Very Large Scale Integration (VLSI) Systems, 2019, 27(2): 407-415.

[108] Yan A, Chen Y, Hu Y, et al. Novel speed-and-power-optimized SRAM cell designs with enhanced self-recoverability from single-and double-node upsets[J]. IEEE Transactions on Circuits and Systems I: Regular Papers, 2020, 67(12): 4684-4695.

[109] Yan A, Wu Z, Guo J, et al. Novel double-node-upset-tolerant memory cell designs through radiation-hardening-by-design and layout[J]. IEEE Transactions on Reliability, 2018, 68(1): 354-363.

[110] Rajaei R, Asgari B, Tabandeh M, et al. Design of robust SRAM cells against single-event multiple effects for nanometer technologies[J]. IEEE Transactions on Device and Materials Reliability, 2015, 15(3): 429-436.